U0223202

国家出版基金资助项目／"十三五"国家重点出版物

**绿色再制造工程著作**

总主编　徐滨士

# 激光增材再制造技术

# LASER ADDITIVE REMANUFACTURING TECHNOLOGY

董世运　李福泉　闫世兴　编著

哈尔滨工业大学出版社
HARBIN INSTITUTE OF TECHNOLOGY PRESS

# 内 容 简 介

本书综合激光增材再制造领域国内外的相关研究成果,对激光增材再制造技术的基础和原理进行了介绍;同时基于作者多年从事激光增材再制造科研积累的成果,重点阐述了激光增材再制造的技术特征及其关键环节。本书主要介绍激光增材再制造的技术基础、设备系统和工艺方法,激光增材再制造金属零部件的组织与缺陷控制,激光增材再制造成形控制,激光增材再制造零部件质量无损评价方法等;并且结合技术应用实例,展望了激光增材再制造技术的前景和发展趋势。

本书适用于装备制造与再制造领域的工程技术人员、科研人员和管理人员阅读,也可以作为增材制造、激光加工、材料加工、机械工程制造、装备维修保障、装备管理等学科方向的研究生教材。

**图书在版编目(CIP)数据**

激光增材再制造技术/董世运,李福泉,闫世兴编著. —哈尔滨:哈尔滨工业大学出版社,2019.6

绿色再制造工程著作

ISBN 978 - 7 - 5603 - 8152 - 7

Ⅰ.①激… Ⅱ.①董…②李…③闫… Ⅲ.①激光材料－激光光学加工技术－研究 Ⅳ.①TN24

中国版本图书馆 CIP 数据核字(2019)第 073326 号

策划编辑 许雅莹 张秀华 杨 桦
责任编辑 王 玲 佟 馨 许雅莹 李长波
封面设计 卞秉利
出版发行 哈尔滨工业大学出版社
社 址 哈尔滨市南岗区复华四道街 10 号 邮编 150006
传 真 0451 - 86414749
网 址 http://hitpress.hit.edu.cn
印 刷 哈尔滨市石桥印务有限公司
开 本 660mm×980mm 1/16 印张 20.75 字数 370 千字
版 次 2019 年 6 月第 1 版 2019 年 6 月第 1 次印刷
书 号 ISBN 978 - 7 - 5603 - 8152 - 7
定 价 118.00 元

# 《绿色再制造工程著作》

## 丛 书 书 目

# 序　言

  推进绿色发展,保护生态环境,事关经济社会的可持续发展,事关国家的长治久安。习近平总书记提出"创新、协调、绿色、开放、共享"五大发展理念,党的十八大报告也明确了中国特色社会主义事业的"五位一体"的总体布局,强调"把生态文明建设放在突出地位,融入经济建设、政治建设、文化建设、社会建设各方面和全过程,努力建设美丽中国,实现中华民族永续发展",并将绿色发展阐述为关系我国发展全局的重要理念。党的十九大报告继续强调推进绿色发展、牢固树立社会主义生态文明观。建设生态文明是关系人民福祉、关乎民族未来的大计,生态环境保护是功在当代、利在千秋的事业。推进生态文明建设是解决新时代我国社会主要矛盾的重要战略突破,是把我国建设成社会主义现代化强国的需要。发展再制造产业正是促进制造业绿色发展、建设生态文明的有效途径,而《绿色再制造工程著作》丛书正是树立和践行绿色发展理念、切实推进绿色发展的思想自觉和行动自觉。

  再制造是制造产业链的延伸,也是先进制造和绿色制造的重要组成部分。国家标准《再制造　术语》(GB/T 28619—2012)对"再制造"的定义为:"对再制造毛坯进行专业化修复或升级改造,使其质量特性(包括产品功能、技术性能、绿色性、经济性等)不低于原型新品水平的过程。"并且再制造产品的成本仅是新品的50%左右,可实现节能60%、节材70%、污染物排放量降低80%,经济效益、社会效益和生态效益显著。

  我国的再制造工程是在维修工程、表面工程基础上发展起来的,采取了不同于欧美的以"尺寸恢复和性能提升"为主要特征的再制造模式,大量应用了零件寿命评估、表面工程、增材制造等先进技术,使旧件尺寸精度恢复到原设计要求,并提升其质量和性能,同时还可以大幅度提高旧件的再制造率。

  我国的再制造产业经过将近20年的发展,历经了产业萌生、科学论证和政府推进三个阶段,取得了一系列成绩。其持续稳定的发展,离不开国

1

家政策的支撑与法律法规的有效规范。我国再制造政策、法律法规经历了一个从无到有、不断完善、不断优化的过程。《循环经济促进法》《中共中央关于制定国民经济和社会发展第十三个五年规划的建议》《战略性新兴产业重点产品和服务指导目录（2016版）》《关于加快推进生态文明建设的意见》和《高端智能再制造行动计划（2018—2020年）》等明确提出支持再制造产业的发展，再制造被列入国家"十三五"战略性新兴产业，《中国制造2025》也提出："大力发展再制造产业，实施高端再制造、智能再制造、在役再制造，推进产品认定，促进再制造产业持续健康发展。"

再制造作为战略性新兴产业，已成为国家发展循环经济、建设生态文明社会的最有活力的技术途径，从事再制造工程与理论研究的科技人员队伍不断壮大，再制造企业数量不断增多，再制造理念和技术成果已推广应用到国民经济和国防建设各个领域。同时，再制造工程已成为重要的学科方向，国内一些高校已开始招收再制造工程专业的本科生和研究生，培养的年轻人才和从业人员数量增长迅速。但是，再制造工程作为新兴学科和产业领域，国内外均缺乏系统的关于再制造工程的著作丛书。

我们清楚编撰再制造工程著作丛书的重大意义，也感到应为国家再制造产业发展和人才培养承担一份责任，适逢哈尔滨工业大学出版社的邀请，我们组织科研团队成员及国内一些年轻学者共同撰写了《绿色再制造工程著作》丛书。丛书的撰写，一方面可以系统梳理和总结团队多年来在绿色再制造工程领域的研究成果，同时进一步深入学习和吸纳相关领域的知识与新成果，为我们的进一步发展夯实基础；另一方面，希望能够吸引更多的人更系统地了解再制造，为学科人才培养和领域从业人员业务水平的提高做出贡献。

本丛书由12部著作组成，综合考虑了再制造工程学科体系构成、再制造生产流程和再制造产业发展的需要。各著作内容主要是基于作者及其团队多年来取得的科研与教学成果。在丛书构架等方面，力求体现丛书内容的系统性、基础性、创新性、前沿性和实用性，涵盖了绿色再制造生产流程中的绿色清洗、无损检测评价、再制造工程设计、再制造成形技术、再制造零件与产品的寿命评估、再制造工程管理以及再制造经济效益分析等方面。

在丛书撰写过程中，我们注意突出以下几方面的特色：

1. 紧密结合国家循环经济、生态文明和制造强国等国家战略和发展规划，系统归纳、总结和提炼绿色再制造工程的理论、技术、工程实践等方面的研究成果,同时突出重点,体现丛书整体内容的体系完整性及各著作的相对独立性。

2.注重内容的先进性和新颖性。丛书内容主要基于作者完成的国家、部委、企业等的科研项目,且其成果已获得多项国家级科技成果奖和部委级科技成果奖,所以著作内容先进,其中多部著作填补领域空白,例如《纳米颗粒复合电刷镀技术及应用》《再制造零件与产品的疲劳寿命评估技术》和《再制造工程管理与实践》等。同时,各著作兼顾了再制造工程领域国内外的最新研究进展和成果。

3.体现以下几方面的"融合":(1)再制造与环境保护、生态文明建设相融合,力求突出再制造工艺流程和关键技术的"绿色"特性;(2)再制造与先进制造相融合,力求从再制造基础理论、关键技术和应用实现等多方面系统阐述再制造技术及其产品性能和效益的优越性;(3)再制造与现代服务相融合,力求体现再制造物流、再制造标准、再制造效益等现代装备服务业及装备后市场特色。

在此,感谢国家发展改革委、科技部、工信部等国家部委和中国工程院、国家自然科学基金委员会及国内多家企业在科研项目方面的大力支持,这些科研项目的成果构成了丛书的主体内容,也正是基于这些项目成果,我们才能够撰写本丛书。同时,感谢国家出版基金管理委员会对本丛书出版的大力支持。

本丛书适于再制造领域的科研人员、技术人员、企业管理人员参考,也可供政府相关部门领导参阅;同时,本丛书可以作为材料科学与工程、机械工程、装备维修等相关专业的研究生和高年级本科生的教材。

中国工程院院士

徐滨士

2019 年 5 月 18 日

# 前　　言

　　增材制造(俗称 3D 打印)被认为是适应于新工业革命和定制化生产的革命性技术。作为金属增材制造的主要技术,激光增材制造技术受到国内外的广泛关注。近年来,各国对金属构件激光增材制造的研究热度不减,但在工业领域其应用还显滞后。与之相比,基于激光熔覆技术的激光增材再制造的工业应用则日益广泛,在钢铁冶金、航空航天、石油、汽车、船舶制造、模具制造、国防兵器等领域得到了广泛应用,取得了很好的经济效益和社会效益。随着循环经济和节能减排发展理念的日益普及,随着生态文明的建设与发展,作为绿色再制造的激光增材再制造技术已成为再制造领域极具活力的热门方向。

　　激光增材再制造技术是基于激光熔覆、激光堆焊等材料的激光沉积技术原理,实现零部件损伤部位的尺寸恢复和零部件性能恢复甚至提升。激光增材再制造是激光熔覆技术的提升。但是,与传统的金属表面激光熔覆技术相比,激光增材再制造技术既与其有共性,又具有其特殊性。它综合了激光熔覆和快速成形等技术优点,既可以有效恢复、提升失效零部件表面的耐磨、耐蚀、耐高温、抗疲劳等性能,又可针对缺损零部件局部部位进行体积成形、恢复原始尺寸。也就是说,它既可以进行二维(表面损伤)再制造,又可以进行三维(体积损伤)再制造。

　　激光增材再制造技术也是激光增材制造原理和技术在再制造领域的应用和创新发展。多年来,激光增材制造领域的研发和从业人员主要考虑如何在新产品设计研发和制造过程中发挥增材制造技术优势。针对成熟产品制造而言,与基于工厂生产线的传统生产方式相比,金属零部件激光3D 打印效率低、成本高,难以在工业生产中大量推广应用,仍被局限于创新设计、新品试制和特殊件单件生产等有限领域。关于此问题,作者认为激光增材再制造为激光 3D 打印技术的推广应用提供了新途径。此观点虽有些许偏激,却也有一定道理,希望读者在阅读本书之后能够认同。

本书综合激光增材再制造领域国内外的相关研究成果,对激光增材再制造技术的基础和原理进行了介绍;同时基于作者多年从事激光增材再制造科研积累的成果,重点阐述了激光增材再制造的技术特征及其关键环节。本书主要介绍激光增材再制造的技术基础、设备系统和工艺方法,激光增材再制造金属零部件的组织与缺陷控制,激光增材再制造成形控制,激光增材再制造零部件质量无损评价方法等;并且结合技术应用实例,展望了激光增材再制造技术的前景和发展趋势。

本书是《绿色再制造工程著作》丛书12部著作之一,也是国内外首部激光增材再制造方面的著作。本书适用于装备制造与再制造领域的工程技术人员、科研人员和管理人员阅读,也可以作为增材制造、激光加工、材料加工、机械工程制造、装备维修保障、装备管理等学科方向的研究生教材。希望本书能够对绿色再制造工程发展有所裨益,能够有效促进激光增材制造、激光增材再制造领域的研究和实践应用。

本书由董世运、李福泉和闫世兴共同撰写。吕耀辉、刘玉欣、王凯博、刘晓亭、夏丹等人参与了部分章节内容的撰写。研究生马运哲、王志坚、方金祥、石常亮、刘彬、任维彬、李永健、冯祥奕、宋超群、孟祥旭、李明伟等人参与了与本书内容相关的大量研究工作。全书由董世运和李福泉统稿。

本书内容相关成果来源于国家重点研发计划、重点专项项目(项目编号:2016YFB1100200)、国家973项目(项目编号:2011CB013403)、国家自然科学基金项目(项目编号:50505052、50975287、51705532)和多项国家和省部级科研项目。在此向相关部门和管理机关致谢。本书参考并引用了国内外学者的学术论文、教材和著作的内容与插图等,在此向相关作者一并表示感谢。

由于作者水平有限,书中难免存在疏漏和不足之处,恳请广大读者批评指正。

作　者<br>2018 年 12 月

# 目　　录

# 第1章 绪 论

激光具有单色性好、方向性好、相干性好及能量集中等优点,它的这些特性决定了它具有不同于一般光源的用途。自1960年首台红宝石激光器面世以来,激光技术获得了迅速发展,并逐步在工业、农业、军事、交通等领域获得应用。20世纪80年代,随着大功率激光器的成熟和应用,世界各国竞相开展激光在机械零部件制造和维修领域应用的相关技术研究,如激光表面热处理、激光表面熔覆、激光表面合金化、激光表面熔凝等。20世纪90年代,激光熔覆技术在金属零部件维修中获得了大量成功的应用。进入21世纪以来,金属零部件的激光增材制造及再制造技术获得了快速发展,成为国际研究的热点。

激光增材再制造技术(Laser Additive Remanufacturing Technology)是利用激光熔覆、激光熔化沉积、激光快速成形等各种激光加工和处理技术对零部件进行再制造的一种先进技术,广泛应用于因磨损、腐蚀、断裂等导致尺寸缺失的零部件的修复再制造。作为集光、电、机于一体的综合性技术,激光增材再制造已经成为激光在材料加工领域研究和应用的重点。

## 1.1 材料的激光加工技术现状

材料的激光加工技术包括:连接技术、去除和分离技术、表面技术、成形技术、材料制备技术及微加工。20世纪70年代大功率激光器出现之后,经过多年的研究和积累,材料的激光加工技术已经形成了激光焊接、激光切割、激光合金化、激光熔覆、激光增材制造、激光打孔、激光打标、激光表面热处理、激光快速成形、激光刻蚀、激光清洗等几十种应用工艺。激光加工技术具有其他方法所不具备的特点,其时间控制性和空间控制性很好;对于加工对象的材质、形状、尺寸和加工环境的自由度都很大,而且易于实现自动化,实现优质、高效、低成本的工业生产。激光加工技术是绿色再制造技术的重要支撑技术,在电子、机械、铁路、冶金、航空航天、汽车、船舶等行业得到广泛的应用。

激光制造是21世纪最具发展前途的新技术之一,各国政府及工业部门都非常重视激光器和激光加工技术设备的发展。早在2002年,全球激光加工市场销售份额就已达 39 亿欧元,欧洲、北美、日本占据了绝大多数市场份额,材料的激光加工技术是激光应用的最大部分,也是对传统产业改造的重要手段。目前的激光加工应用领域中,材料的切割和焊接应用最为广泛,但是表面处理所占的份额正在逐步上升,激光快速成形技术逐步成熟,正从实验室阶段进入工业化阶段。

汽车工业是激光加工技术最早也是最大的应用领域,激光加工技术发挥了其先进、快速、灵活的加工特点。激光焊接在汽车工业中已经成为标准工艺,日本丰田公司将激光用于车身面板的焊接,将不同厚度和不同表面涂覆的金属板焊接在一起,然后再冲压。早在 1974 年,美国通用汽车公司就先后组建了 17 条激光表面相变硬化和熔凝硬化汽车零部件生产线。德国大众、日本尼桑、意大利菲亚特等公司也相继组建了激光相变和熔凝生产线。激光熔覆及激光合金化等表面处理工艺也广泛用于曲轴、活塞环、齿轮、缸套、换向器等部件的热处理。为了提高企业竞争力,目前几乎所有的欧洲汽车制造企业都在生产中不同程度地采用了激光加工技术。

在航空航天领域,激光切割已经广泛用于板材的切割加工。激光焊接能一次性焊透几毫米厚的钢板,得到同电子束焊相似的焊缝。激光焊接技术应用于空客 A380 机身、机翼的内隔板和加强筋的连接中,取代了标准铆接工艺,大幅减轻了飞机质量,降低了油耗,极大地增强了运营竞争力。航空航天工业也是激光表面处理最先应用的行业,激光加工技术不仅能用于加工零部件,还能用于修理零部件。早在 1981 年,Rolls－Royce 公司就用激光熔覆技术修复了 RB211 飞机发动机高压叶片连锁。该叶片在 1 600 K 温度下工作,由超级镍基合金铸造,采用激光熔覆技术修复时,处理一个叶片只需要 75 s,合金用量减少 50%,变形减小,减少了后续加工量。

## 1.2　激光增材再制造技术原理及特点

### 1.2.1　再制造基本概念及特点

进入 21 世纪以来,随着科学技术的进步,以优质、高效、安全、可靠、节能、节材为目标的先进制造技术得到了飞速发展,机械设备向着高精度、高自动化、高智能化发展,服役条件更加苛刻,因此对于机械零部件的维修要求更高,传统维修手段难以满足要求。随着先进制造技术及设备工程的不断发展,制造与维修将越来越趋于统一。未来的制造与维修工程将是一个考虑设备和零部件的设计、制造和运行的全过程,以优质、高效、节能、节材为目标的系统工程。先进制造技术将统筹考虑整个设备寿命周期内的维修策略,而维修技术也将渗透到产品的制造工艺中,"维修"被赋予了更广泛的含义。

20 世纪 80 年代初,美国正式提出"再制造"概念,主要针对旧品翻新或再生。作为一种先进的制造技术,再制造技术发展迅猛,逐步取代传统的修复维修手段。再制造中大量采用各种维修技术,将因损坏、磨损或腐蚀等引起失效的可维修的机械零部件翻新如初,从而大量地减少了因购置新品、库存备件、管理及停机等所造成的能源、原材料和经费的浪费,并极大地降低了环境污染及废物的处理成本。以修复技术和其他相关技术组合形成的先进再制造成形技术,能直接对许多贵重零部件实现局部表面精密三维可控快速修复,并恢复损伤零部件的使用价值,实际上等于延长了产品的使用寿命,减少了对原始资源的需求,节省了能源。中国工程院徐滨士院士在多年从事机械设备维修工程研究和表面工程研究的基础上,提出了再制造工程的概念:再制造工程是以产品全寿命周期理论为指导,以废旧产品性能实现提升为目标,以优质、高效、节能、节材、环保为准则,以先进技术和产业化生产为手段,来修复、改造废旧产品的一系列技术措施或工程活动的总称。简言之,再制造工程是对废旧产品进行高新技术修复和改造的产业化。

对损伤报废的机械零部件进行维修和再制造是节能减排的有效方法。再制造和常规维修的最终目的都是为了恢复损伤零部件的性能,使之与原新品性能接近或相同,但再制造在很多地方又与维修不尽相同。目前维修大多为一维或二维尺寸的修复,并常常受待修零部件形状的限制,且加工精度不高。典型的常规维修技术有电镀、电弧或火焰堆焊、等离子喷涂(焊)和激光熔覆等。再制造是一种全新概念的先进修复技术,它集先进高能束技术、先进数控和计算机技术、CAD/CAM 技术、先进材料技术及光电检测控制技术为一体,不仅能使损坏的零部件恢复原有尺寸,而且能使性能达到或超过原新品水平。再制造过程不受零部件材料、形状、复杂程度的影响,加工精度和柔性较高,形成了一门新的光、机、电、计算机、自动化和材料综合交叉的先进制造技术。再制造在许多加工工艺部分和测试技术方面与传统制造相同,可以直接利用某些传统的制造技术和设备,如产品性能的检测技术和机械加工设备。

再制造具有显著的"绿色"特征,它既是一种节约资源、能源的节约型制造,又是一种保护环境的绿色制造。再制造作为绿色制造主要体现在:

避免了废旧零部件的回炉对环境造成的二次污染,减少了零部件后续制造过程(铸、锻、焊、车、铣、磨)的能源消耗和对环境的污染和危害,减少了报废设备的直接堆放对环境造成的固体垃圾污染,通过技术改造可提高产品的绿色度。再制造是先进制造的重要组成部分。信息技术、生物技术、纳米技术、新能源和新材料等高新技术的迅猛发展,为制造科技带来了深刻的变化。机械设备经过若干年使用后才达到报废标准,在此期间许多新技术、新材料相继出现,对其进行再制造时可以应用最新的研究成果,高新技术在再制造加工中的成功应用是再制造产品在质量和性能上能达到甚至超过原新品的根本原因。再制造能够充分挖掘废旧机电产品中蕴含的高附加值。以汽车发动机为例,原材料的价值只占 15%,而成品附加值却高达 85%。再制造过程中由于充分利用了废旧产品中的附加值,能源消耗只是新品制造的 50%,劳动力消耗只是新品制造的 67%,原材料消耗只是新品制造的 15%。

## 1.2.2　激光增材再制造技术原理

传统的再制造技术主要来源于传统的表面工程技术和修复技术,包括火焰、等离子、超声喷涂技术,火焰、等离子喷焊技术,刷镀、冷镀铁镀层技术,火焰、电弧堆焊技术,微弧焊接技术,等等。这些技术具有设备成本低、修复成本低、移动较为灵活等特点,已在国民经济各个部门获得生产应用,也是目前大量使用的修复方法。传统的再制造技术也存在一些缺点:修复过程中伴随强烈的沙尘、气体、噪声、环境污染,不是绿色再制造;修复层与基体界面属于机械结合,结合力不强,修复层容易剥落;修复层厚度较薄;修复能源热输入大,基体材料容易产生变形和稀释,使材料性能降低;基本是手工操作,自动化程度低,修复精度低,不可控,限制了它的应用范围。

近年来,激光增材再制造技术日益受到关注。增材制造(Additive Manufacturing,AM)属于一种制造技术。美国材料实验协会(ASTM)定义增材制造为:依靠 3D 模型数据添加材料以实现产品制造,通常采取逐层累积成形方法制造实体零部件。与传统切削加工的材料去除(减材)和模具成形的材料变形(等材)相比,增材制造是一种"自下而上"材料叠加的制造过程,在材料加工方式上有本质的区别。增材制造不仅仅局限于模型的快速"打印",其还是一种可以生产应用于多个领域的功能性零部件的方法。这种方法提供了一种可能性,即花更少的时间、更少的成本来制造小体积、高价值、高复杂度的零部件,并且还可以制造适用于非典型极端环境(如战场、太空空间站等)的产品。经过数十年的开发,增材制造的工艺方法有数十种。其中,基于激光熔覆技术的激光增材制造也称为激光近净成形(Laser Engineering Net Shaping,LENS),被认为是极具应用潜力的技术方法,其在零部件修复再制造方面已经得到很好的应用。

激光增材再制造的技术基础是激光熔覆。激光熔覆是一种表面强化技术,它不涉及零部件精确成形问题。以激光熔覆为修复技术平台,加上现代先进制造、快速成形等技术理念,发展成为激光增材再制造技术。激光增材再制造是以金属粉末为材料,在具有零部件原型的 CAD/CAM 软件支持下,计算机数控(CNC)控制激光头、送粉嘴和机床按指定空间轨迹运动,光束与粉末同步输送,在修复部位逐层沉积金属,最后生成与原型零部件近形的三维实体。典型的激光增材再制造过程图如图 1.1 所示。

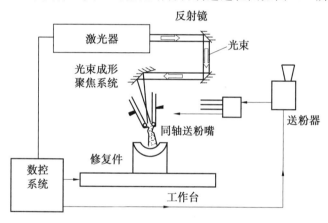

图 1.1　典型的激光增材再制造过程图

激光增材再制造技术与传统再制造技术熔覆层组织对比如图 1.2 所示。由图 1.2 可以看出,火焰喷涂层内存在气孔缺陷,界面属于机械结合。激光熔覆层存在一条白亮界面,属于冶金结合。等离子喷涂层组织粗大,高硬度的大块的碳化物易使涂层产生脆性。激光熔覆层组织细小,高硬度的大块的碳化物已被激光熔凝成细小的碳化物,均匀分布在涂层基底上,从而使激光熔覆层不仅具有高硬度、高耐磨性,而且具有很高的韧性。

## 1.2.3　激光增材再制造技术特点及其分类

激光增材再制造是以丧失使用价值的损伤、废旧零部件作为再制造毛坯,利用以激光熔覆技术为主的高新技术对其进行批量化修复、性能升级,所获得的激光再制造产品在技术性能上和质量上都能达到甚至超过新品的水平,它具有优质、高效、节能、节材、环保的基本特点。激光增材再制造

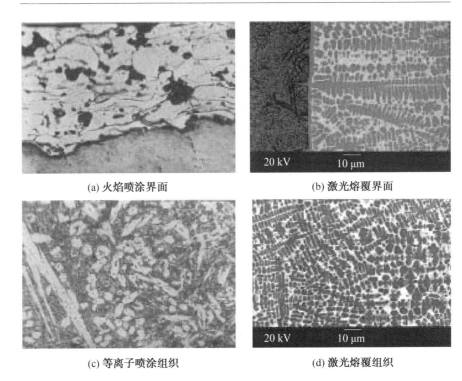

(a) 火焰喷涂界面             (b) 激光熔覆界面

(c) 等离子喷涂组织             (d) 激光熔覆组织

图 1.2 激光增材再制造技术与传统再制造技术熔覆层组织对比

技术的最大优势是能以先进的激光熔覆技术方法制备出优于基体材料性能的覆层,赋予零部件耐高温、防腐蚀、耐磨损、抗疲劳、防辐射等性能。这层表面材料厚度从几十微米到十几毫米不等,与制作部件的整体材料相比,厚度薄、面积小,但却承担着工作部件的主要功能,使工件具有比本体材料更高的耐磨性、抗腐蚀性和耐高温等性能,可大大节约贵重的金属材料。激光增材再制造技术减少了直接制造时金属的冶炼和加工过程,可以减少大量的能源消耗和浪费,是一种非接触、无污染、低噪声、节省材料的绿色维修技术。

    激光增材再制造技术包括激光熔覆技术和激光快速成形技术。激光快速成形技术是基于激光熔覆技术,在数控模型的控制下,用高功率激光光束烧结金属粉末直接形成金属零部件或者在废旧部件上缺损部位烧结金属粉末恢复零部件的形状和功能。激光熔覆是将具有特殊使用性能的材料用激光加热熔化涂覆在基体材料表面,获得与基体形成良好冶金结合和使用性能的涂层。激光熔覆可在材料表面制备耐磨、耐蚀、耐热、抗氧化、抗疲劳或者具有特殊声、光、电、磁效应的涂层,可以在较低成本的条件下,显著提高材料的表面性能,扩大其应用范围和领域,延长其使用寿命。该项技术能量高度集中,基体材料对涂层稀释较小,涂层组织性能较容易保证,精度高,可控性好,可以处理的熔覆材料范围很广。

激光快速成形技术集成了激光技术、计算机技术、数控技术和材料技术等诸多现代先进技术,其基本原理是:首先在计算机中生成零部件的三维CAD实体模型,然后将模型按一定的厚度切片分层,即将零部件的三维形状信息,转换成一系列的二维轮廓信息,然后在数控系统的控制下,利用同步送粉激光熔覆的方法,将金属粉末材料按照一定的填充路径在一定的基材上逐点填满给定的二维形状,重复这一过程逐层堆积形成三维实体零部件。快速成形技术是近几十年制造技术领域的一次重大突破,激光快速成形是实现快速成形的一种重要手段。

激光快速成形技术具有以下特点:

(1)零部件再制造的柔性化程度高,可方便地实现多形状、多损伤形式零部件维修的快速转换。

(2)再制造成形机构设计、几何建模分层和工艺设计的全过程均在计算机中完成,实际的再制造过程也是在计算机控制下进行,可真正实现再制造的数字化、智能化、无纸化和并行化。

(3)再制造的零部件具有很好的力学性能和化学性能,不但强度高,塑性也非常好,耐腐蚀性能也十分突出。

(4)由于再制造成形过程不需要模具,因此零部件维修周期大幅缩短,零部件维修成本显著降低。

目前,激光增材再制造主要针对表面磨损、腐蚀、冲蚀、缺损等零部件的局部损伤及尺寸变化进行结构尺寸恢复,同时提高零部件的服役性能。其中激光熔覆技术和激光快速成形技术是目前工业中应用最为广泛的激光增材再制造技术。本书也将重点介绍这两种激光增材再制造技术。

## 1.3　激光增材再制造技术和激光增材制造技术概述

再制造技术和增材制造技术是近些年来备受关注的两种工程技术。随着社会的发展,人们对于制造过程的绿色环保及资源节约越来越重视,而再制造技术和增材制造技术也正是由此提出并得到快速发展。激光增材再制造和激光增材制造作为近些年不断快速发展并受到重视的两种制造方法,在制造理念和工艺方法上具有一定的相似之处。虽然激光增材再制造主要用于产品的修复和寿命的提升,而激光增材制造主要用于全新产品的快速制造,但两者都在一定程度上秉承了节约能源与材料的理念,都可算作绿色制造,同时两者在技术手段及工艺方法上有很多的交叉重复。目前相对于激光增材再制造来说,激光增材制造在三维模型构建及尺寸控制方面已经取得了长足的进展,但就产品性能来说,激光增材制造技术仍然有很大的发展与改善空间。对于激光增材再制造来说,其应用领域也逐渐被拓宽,但同时也面临着更大的技术难题。应该说两种技术在很多方面都相互关联,也在很多方面形成一定的互补。激光增材再制造和激光增材制造两者在工艺方法和发展方向上有很大差异,但也存在很多共性,两种技术也将不断相互借鉴和相互促进。从未来的发展来看,激光增材再制造和激光增材制造都将继续朝着绿色制造、资源节约及智能制造方面发展,两种技术本身无法相互替代,未来都会在各自的应用领域中展现出各自的特色。

### 1.3.1 激光增材再制造技术

再制造技术出现的时间相对较早,是一种对废旧产品实施高水平的修复和改造的技术。其目的是对损坏或者将要报废的零部件,在进行性能评估和失效分析之后,选择性地进行再制造修复,使得再制造的产品质量达到甚至超过新品,最终让再制造产品能够重新投入正常使用。目前再制造技术广泛应用于汽车、矿业能源、电力及工程机械等多个领域。再制造技术主要采用的工艺方法有等离子喷涂、电弧喷涂、焊接、热喷涂、激光熔覆等。图1.3所示为不同的再制造方法示意图。随着激光技术的不断成熟及逐渐应用,激光增材再制造技术逐渐受到人们重视,成为目前广泛应用的再制造技术之一。激光增材再制造技术并不是对产品进行简单的修复,而是采用一定的技术手段对受损产品进行技术性的修复。图1.4所示为激光增材再制造之后的沟槽。和其他再制造技术相比,激光增材再制造技术具有效率高、热影响区小及组织性能好等特点,尤其是对于一些重要构件,激光增材再制造具有其他再制造技术无法比拟的优势。激光增材再制造技术已经成为目前再制造技术的一大主流。

### 1.3.2 激光增材制造技术

增材制造技术又称为3D打印技术,是近些年来出现并且迅速得到发展的一种新的产品快速成形制造技术。和传统的减材制造不同,增材制造是通过连续的物理层叠加,逐层增加材料来生成三维实体的技术。增材制造技术是一种制造理念上的革新,不仅能够将复杂构件的制造变得简单

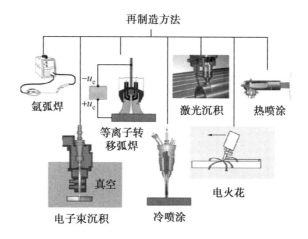

图 1.3　不同的再制造方法示意图

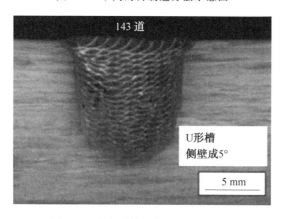

图 1.4　激光增材再制造之后的沟槽

化,同时在制造过程中能够很大限度上节约材料,降低生产成本。依托快速发展的计算机技术,增材制造技术在三维模型的建立及自动控制方面取得了很大的进展,这也使得增材制造技术得到越来越多的重视。早期的增材制造技术主要应用于模塑领域,而随着技术的发展,尤其是激光技术和电子束技术的不断发展,增材制造技术逐渐广泛应用于金属零部件的加工制造领域,如航空航天领域和生物医学领域,同时还广泛应用于微纳制造领域。激光增材制造作为增材制造技术的一种,激光独有的特性已经成为增材制造技术主要的技术手段。在实际激光增材制造过程中,常采用铺粉和送粉两种方式,图 1.5(a)和图 1.5(b)所示分别为铺粉和送粉两种方式。通常情况下采用铺粉方式制备的工件产品尺寸精密,气体保护效果较好,但工件尺寸受到氩气舱体尺寸的限制。而采用送粉方式可以制备成形尺寸较大的产品,同时沉积速率相对铺粉方式较快。实际的金属激光增材制造以钛、铁及镍等合金产品为主,除了应用在医学领域,还广泛应用于航空等工业领域。图1.6所示为采用激光增材制造技术制备的钛合金产品。

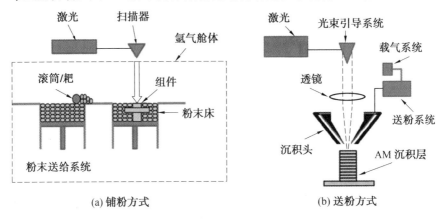

图1.5 激光增材制造技术方法

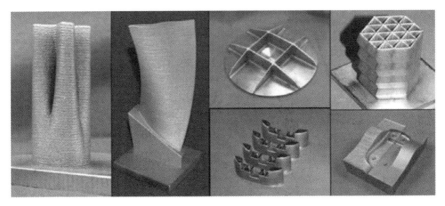

图1.6 采用激光增材制造技术制备的钛合金产品

### 1.3.3 激光增材再制造技术和激光增材制造技术的差异

**1. 应用领域**

激光增材再制造技术主要是针对废旧产品进行技术性的修复,尽可能地使原有的废旧产品能够继续使用,从而减少材料、能源及人力物力的浪费。由于废旧产品存在于各行各业中,而且产品损伤的方式和程度及产品使用要求具有很大差异,因此激光增材再制造技术本身也具有工艺方法的多样性。激光增材再制造的主要目的是节能环保,尽量减少各方面的浪费和损失。激光增材制造技术是一种新型的制造方法,相对于传统的制造概念来说是一种理念上的创新。激光增材制造技术的最大特点是在制造复杂的零部件方面具有传统制造方法无法比拟的优势。简单快捷和对原材料的节约是激光增材制造的一大亮点。激光增材制造是将复杂的零部件制造变得简单化,同时更加节能环保,所以又被称为绿色制造。从实际效果来看,激光增材再制造技术和激光增材制造技术都在一定程度上实现了材料的节约化和有效利用。目前激光增材再制造技术主要用于金属构件;而激光增材制造技术主要应用于医学、艺术制品、模塑微纳加工制造及众多工业领域。

**2. 材料的匹配**

激光增材再制造技术本质上是对失效构件的技术性修复,是对失效构件的还原。激光增材再制造是以原有构件为基材进行还原,再制造过程中添加粉末熔化的同时构件修复表面组织也会重新熔化,并且与粉末涂层进行冶金结合,形成有效的连接界面,因此激光增材再制造技术工艺需要充分考虑再制造部分和原有材料性能匹配问题,使用的材料需要和构件本身的材料在物性上相匹配,如热膨胀系数、热导率等。激光增材再制造中涂层和构件基体形成冶金结合过程中可能会由于材料物性的不匹配而带来严重的晶格缺陷和应力,这对于激光增材再制造来说是至关重要的问题,而激光增材制造则不会面临这样的问题。同时在工艺方面,不仅要考虑再制造部分的组织性能,还要保证原有部分及其性能不受再制造的影响而有所下降,对于再制造而言,热影响区组织性能变化是再制造过程中的重大问题,如何采用激光增材再制造有效涂层的同时还能够保证构件基体的组织形态及性能是激光增材再制造相比于激光增材制造的一大难点。

**3. 界面问题**

激光增材再制造过程中存在再制造部分与构件原有部分的界面连接问题,这是激光增材再制造过程中的重大问题。再制造过程中由于构件往往是在长时间服役使用过程中造成的磨损、脱落及腐蚀等损坏,因此通常不能在损坏部位进行直接再制造,而要对受损表面进行严格的加工处理之后再进行再制造,从而保证界面的结合强度。因此相对于增材制造来说,增材再制造需要增加破损部位表面处理的环节,常用的处理流程包括机械加工→除油除锈→清洗干燥。而对于激光增材制造技术来说,由于构件是从底层逐层增材累计制造,因此不存在激光增材再制造面临的材料界面的问题。除了在再制造之前对构件表面进行处理外,在再制造过程中应该合理选择工艺使得界面处实现良好的冶金结合。通常界面处是激光增材再制造过程中缺陷及应力的集中处,也是再制造构件的性能薄弱处,因此激光增材再制造过程中界面问题是首要考虑的问题。

**4. 应力问题**

激光增材再制造过程中,构件在制造时通常采用热处理等方式进行去应力处理,而再制造过程中粉末熔化之后快速凝固,往往产生大量应力,这不仅会导致构件的应力集中,同时也会带来性能上的隐患。而对于再制造构件来说,尤其是尺寸较大的构件,激光增材再制造之后很难进行后续的热处理去应力,同时热处理也会带来相应的经济成本问题,因此对于再制造而言,选择合理的工艺消除应力问题是制造过程中的关键问题。常用的消除应力方法有激光熔覆前预热处理、构件底部同步加热和旁侧同步加热等方式。而对于激光增材制造来说,同样面临成形构件应力问题,但由于激光增材制造采用的是逐层铺粉或者送粉方式,不像激光增材再制造那样存在原有构件形状尺寸上的限制,在制造过程中可以采用多种方式便捷地进行热处理进而消除应力。

**5. 三维模型的构建**

在三维模型构建方面,激光增材制造更多使用三维软件进行几何建模,利用计算机技术实现构件的分层制造,目前三维模型的构建技术在增材制造领域已经非常成熟,市场上主流的 3D 打印设备已经将三维建模软件契合在制造系统之中,人机交互界面不断简化并且功能不断强化,同时系统本身与主流的三维设计软件如 SolidWorks 等可实现良好匹配,用户可以直接将采用 SolidWorks 等软件制作的模型导入设备,再使用分层软件分层后进行加工制造,整个流程简单便捷。三维模型分层切片示意图及最终产品形貌如图 1.7 所示。

对于激光增材再制造而言,需要成形的部分要依据构件原有的几何形貌和尺寸来进行,同时对于再制造技术来说,依据原有损坏部位的几何尺寸构建几何模型需要很好地测量破坏部位的几何尺寸,实际上是对损坏部位进行原有尺寸形貌的几何还原,尤其是对于复杂工件及复杂部位(如不规则内孔的修复),模型构建技术难度很大。目前采用的逆向工程主要包括数据采集、数据处理、建立模型、模型处理和模型制造等步骤。激光增材再制造和激光增材制造的工艺流程图如图 1.8 所示。由图 1.8 可以看出,相对而言激光增材再制造的模型构建难度更大,要求更高,实现更困难。但目前再制造技术中仍然主要采用人工逐步修复的方法进行再制造,再制造采用机器人实现实时程序的编译相对困难,再制造之后往往需要多道工

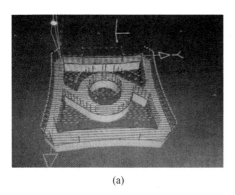 

(a) (b)

图 1.7 三维模型分层切片示意图及最终产品形貌

艺处理以达到尺寸要求。对于激光增材再制造来说,很难采用铺粉方式进行修复,目前主要采用同步送粉方式,获得的修复层尺寸很难得到控制,后续加工工艺较为烦琐。总体上来看,在三维模型构建方面,激光增材再制造的模型构造难度相对较大,测量过程也较为烦琐。

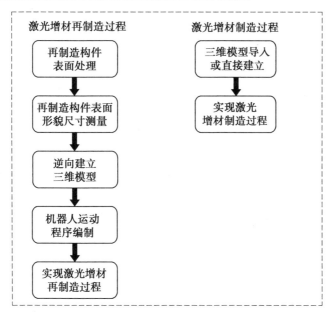

图 1.8 激光增材再制造和激光增材制造的工艺流程图

**6. 工装难度及尺寸精度控制**

从理论上来说,由于激光增材制造采用逐层制造的方式成形构件,因此激光增材制造可以成形任何结构复杂的构件。与激光增材制造工艺不

13

同的是,激光增材再制造过程需要面临多种可能的工况,再加上受到激光头尺寸的限制,对于一些形状较为复杂或者损伤部位较为特殊的构件来说,修复难度较大甚至无法进行修复。因此对于激光增材再制造来说,工装卡具的设计是制造过程中的重要环节。

在尺寸控制方面,由于再制造构件修复部位模型构建较为困难,再加上工艺上的相关问题,激光增材再制造构件在成形之后往往存在较大的尺寸偏差,通常需要复杂的二次加工。近些年来很多学者对金属增材再制造闭环控制过程进行了研究,主要的闭环控制方法有熔覆层的高度测量及反馈调节,熔池形貌测量及反馈调节,熔池温度测量及反馈调节等。图1.9所示为典型的增材制造过程反馈控制示意图。在现有的反馈控制方法中,以温度控制较为成熟,Bi Guijun 等人通过温度控制反馈方法对增材制造过程进行调节,获得的产品尺寸精度得到了很大的改观,如图1.10所示。

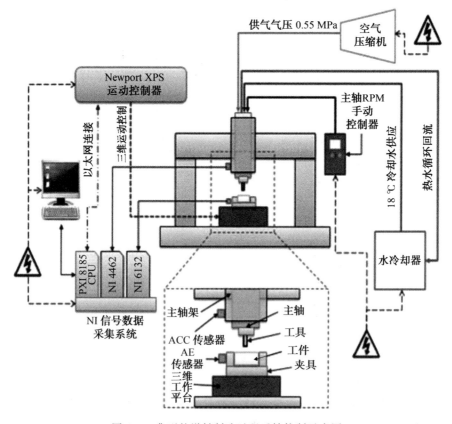

图1.9 典型的增材制造过程反馈控制示意图

但目前反馈调节方式由于其设备构造复杂而且存在一定的不稳定性,因此目前该技术多用于实验室研究,尚未应用到再制造技术生产中。

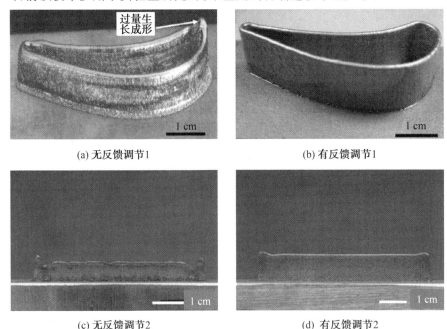

(a) 无反馈调节1 　　　　　　　　　　　　　(b) 有反馈调节1

(c) 无反馈调节2 　　　　　　　　　　　　　(d) 有反馈调节2

图 1.10　无反馈调节和有反馈调节得到的产品形貌

正是再制造构件待修复部位尺寸形貌的复杂性,使得激光增材再制造在操作灵活性方面相对激光增材制造要求要高许多。通常激光增材再制造需要采用灵活的机器人系统,而对于激光增材制造来说,通常具有二维平面运动功能的机床便可满足实际操作要求,这也是铺粉方式主要用于激光增材制造技术的原因。虽然激光增材再制造和激光增材制造存在很大差异,但主要的目的都是通过增材方式将三维模型转变为实际的几何构件,而且在发展方向和追求的目标上还是有很多共性的,除此之外,制造材料的脆性及其他缺陷问题也是激光增材再制造和激光增材制造在工艺过程中需要共同面对和解决的问题。

## 1.4　激光增材制造(再制造)技术现状

激光增材制造技术是在快速成形技术的基础上结合同步送粉和激光熔覆技术发展起来的,又称为激光金属沉积(LMD)技术。LMD 技术起源于美国 Sandia 国家实验室的激光近净成形(LENS)技术,随后在多个国际研究机构快速发展起来,并且被赋予了很多不同的名称,如美国 Los Alamos国家实验室的直接激光制造(Direct Laser Fabrication,DLF)、斯坦福大学的形状沉积制造(Shape Deposition Manufacturing,SDM)、密歇根大学的直接金属沉积(Direct Metal Deposition,DMD),德国弗劳恩霍夫(Fraunhofer)激光技术研究所的激光金属沉积(Laser Metal Deposition,LMD),中国西北工业大学的激光立体成形(Laser Solid Forming,LSF)技术,等等,虽然名称各不相同,但是技术原理几乎是一致的,都是基于同步送粉激光熔覆技术。实际上,高性能金属构件增材制造技术的发展史可追溯到 20 世纪 70 年代末期关于激光熔覆技术的研究。1979 年,美国联合技术公司 (United Technologies Corporation)的 Snow 等针对高温合金涡轮盘的制造难题,发展了同步送粉激光熔覆方法,采用 LMD 方法制造了径向对称镍基高温合金零部件,并取得了相关专利。不过受限于当时的计算机技术水平,当时的激光增材制造技术还只能制造一些板型件及回转件。尽管如此,其初步的研究结果已经显示出了激光增材制造技术的光明前景。直到 2000 年,美国波音公司首先宣布采用 LMD 技术制造的 3 个 Ti6Al4V 合金零部件在 F—22 和 F/A—18E/F 飞机上获得应用,才在全球掀起了金属零部件直接增材制造的第一次热潮。从 20 世纪 90 年代开始,随着计算机技术的迅速发展及快速成形技术的逐渐成熟,LMD 技术逐渐成为国际先进材料加工领域研究的热点,并迅速进入高速发展阶段,吸引了众多著名的研究机构参与其中。研究内容日益系统化,在新材料和新技术的研发与商业应用方面均取得了卓有成效的业绩。

近年来,LMD 技术同样也受到了许多国家的重视和大力发展,2013 年欧洲空间局(ESA)提出了"以实现高新技术金属产品的高效生产与零浪费为目标的增材制造项目"(AMAZE)计划,该计划于 2013 年 1 月正式启动,汇集了法国 Airbus 公司、欧洲宇航防务集团(EADS)的 Astrium 公司、英国 Rolls—Royce 公司及英国的克兰菲尔德大学(Cranfield University)和伯明翰大学(University of Birmingham)等 28 家机构来共同从事激光金属增材制造方面的研究,旨在将增材制造带入金属时代。其首要目标是快速生产大型零缺陷增材制造金属零部件,几乎实现零浪费。与此同时,美国 Sandia 国家实验室、Los Alamos 国家实验室、GE 公司及美国国家航空航天局(NASA),德国弗劳恩霍夫激光技术研究所,我国的北京航空航天大学、西安交通大学、西北工业大学等也对 LMD 技术展开了深入的研究。

值得指出的是,目前实际金属构件激光增材制造中,钛合金的 LMD 技术最为成熟。同时,LMD 过程中尽管成形效率高,但通常成形件的表面较为粗糙,需要进行进一步的加工。另外,LMD 过程中一般无支撑结构,同时所采用的激光束斑尺寸较大,因此,成形复杂程度与铸件相比还有一定差距。特别是对于大型构件的 LMD,如何有效地控制内部应力分布和变形仍然是一个亟待解决的问题。值得注意的是,与激光增材制造构件相比,现阶段激光增材再制造及修复技术更为成熟,工业应用面更为广泛。

激光增材制造技术是一种以激光为能量源的增材制造技术,激光能量密度高,可实现难加工金属的制造,如难熔金属、钛合金、高温合金、金属间化合物等。同时激光增材制造技术不受零部件结构的限制,可用于结构复杂、难加工及薄壁零部件的加工制造。目前,激光增材制造技术所应用的材料已涵盖钛合金、高温合金、铁基合金、铝合金、难熔合金、非晶合金、陶瓷及梯度材料等,在航空航天领域中高性能复杂构件和生物制造领域中多孔复杂结构的制造中具有显著优势。

**1. 钢的增材制造**

王志会等采用激光增材制造技术制备了 AF1410 超高强度钢板状试样,对其进行相应的热处理,分析了沉积态微观组织、硬度及室温拉伸性能及热处理对其的影响,阐明了钢组织与力学性能的关系,为其工业化应用提供了指导。史玉升等人研究了 316L 不锈钢粉末的选择性激光熔化成形工艺,采用不同的成形工艺制造出了金属块,结果表明成形件的致密度与激光能量密度满足指数关系。付立定等人采用正交实验方法优化 316L 不锈钢粉末的选择性激光熔化快速成形工艺,优化参数制得了复杂曲面和网格零部件。陈洪宇等人采用选区激光熔化(SLM)增材制造技术成功制备了 5CrNi4Mo 模具钢试件,研究了激光增材制造 5CrNi4Mo 模具钢的相变机制,分析了激光线能量密度 $\eta$(激光功率与扫描速度之比)对 SLM 成形件致密度、显微组织和力学性能的影响规律。

**2. 钛合金的增材制造**

钛合金因其强度高、耐蚀性好、耐热性高等特点而被广泛应用于各个领域。随着对钛合金进一步的深入研究,人们相继开发出了很多具有特殊性能的先进钛合金材料,如高温钛合金、高强度高韧钛合金、阻燃钛合金、钛铝金属间化合物等。钛合金的激光增材制造研究起步较早,成熟度也相对较高,对于大型结构件普遍采用 LMD 技术成形,工程应用也相对较多。

美国最早开展了钛合金 LMD 制造技术的研究。1997 年,Sandia 国家实验室就提出利用激光增材制造成形钛合金构件的想法,并用 LMD 技术制备出了第一片 Ti6Al4V 钛合金发动机叶片；随后，美国 Los Alamos 国家实验室、宾州大学、GE 公司等研究机构也开展了基于激光增材制造技术的航空航天关键构件，如发动机整体叶盘、叶片、飞机管道等相关钛合金构件的可行性制造探索，但构件并没有投入实际工程化应用。AeroMet 公司与波音、诺克希德·马丁及诺斯罗普·格鲁曼等飞机制造商合作，致力于飞机钛合金构件激光增材制造技术开发及实际应用，其采用激光熔化沉积技术生产了多种飞机次承力钛合金构件，综合性能与锻件相当，静强度及疲劳强度也达到了飞机的使用要求。图 1.11 所示为 AeroMet 公司制备的飞机钛合金整体框架。美国 NASA 也开展了类似的航天飞行器关键结构件激光增材制造技术研究，图 1.12 所示为 NASA 采用 LMD 技术制造的引擎燃料喷射管道，并计划定型批量生产。

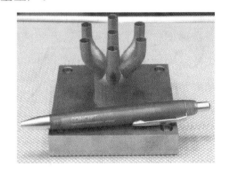

图 1.11　飞机钛合金整体框架　　　　图 1.12　引擎燃料喷射管道

　　我国开展钛合金激光增材制造研究较多的主要有西安交通大学卢秉恒团队、北京航空航天大学王华明团队及西北工业大学黄卫东团队。卢秉恒团队对激光增材制造钛合金工艺进行了深入的研究，基于粉末聚焦控制、组合扫描方式、逐层功率控制等制备工艺基础，成功制备出形状复杂的钛合金闭式整体涡轮叶盘样件。王华明团队在飞机大型整体钛合金主承力结构件激光增材制造及工程化应用研究方面取得突破性进展，采用LMD 技术制备出某型号飞机钛合金前起落架整体支撑框、C919 中央翼根肋、C919 接头窗框等钛合金构件（图 1.13）。黄卫东团队在研制的五轴联动的专用 LMD 设备上，对钛合金的成形工艺进行了研究优化，并最终制备出形状较为复杂、表面质量良好、性能较优的钛合金结构件。此外，南京航空航天大学、华中科技大学、清华大学、航空制造技术研究院等也开展了钛合金激光增材制造相关技术的研究。

　　在 SLM 成形钛合金方面，Murr 等研究了 SLM 成形 Ti6Al4V 钛合金构件的微观组织和力学性能，研究表明，SLM 成形过程中发生了马氏体相

图 1.13　北京航空航天大学采用 LMD 技术制造的钛合金构件

变,从而显著提高了材料力学性能,成形件的硬度和拉伸件都要高于传统铸造和锻造 Ti6Al4V 的力学性能;南京航空航天大学顾冬冬开展了高性能复杂结构 Ti 基金属构件 SLM 控形控性精密净成形的研究。在钛合金构件 SLM 工艺研究方面,德国弗劳恩霍夫激光技术研究所和亚琛工业大学研究得较多,其掌握了各种小型钛合金复杂构件成形工艺,并与德国 EOS、Concept Laser 等公司合作推出了国际一流的金属零部件激光增材制造设备。

**3. 铝合金的增材制造**

铝合金密度低,比强度高,塑性好,具有优良的导电性、导热性和抗蚀性,是工业中应用最广泛的一类有色金属结构材料,在航空航天、汽车、机械制造、船舶及化学工业中有大量应用。

在铝合金的激光增材制造方面,早在 1999 年,美国 Sandia 国家实验室就对 AlSi10Mg 铝合金进行了 LMD 成形制造尝试,研究表明,铝合金在成形过程中对激光反射率偏高,成形过程中球化现象严重,成形效果不理想。针对上述问题,德国亚琛工业大学和英国伯明翰大学对其原因进行了理论分析,结果表明,在成形过程中铝合金对温度和含氧量的要求很高,严格控制温度和含氧量后可以达到较好的成形效果。在 2013 年,德国弗劳恩霍夫激光技术研究所自主研发了 AlSi10Mg 和 AlMgScZr 激光增材制造专用铝合金粉末,通过对铝合金粉末材料和粒度的改变,其增材制造效果有所改善,铝合金的激光增材制造从而迈向实用化阶段。该所利用上述专用粉末进行 SLM 制造实验,结果表明,成形的铝合金构件致密度达到100%,表面光滑,无微裂纹,其中 AlSi10Mg 成形件综合力学性能比铸造合金性能水平提高 20%以上(图 1.14(a));而 AlMgScZr 成形件由于生成强化相,综合力学性能提高更为明显(图 1.14(b))。国内铝合金激光增材制造研究起步相对较晚,目前专门开展铝合金激光增材制造技术的单位还很少,仅有西北工业大学、天津大学、南京航空航天大学等少数高校开展过初步的研究。与国外相比,我国在铝合金激光增材制造技术方面处于落后阶段。

(a) AlSi10Mg 成形件　　　　　　　(b) AlMgScZr 成形件

图 1.14　铝合金 SLM 成形样件

## 1.5　激光增材制造技术应用

高性能航空发动机对零部件结构的复杂程度要求越来越高,给传统的制造工艺带来了很大难度。随着金属零部件的增材制造技术的日益成熟,增材制造技术获得了航空领域的广泛关注。GE 公司自 2004 年开始与斯奈克玛公司合作,研发激光烧结增材制造的燃油喷射部件,并制造了首台 Leap 发动机的生产型燃油喷嘴,如图 1.15 所示。普惠公司采用增材制造技术生产了超过 10 万件部件和原型件,包括铸模、设备工具及实验台架硬件等,其中有超过 2 000 件增材制造的发动机金属原型件。MTU 公司采用 SLM 技术生产了 PW1100UfM 发动机的内窥镜轮毂,形成了涡轮机匣的一部分,允许叶片在磨损和损伤的指定间隙使用内窥镜进行检查。目前,MTU 公司正在"净洁天空"计划下使用 SLM 技术制造密封托架,其整体蜂窝结构的内环将安装在高压压气机内。另外,增材制造技术的一个最好的应用领域是对部件损伤的修复,包括涡轮叶片、外壳、轴承和齿轮等,能够用于重建各种部件所损失的材料,并保持结构的完整性。MTU 公司的增材制造部件如图 1.16 所示。

图 1.15　Leap 发动机的燃油喷嘴　　图 1.16　MTU 公司的增材制造部件

　　我国开展航空制造领域增材制造技术和应用研究最具代表性的单位是西北工业大学和北京航空航天大学。西北工业大学于 1995 年开始在国内率先提出以获得极高(相当于锻件)性能构件为目标的激光增材制造的技术构思,并在近 20 年的时间里持续进行了 LSF 技术的系统化研究工作,形成了包括材料、工艺、装备和应用技术在内的完整的技术体系,并在多个型号飞机、航空发动机上获得了广泛的装机应用。图 1.17 所示为西北工业大学采用 LSF 技术制造的 C919 大型客机中央翼 1♯肋缘条(长达 3 010 mm)。除了 LSF 技术,西北工业大学同时也开展了 SLM 研究工作,重点研究航空发动机和航天飞行器小型精密零部件的成形。北京航空航天大学则重点研究飞机大型钛合金结构件的 LSF 技术,为我国军用飞机大型钛合金结构件的激光立体成形做了大量研发工作,并已经在多个型号飞机中获得应用(图 1.18)。除了激光增材制造技术,北京航空制造工程研究所也正在探索基于电子束的电子束制造技术(EBF 技术)在我国军用飞机上应用的可能性。

图 1.17　采用 LSF 技术制造的 C919 大　图 1.18　采用 LSF 技术制造的飞机加强框
　　　　　型客机中央翼 1♯肋缘条

# 1.6 激光增材再制造技术应用

激光增材再制造技术作为新兴的前沿技术,发展较快并成为机械工业领域研究和应用的重点。激光增材再制造技术的基础是激光熔覆修复技术,实质是激光熔覆在三维空间上的多层多道堆积。典型构件的激光增材再制造成形如图 1.19 所示。

图 1.19 典型构件的激光增材再制造成形

自激光熔覆技术诞生以来,作为一种再制造修复技术已得到许多重要应用。1981 年英国劳斯莱斯(Rolls-Royce)公司将激光熔覆技术用于 RB211 型燃气轮机叶片连锁肩的修复。美国海军实验室将激光熔覆技术用于修复舰船螺旋桨叶。美国已成功研制的"移动零部件医院"(简称为 MPH 系统)利用激光熔覆技术原理进行金属零部件的快速制造和再制造,该系统已经列装美国海军和陆军,并在阿富汗战场发挥了重要作用。GE 公司针对高 γ 相(体积分数)镍基合金高压涡轮工作叶片叶冠修复申请了激光沉积修复专利;Honeywell Int. 公司针对 In713 涡轮叶片叶冠申请了激光修复专利;在欧盟第五框架内,于 2001 年 2 月至 2005 年 7 月间针对钛合金整体叶片盘和单晶镍基合金涡轮叶片等高价值零部件的激光修复专门实施 AWFORS 研究计划,认为经修复的叶片性能比新叶片还要好。

成立于 1997 年的 AeroMet 公司在短短的几年内使钛合金激光沉积制造技术达到了实用阶段,激光沉积制造技术在钛合金零部件的修复中具有重要发展前景,其中包括误加工零部件的快速修复、磨损或断裂失效零部件的快速修复。AeroMet 公司采用激光沉积修复技术使 F15 战斗机中机翼梁的检修周期缩短为 1 周;美国 Optomec 公司在航空应用技术计划支持下,针对 GE 公司生产的 T700 涡轴发动机受恶劣环境影响较大的第

1 和第 2 级整体叶片盘的早期失效问题开展了激光沉积修复研究,采用耐磨材料修复受损的整体叶片盘通过了 60 000 r/min 的超转实验和 5 000 循环的低周疲劳实验,修复的表面无开裂、脱层和剥落现象,该技术降低了维修费用,提高了零部件的使用寿命。

瑞士洛桑理工学院 W.Kurz 教授的研究组采用激光沉积修复技术对高温合金单晶叶片的修复进行了研究。目前,美国的一些技术人员已将激光沉积修复技术用于飞机、陆基和海基系统零部件的修复。欧洲、美国的研究表明,激光沉积修复的叶片性能达到甚至超过新叶片。对于钛合金零部件的激光沉积修复研究,国外其他一些研究机构也在进行,如德国弗劳恩霍夫激光技术研究所对 Ti6Al4V 和 Ti17 叶片进行了激光修复研究。可见,激光熔覆沉积技术已在世界各主要工业国家获得了大量的研究和应用。激光熔覆再制造技术在航空航天、汽车、石油、化工、冶金、电力、机械、工模具和轻工业中都获得了大量的应用。

我国激光增材再制造技术也在近几年取得了很大进展,随着循环经济理论的提出和建设节约型社会的要求,激光增材再制造技术的工程化应用范围也逐步扩大。目前中国科学院金属研究所、西北工业大学、华中科技大学、天津工业大学、浙江工业大学、贵州大学、装甲兵工程学院、沈阳大陆激光集团有限公司等单位对激光快速修复装备、工艺和材料及应用进行了深入研究,已经形成了高校、科研院所和企业三足鼎立的格局,构成了我国激光快速修复技术研究和应用的主力军。北京航空航天大学、北京有色金属研究总院、西北工业大学等也开展过激光沉积制造/修复技术研究,主要研究的合金有 316L 不锈钢,热强不锈钢,TC4、TC6、TA15 等钛合金,GH4169、K418 等高温合金;主要零部件有航空电机轴套、铸造轴承、油管等。获得的激光修复区组织细密,室温、高温性能都明显优于铸件。对 TC4 钛合金锻件进行匹配修复,在不影响零部件基体组织的情况下,修复试样的室温拉伸性能、平面应变断裂韧度及疲劳性能都达到锻件标准。西北工业大学凝固技术国家重点实验室针对 TC4 钛合金、铝合金、高温合金等材料开展了飞机及发动机结构件的激光修复工艺研究,获得了稳定的激光修复工艺带,采用稳定的激光修复工艺实现了对预制有不同类型缺陷试样的修复,修复试样外形平整、变形小、内部无气孔、无熔合不良等冶金缺陷,化学成分符合标准要求,修复试样的力学性能达到同种材料锻件标准,并应用激光沉积修复技术解决了工厂的一些损伤零部件的修复问题。例如,对航空发动机中高温合金扇形块进行激光沉积修复,修复区厚度为 2～3 mm,修复区与零部件形成致密冶金结合;对 TC4、TC6 钛合金叶片的叶身和阻尼台的缺损和磨损进行激光沉积修复,在保证激光修复区与基体形成致密冶金结合的基础上,对叶片的形位进行了良好的修复。通过对零部件在修复中的局部应力及变形控制,实现了对零部件几何性能和力学性能的良好修复。中国科学院金属研究所、华中科技大学、天津工业大学、浙江工业大学、贵州大学等多家研究单位对激光沉积修复的装备及工艺也开展了研究。沈阳航空航天大学近年来也在 TC4、TA15 钛合金的沉积工艺和温度场模拟方面进行了研究,提出超声场下激光沉积修复技术,并开展了相应的研究工作,表明超声场是促进金属熔体成分和温度场均匀化的一种重要手段,可以起到细化晶粒,减少气孔、裂纹等多种缺陷及过大内应力的作用,有利于修复质量的提高。

装甲兵工程学院的董世运等人进行了武器装备和机械零部件的激光快速修复研究,目前已经开展了轴类零部件、齿类零部件和发动机铸铁缸盖等零部件的激光增材再制造研究。天津工业大学开展了针对石油、石化和冶金装备的再制造研究,取得了较好的应用效果。华中科技大学的曾晓雁等人开展了镍基高温合金叶片损伤和表面裂纹的修复研究,并研究了修复层的组织和性能,研究表明激光修复技术可实现该类零部件的尺寸和性能恢复。上海交通大学的邓崎林等人用锡青铜对黄铜基体表面进行激光修复,得到了与基体呈冶金结合、无裂纹的锡青铜合金修复层。

激光增材再制造(激光熔覆)技术作为一种修复技术已得到许多重要应用。例如,英国 P.R 航空发动机公司将它用于涡轮发动机叶片的修复,美国海军实验室用于修复舰船螺旋桨叶。我国对此项技术的应用也在近年来取得很大进展,如天津工业大学已将此技术用于冶金轧辊、拉丝辊的修复,石油行业的采油泵体、主轴的修复,铁路、石化行业大型柴油机曲轴的修复,均获得良好的效果。

烟气轮机是石化行业催化裂化装置中重要的能量回收设备,由于在高温、粉尘和腐蚀的环境下工作,烟气轮机频繁发生故障,严重影响了企业生产与经济效益。在实际应用中,烟气轮机转子轴径及推力盘、动叶片及静叶环、轮盘、气封面和导流锥体都可实施激光再制造。

汽轮机是火力发电厂的核心设备,由于汽轮机特殊的工作条件,因此每年都有大量的机组零部件损伤,采用激光再制造技术对汽轮机的一些关键零部件,如主轴轴径、动叶片、汽封齿、推力盘、喷嘴、隔板、围带、缸体等,进行现场可移动式激光再制造,实现性能恢复和提升,可节约大量资金和原材料。现代燃气轮机由压气机、燃烧室和透平组成,压气机和透平为高速旋转的叶轮机械,是气流能量与机械功之间相互转换的关键部件,由于其在高达 1 300 ℃ 的高温条件下工作,因此经常会发生损伤。2007 年 3 月,某公司从国外引进的 Tornado 型双轴式地面燃机在运行中出现故障,生产受到严重影响。停机后检查发现,一、二级动叶部分叶片排气边存在撞击缺口及磕痕、叶冠掉块、叶盆或背部烧蚀、叶顶通气冷却孔烧蚀、部分叶片有裂纹,一、二级喷嘴大部叶片有烧蚀缺口裂纹,已无法使用。沈阳大陆激光技术有限公司采用激光再制造技术将其缺陷全部修复完好,恢复其使用性能,花费 140 万元,仅为新机组价格的 1/10。

钢铁生产过程中,热轧机械设备的工况十分恶劣。特别是轧机工作过程中,轧辊通过轴承座对机架牌坊的冲击大,轧制冷却水遇到红灼的钢坯迅速雾化,夹带着从钢坯表面脱落的氧化铁粉末向四周喷射。受轧制的冲击、冷却水腐蚀和氧化铁粉末等磨粒影响,轧机机架牌坊内侧窗口面、机架牌坊底面、外机架辊平面和内机架辊安装孔等均会出现不同程度的腐蚀磨损。2007 年沈阳大陆激光技术有限公司对宝钢条钢厂 1♯ 初轧线的轧机牌坊用双激光器、双机器人同时连续作业 96 h,现场完成了轧机牌坊表面的防腐耐磨处理。

现阶段,激光熔覆用于各类涡轮动力设备、石油石化设备、电力设备、钢铁冶金等关键部件的增材再制造,已经取得了巨大的经济效益和社会效益。随着相应激光增材再制造产品质量标准的制定和实施,激光增材再制造技术必将获得更快速的发展。作为智能制造及增材制造的主要技术,符合绿色低碳循环经济发展的趋势,激光增材再制造技术应用领域会日益广泛,大规模工程化应用前景可期。

# 本章参考文献

[1] 徐滨士.再制造与循环经济[M].北京:科学出版社,2007.

[2] 徐滨士.装备再制造工程的理论与技术[M].北京:国防工业出版社,2007.

[3] 陈江,刘玉兰.激光增材再制造技术工程化应用[J].中国表面工程,2006,19(5):50-55.

[4] 杨洗尘,李会山,刘运武,等.激光增材再制造及其工业应用[J].中国表面工程,2003,61:43-46.

[5] 左铁钏.21 世纪先进制造——激光技术与工程[M].北京:科学出版社,2007.

[6] 薛雷,黄卫东,陈静,等.激光成形修复技术在航空铸件修复中的应用

[J]. 铸造技术,2008,3(29):391-393.

[7] KATHURIA Y P. Some aspects of laser surface cladding in the turbine industry[J]. Surface and Coatings Technology,2000,132:262-269.

[8] SEXTON L,LAVIN S,BYRNE G,et al. Laser cladding of aerospace materials[J]. Journal of Materials Processing Technology,2002,122:63-68.

[9] 王茂才,吴维强. 先进燃气轮机叶片激光修复技术[J]. 燃气轮机技术,2001,14(4):53-56.

[10] 王茂才,陈江,吴维,等. 高温高速轮盘损伤区激光修复重建之工艺方法:中国,1199663 [P]. 1998-11-25.

[11] WANG W,WANG M,JIE Z,et al. Research on the microstructure and wear resistance of titanium alloy structural members repaired by laser cladding[J]. Optics and Lasers in Engineering,2008(46):810-816.

[12] 王维,林鑫,陈静,等. TC4 零件激光快速修复加工参数带的选择[J]. 材料开发与应用,2006,22(3):19-23.

[13] 薛雷,陈静,张凤英,等. 飞机用钛合金零件的激光快速修复[J]. 稀有金属材料与工程,2006,35(11):181-182.

[14] BI Guijun,SCHURMANN B,GASSER A,et al. Development and qualification of a novel laser—cladding head with integrated sensors [J]. International Journal of Machine Tools & Manufacture,2007(47):555-561.

[15] BI Guijun,GASSER A,WISSENBACH K,et al. Investigation on the direct laser metallic powder deposition process via temperature measurement[J]. Applied Surface Science,2006 (253):1411-1416.

[16] 董世运,徐滨士,王志坚,等. 激光增材再制造齿类零件的关键问题研究[J]. 中国激光,2009,36(1):134-138.

[17] 李会山,杨洗陈,王云山,等. 模具的激光修复[J]. 金属热处理,2004,29(2):39-42.

[18] 雷剑波,杨洗陈,王云山,等. 激光增材再制造快速修复海上油田关键设备[J]. 相关产业,2006,6:54-56.

[19] 熊征,曾晓雁. 在 GH4133 锻造高温合金叶片上激光熔覆 StelliteX—40 合金的工艺研究[J]. 热加工工艺,2006,35(23):62-64.

［20］XIONG Z，CHEN G，ZENG X. Effects of process variables on interfacial quality of laser cladding on aeroengine blade material GH4133［J］. Journal of Materials Processing Technology，2009，209：930-936.

［21］朱蓓蒂，曾晓雁，胡项，等. 汽轮机末级叶片的激光熔覆研究［J］. 中国激光，1994，21(6)：526-529.

［22］邓琦林，熊忠琪，周春燕，等. 激光熔覆修复技术的基础实验研究［J］. 电加工与模具，2008(6)：36-39.

［23］刘其斌，李绍杰. 航空发动机叶片铸造缺陷激光熔覆修复的研究［J］. 金属热处理，2006，31(3)：52-55.

［24］SONG J，DENG Q，CHEN C Y，et al. Rebuilding of metal components with laser cladding forming［J］. Applied Surface Science，2006，252：7934-7940.

［25］王华明. 高性能大型金属构件激光增材制造：若干材料基础问题［J］. 航空学报，2014，35(10)：2690-2698.

［26］林鑫，黄卫东. 高性能金属构件的激光增材制造［J］. 中国科学，2015，45(9)：1111-1126.

［27］杨强，鲁中良，黄福享，等. 激光增材制造技术的研究现状及发展趋势［J］. 航空制造技术，2016，12：26-31.

［28］钦兰云. 钛合金激光沉积修复关键技术研究［D］. 沈阳：沈阳工业大学，2014.

［29］卢秉恒，李涤尘. 增材制造(3D打印)技术发展［J］. 机械制造与自动化，2013，43(4)：1-4.

［30］王华明，张述泉，汤海波. 大型钛合金结构激光快速成形技术研究进展［J］. 航空精密制造技术，2008，44(6)：26-30.

［31］黄卫东，林鑫. 激光立体成形高性能金属零件研究进展［J］. 中国材料进展，2010，29(6)：12-27.

［32］GU D D，HAGEDORN Y C，MEINERS W，et al. Nanocrystalline TiC reinforced Ti bulk—form nanocomposites by selective laser melting(SLM)：Densification，growth mechanism and wear behavior［J］. Composites Science and Technology，2011，71(13)：1612-1620.

［33］GAUN M M，HENRY S，CLETON F，et al. Epitaxial laser forming：analysis of microstructure formation［J］. Materials Science & Engineering A,1999,271(12): 232-241.

[34] KEMPEN K,THIJS L,VAN HUMBEECK J,et al. Mechanical properties of AlSi10Mg produced by selective laser melting[J]. Physics Procedia,2012(39): 439-446.

[35] THIJS L,KEMPEN K,KRUTH J P,et al. Fine-structured aluminum products with controllable texture by selective laser melting of pre-alloyed AlSi10Mg powder[J]. Acta Materialia,2013,61(5): 1809-1819.

[36] 张小伟.金属增材制造技术在航空发动机领域的应用[J].航空动力学报,2016,31(1): 10-16.

# 第 2 章　激光增材再制造技术基础

激光增材再制造技术是以金属粉末为材料,在具有零部件原型的 CAD/CAM 软件支持下,CNC(计算机数控)控制激光头、送粉嘴和机床按指定空间轨迹运动,光束与粉末同步输送,在待修复部位逐层熔覆,最后生成与原型零部件近形的三维实体。在激光增材再制造技术中,除基体材料与粉末材料对再制造产品质量有显著影响之外,工艺参数对再制造产品的质量也有显著的影响,如保护气体的种类和流量、粉末流量及送粉方式、激光器类型及功率、粉末喷嘴的直径、扫描速度及离焦量、预热温度和后处理工艺等。本章基于激光光束产生的物理机理及其聚焦与传输特性,分析激光与金属的相互作用过程中的物理化学现象,探讨激光与被加工基体及激光与粉末的相互作用特征。

## 2.1　激光的光束特性及其质量特性

激光是一种受激辐射强相干光,具有高方向性、高单色性、高亮度、强相干性等特点。激光的这些特点给激光加工带来了其他加工方法所不具备的优点。激光加工的各种方法对激光输出参数有不同的要求。

### 2.1.1　激光光束的模式

激光是一种电磁波。激光器的光学谐振腔将激光约束在有限空间范围内,在一定的空间范围内只能存在一系列分立的电磁波本征态,这些本征态就是光学谐振腔的模式。激光模式即谐振腔内的电磁波本征态,由谐振腔的结构决定。激光模式一般分为横模和纵模。横模为激光在垂直光束传播方向的能量空间分布,纵模为激光在平行激光光束传播方向的能量空间分布。通常用 $TEM_{mn}$ 来标记激光的模式,$m$、$n$ 为正整数。$m$、$n$ 值较小的为低阶模,$m$、$n$ 值较大的为高阶模。低阶模的激光发散角较小,能量比较集中,能聚焦获得极高功率密度;高阶模的激光发散角较大,光斑半径大。图 2.1 为激光基模和低阶模示意图。激光模式又可以分为轴对称和旋转对称。当图形以 $x$ 轴或 $y$ 轴为对称轴时,就是轴对称,图 2.1 中的 a、b、c、d 均为轴对称图;旋转对称是以图形中心为轴,旋转后图形可以得到重合,如图 2.1 中的 e、f、g、h。

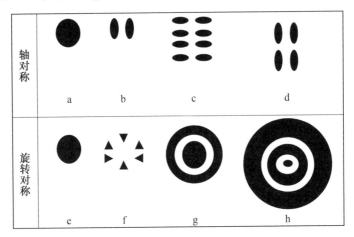

图 2.1　激光基模和低阶模示意图

a—$TEM_{00}$,b—$TEM_{10}$,c—$TEM_{13}$,d—$TEM_{11}$

e—$TEM_{00}$,f—$TEM_{03}$,g—$TEM_{10}$,h—$TEM_{20}$

　　激光的纵模决定了激光的波长和频率,激光加工中,激光波长越短,材料对其吸收率越高。横模决定了激光波场的空间展开程度,高阶模展开比较宽,低阶模能量集中,但能量均匀性不如高阶模。不同的激光加工种类对激光空间的能量分布有不同的要求,要求不同的激光模式。例如,激光淬火,为了保证淬硬带硬度、深度等性能分布均匀,要选用空间能量分布比较均匀的高阶模激光。对于激光切割,则要求激光能量分布比较集中,最好选用低阶模激光。

　　激光输出的功率是激光加工中最重要的参数之一。工件加工中,某点吸收的激光总能量由激光输出功率和辐照时间共同决定。激光扫描速度和激光功率共同决定了工件吸收能量的高低,控制这两个参量可以满足不同的激光加工方法,以达到不同的加工效果。

　　材料对激光的吸收除了受到激光波长和材料本身性质的影响外,还受激光偏振特性的影响。激光加工中,如果入射角较小,则激光的偏振特性对材料对激光的反射和吸收影响不大。但当入射角较大时,材料对激光的吸收和反射强烈地受到激光偏振特性的影响,必须对这一参数加以调制,通过光学变换的方法,使激光以一定的方位辐照工件表面,或者变换为圆偏振光,这样工件对激光的吸收率与入射角无关。

## 2.1.2 激光光束质量特性

光束质量是决定激光加工综合性能的重要指标。在激光功率相同的情况下,激光光束质量越好,则目标处光束能量就越集中,激光功率密度就越大,对目标的作用效果就越明显;光束质量越差,则目标处光束能量就越发散,激光功率密度就越小,对目标的作用效果也就越差。影响激光光束质量的主要参数包括光束远场发散角 $\theta$、光束聚焦特征参数 $K_f$ 和光束质量因子 $M^2$ 等。

**1. 光束远场发散角 $\theta$**

光束远场发散角的大小决定了激光光束可传输多远而不明显发散。发散角越大,光束质量越差。设激光光束沿着 $z$ 轴传输,则远场发散角 $\theta$ 可用渐近线公式表示为

$$\theta = \lim_{z \to \infty} \frac{\omega(z)}{z} \tag{2.1}$$

式中,$\omega(z)$ 为激光传播至 $z$ 时光束束腰半径。

远场发散角表征光束传播过程中的发散特性,显然 $\theta$ 越大光束发散越快。在实际测量中,通常利用聚焦光学系统或扩束聚焦系统将被测激光光束聚焦或扩束聚焦后,采用焦平面上测量的光束宽度与聚焦光学系统焦距的比值得到远场发散角。由于 $\theta$ 的大小可以通过扩束或聚焦来改变,因此仅采用远场发散角作为光束质量判据是不准确的。

**2. 光束聚焦特征参数 $K_f$**

光束聚焦特征参数 $K_f$,也称为光束参数乘积(Beam Parameters Product,BPP),定义为光束束腰半径和光束远场发散角的乘积。激光光束的聚焦特征参数定义为聚焦前后光束的束腰直径乘以远场发散角。$K_f$ 值与光束传输、聚焦参数的关系如图 2.2 所示,$\omega_0$ 为聚焦前激光光束束腰半径,$\theta$ 为聚焦前光束的远场发散角,$\omega'_0$ 为聚焦后光束束腰半径,$\theta'$ 为聚焦后光束的远场发散角,则 $K_f$ 值可表示为

$$K_f = \omega_0 \cdot \theta = \omega'_0 \cdot \theta' \tag{2.2}$$

可见,在整个光束传输变换系统中,光束聚焦特征参数 $K_f$ 是一个常数。采用 $K_f$ 来评价激光光束质量的优劣,避免了只用光束发散角作为光束质量判据的片面性。$K_f$ 值越小,光束的传输距离越长,聚焦的焦点越小,焦点功率密度越高,因而光束质量越好。

**3. 光束质量因子**

国际标准化组织(ISO)在"激光光束宽度、发散角和辐射特性系数的

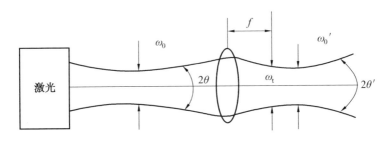

图 2.2　$K_f$ 值与光束传输、聚焦参数的关系

实验方法"中推荐采用光束传输因子 $K$ 或光束质量因子 $M^2$ 来评价光束质量。光束质量因子 $M^2$ 是一种全新描述激光光束质量的参数,早在 20 世纪 90 年代初,Siegman 就对描述激光光束质量因子 $M^2$ 的概念给出了较为完整的定义。自此以后,$M^2$ 或其倒数 $K$(光束传输因子)就成为通常情况下评价激光光束质量的重要参数。

$M^2$ 定义为

$$M^2 = \frac{\text{实际光束束腰直径} \times \text{实际光束远场发散角}}{\text{理想光束束腰直径} \times \text{理想光束远场发散角}} = \frac{\pi}{4\lambda} d_0 \theta_0 \quad (2.3)$$

式中,$d_0$ 为激光光束束腰直径;$\theta_0$ 为远场发散角;$\lambda$ 为波长。

光束传输因子定义为

$$K = \frac{1}{M^2} \quad (2.4)$$

$M^2$ 是目前被普遍采用的评价激光光束质量的参数。$M^2$ 的定义是建立在空间域和空间频率域中束宽的二阶矩阵基础上的。激光光束束腰宽度由束腰横截面上的光强分布来决定,远场发散角由相位分布来决定。因此,$M^2$ 能够反映光场的强度分布和相位分布特征。它表征了一个实际光束偏离极限衍射发散速度的程度。理想基模(TEM$_{00}$)的高斯光束 $M^2 = 1$,光束质量最好。实际光束的 $M^2$ 均大于 1,表征了实际值对衍射极限的倍数。$M^2$ 越大,光束衍射发散越快。

## 2.2　激光光束的聚焦与传输特性

为了使激光器输出的激光光束能够用于实际的激光制造,需要把激光光束传输到不同距离的工件表面,传输中,针对不同制造工艺的需要,用各种光学元件对光束进行变换、聚焦,获得要求的功率密度和各种光强分布的激光光束。激光传输需要根据工件形状、尺寸、质量、被激光加工的部位及性能要求等因素决定。激光传输的距离与光损耗成正比,因此在达到工件性能要求的条件下,应尽量缩短光束传输的距离。

### 2.2.1 激光的传输

在实际生产中,激光器和加工工件往往是分开布置的,两者之间有一定的距离,激光必须由激光器传输到加工位置。光束的传输有两种方法,反射镜传输和光纤传输。反射镜传输多用于大功率 $CO_2$ 激光器;光纤传输多用于 YAG 激光器、半导体激光器及光纤激光器。

反射镜传输光路简单,使用合适的材料制作反射镜,可以将原来直线传播的激光光束转向任何方向,这种传输方式只需要 3 面棱镜和几面透镜,远距离传输的情况下,如果光束发散角太大,需要使用扩束望远镜。反射镜传输方式的缺点在于灵活性差,对于复杂的加工环境,难以满足需要;另外,传输效率较低。目前工业用激光中,$CO_2$ 激光波长较长,不能采用光纤传输,主要采用反射镜传输。

相比反射镜传输系统,光纤传输系统体积小、结构简单、柔性好、灵活方便,能够加工不易加工的部位,能适应复杂的工作环境,特别当要求光束沿复杂路径或者需要对光输出头进行复杂操作时,应该采用光纤传输系统(图 2.3)。

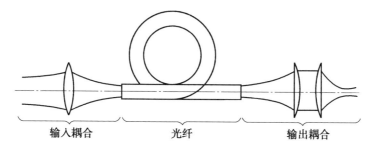

输入耦合　　　　光纤　　　　输出耦合

图 2.3　光纤传输原理示意图

从几何光学的角度来说,光纤的物理基础是光的全反射。如图 2.4 所示,光纤的结构分为纤芯、外包层、保护层等,纤芯与外包层的折射率不同,纤芯折射率大于外包层折射率,以此保证入射纤芯的光束能够发生全反射。光纤改变了传统的光传输方式,从宏观上看,光纤不再是直线传播,随着光纤的弯曲,传输变得柔性化。设 $n_1$ 和 $n_2$ 为阶梯光纤的纤芯和外包层折射率,当界面上的入射角超过临界值 $\alpha_g$ 时,将发生全反射,$\alpha_g$ 由下式确定:

$$\sin \alpha_g = \frac{n_2}{n_1} \tag{2.5}$$

假如激光光束从大气中耦合到光纤,则入射到光纤前端面上的光处于开放角为 $\alpha_{\max}$ 的圆锥内。

$$\sin \alpha_{\max} = \sqrt{n_1^2 - n_2^2} \tag{2.6}$$

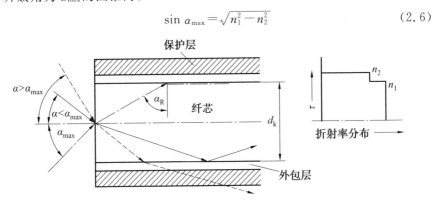

图 2.4 在阶梯光纤中光传输的几何条件

这一表达式称为光纤的数值孔径 NA,它描述光纤受光能力的大小。

不同功率及波长的激光,有不同的用途要求,需要选择不同的光纤传输系统。大功率激光加工中的光纤一般为石英多模光纤,主要考虑功率的传输。光纤的灵活性消除了机械和光学系统的复杂性,更适合于机器人操作。

光纤的传输损耗是影响功率传输的主要因素之一。传输损耗可分为材料吸收、散射的损耗和波导结构损耗。前者主要由材料杂质离子、缺陷吸收及瑞利散射导致,后者主要由于光纤的结构散射及弯曲耗损。

## 2.2.2 激光的聚焦

不同的激光制造工艺对激光光束功率及光斑大小、形状提出了不同要求,虽然可以从激光器本身加以改进,但在激光光束的传输过程中对激光光束进行变换与整形则更加灵活有效。例如,在激光表面改性中,常用金属积分镜、振动反射镜和旋转反射镜等将圆形的激光光斑变换为细条形或者矩形光斑,可以有效减小激光热处理中的搭接效应。

激光变换和聚焦主要从光束的时间特性和空间特性上考虑。时间特性主要体现在激光的输出方式上,如脉冲输出的脉冲宽度和脉冲形状等。光束的空间调制主要利用各种光学元件调制输出的截面光强分布,实现特殊的空间功率密度分布要求。

聚焦系统通常有透射式和反射式两种,如图 2.5 所示。YAG 激光器一般采用透射式聚焦系统;工业用 $CO_2$ 激光器一般功率较大,通常采用反射式聚焦系统。透射式聚焦系统所用透镜一般由硒化锌或者砷化镓这两种半导体材料制造。反射式聚焦系统的反射镜一般用无氧铜制造,反射式聚焦系统又包括球面系统和抛物镜系统。

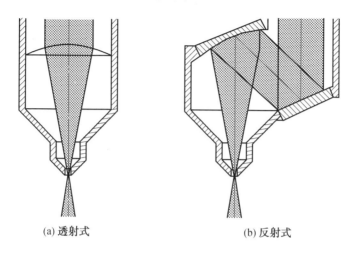

(a) 透射式　　　　　　　　　　　(b) 反射式

图 2.5　透射式和反射式聚焦系统示意图

激光沉积再制造由于激光功率高,因此多采用反射式聚焦系统。当采用球面反射镜聚焦时,因光束离轴会产生像散,入射角不能太大,必须小于 10°(图 2.6)。当要求聚焦光斑很小时,为消除球差和像散,可采用离轴抛物面镜(图 2.7)。为了提高光强分布的均匀性,可以选用积分镜(图 2.8)。如果采用积分镜和抛物面镜复合聚焦,可以获得理想的效果,满足不同形状尺寸和性能的激光表面改性零部件的需求(图 2.9)。

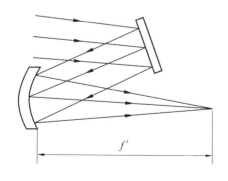

图 2.6　球面反射镜聚焦图

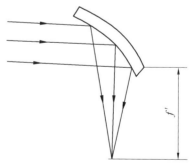

图 2.7　离轴抛物面镜聚焦图

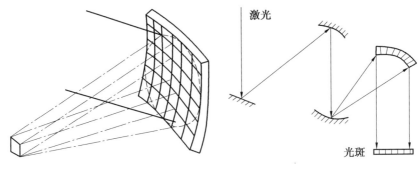

图 2.8   积分镜聚焦图          图 2.9   积分镜与抛物面镜复合聚焦

## 2.3   激光与材料的相互作用

激光加工的各种方式都是基于激光光束和材料的相互作用,激光参数和材料物性决定了激光光束和材料相互作用的各种过程。实际激光加工所用的激光器有脉冲式和连续式两种,不同的加工方式要求的输出功率和脉冲特性等激光参数都不尽相同。

激光照射到材料表面,光子被材料中的电子散射,导致材料对激光的透射、反射和吸收。入射光子通过逆韧致辐射过程,把能量传递给电子,电子同声子相互作用,将光能转换为热能,使材料加热。

激光照射下,材料表面吸收光子,激光同物质发生相互作用,这种作用由激光的特性和材料性能共同决定,激光加工正是利用了激光同物质相互作用的各种效应。总体来说,激光加工主要利用激光对材料产生的热作用、力作用和光化学作用这 3 种效应。

**1. 热作用**

对于金属,透射激光在金属表面层内被吸收,金属外层电子被激发到高能级,具有更高的动能,电子与声子作用,在极短的时间内把能量转化为晶格振动能,使得材料温度升高。通过这个过程,大量光子的光能转化为材料的热能,该能量转化过程与激光的波长、偏振特性、材料结构及材料对激光的吸收系数有关。激光对材料的热作用对激光加工至关重要,激光的加热作用下会使材料发生固态相变或者熔化材料形成熔池,该过程可以形成多种加工工艺。

在激光与金属材料交互热作用过程中,吸收光子的过程是非常重要的,而材料对激光的吸收率取决于材料本身对光的吸收率和激光光子的波长。一般而言,激光的波长越短,材料的吸收率越高。

**2. 力作用**

激光的力作用基于激光对材料的热作用。金属材料表面吸收光能,然后转化为热能;由于激光作用极其短暂,在有限的时间内,热来不及从材料表面向材料深处传导,因此材料表面区域瞬间蓄积大量的能量,达到极高的温度,产生蒸气,从而形成压力波。金属蒸气粒子的平均动能正比于金属温度,温度越高,平均动能越大,造成的压力越大。金属表层爆炸汽化后,后续的激光会继续加热蒸气,甚至形成等离子体,等离子体对激光的吸收率极大,导致等离子体粒子平均动能大大增加,稠密等离子体中的粒子向四周散射,形成极大的反冲压力,这种反冲压力一定条件下可达 MPa 或者 GPa 级。反冲压力可以在材料表面产生金属学效应,使金属表面产生强烈的塑性变形,改变表层的显微亚结构,使受力区域位错密度大大增加,位错纠缠形成网络。这些效应可以实现材料的冲击硬化。当然,激光力作用的深度远小于激光热作用的深度。利用短脉冲激光产生的力作用还可以研究材料中位错的运动速度和位错运动的响应时间。

**3. 光化学作用**

光化学作用即光致化学反应。激光同气体相互作用时,可以发生光化学反应或者光热化学反应。光化学反应是指,当激光光子能量比气体化学键键能高时,光子可以直接打断化学键,导致光分解,化学键重新结合时,便会形成各种金属或者金属化合物。这类反应通常要求激光光子具有较高的能量,如准分子激光器,其单位光子的能量为 $3.5 \sim 6.5$ eV,可直接击断气体的化学键,发生光化学反应。光热化学反应是指气体吸收光子能量后,分子能量升高,分子热振动加剧导致化学键断裂,通常这类反应所需要的能量不高,一般光子能量为 1 eV,红外激光甚至都能满足要求。光致化学反应可以用来制备一些金属、金属合金或者化合物,可用来得到薄膜材料、超细材料、纳米结构材料等。

金属材料的激光加工主要是基于光热效应的热加工,其基本前提是激光能量被加工材料吸收并转化为热能。在不同功率密度激光光束的照射下,材料表面区域将发生各种不同的变化,这些变化包括表面温度升高、熔化、汽化、形成小孔及产生光致等离子体等。不同功率密度的激光辐照金属材料时的几个主要物理过程如图 2.10 所示。

不同的激光功率可以加热材料到不同的温度,出现不同的物理过程。当激光功率密度较低,材料温度没达到相变点时,材料仅被加热;随着温度的升高,材料温度达到相变点和熔点之间,这时材料将发生相变,材料中将

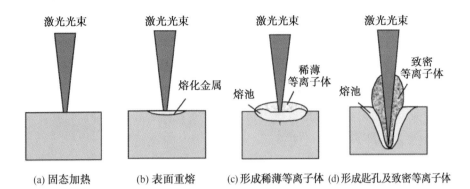

图 2.10　不同功率密度的激光辐照金属材料时的几个主要物理过程

同时发生传热和传质过程,对应的激光功率可用于激光淬火;当温度升高到熔点和沸点之间时,材料将熔化出现熔池,熔池相邻部位为发生固态相变的区域,该区域外围为固态传热区,熔池中出现对流、传质和传热的现象,对应的功率密度可用于熔覆、熔凝、焊接等加工过程;如果功率密度进一步提升,材料温度达到沸点以上、升华点以下,材料表面将形成熔池,熔池上方有金属蒸气。激光冲击硬化、激光深熔焊等加工过程所使用激光的功率密度较高,就会出现汽化,甚至产生等离子体等现象。若材料表面温度直接超过升华点,则材料表面无熔池形成,材料直接汽化,温度更高时甚至形成等离子体。

# 2.4　材料对激光的吸收

## 2.4.1　材料对激光的吸收

激光增材再制造是基于光热效应的热加工,成形结果主要取决于工件表面单位时间吸收的能量。评估用于成形的激光功率 $P_{abs}$ 的标准是材料的吸收率 $A$。$A$ 代表与工件耦合的激光能量与到达工件的激光能量之比,即

$$A=\frac{P_{abs}}{P} \tag{2.7}$$

式中,$P$ 为激光器输出功率;$P_{abs}$ 为用于成形的激光功率。$A$ 值为 $0\sim1$,但能量吸收率是一个通用的变量,这一变量不能表示工件内光束能量的存储位置及热量转化的位置。

吸收率可以通过直接测量材料上的入射激光能量得出,也可以通过对

材料吸热后升高温度测量进行热力学计算获得;还可以间接测量反射激光功率 $P_r$ 及透射激光功率 $P_t$:

$$P_{abs} = P - P_r - P_t \tag{2.8}$$

如果材料较薄或为透光材料,部分进入材料的激光穿透材料,则式(2.8)可变为

$$A = 1 - R - T \tag{2.9}$$

式中,$R$ 为材料对激光的反射率;$T$ 为材料对激光的透射率。

对于大部分金属而言,$T=0$,则吸收率 $A=1-R$。研究表明,大部分金属对激光的反射率为 $0.7 \sim 0.9$,当材料表面与空气接触且光波在空气中正入射时,$R$ 可由下式估算:

$$R = \left| \frac{\tilde{n}-1}{\tilde{n}+1} \right|^2 \tag{2.10}$$

从材料微观角度看,光吸收是由材料内部电子产生的,在激光的作用下自由电子被加速,发射出射线。而能量的耗损是通过在射线场中被加速的自由电子与周期晶格的碰撞及光子的碰撞进行的。主要由导电电子吸收的红外射线,将从射线场中通过非弹性碰撞获得的能量转移给晶体结构。Drude 理论模型很好地解释了具有简单的各向同性金属材料 - 激光作用机理。金属中的光学常数吸收率 $\kappa$ 和折射率 $n$ 与材料的导电性、导磁性之间的关系为

$$(n + i\kappa)^2 = \left( \varepsilon - \frac{\sigma}{i\omega\varepsilon_0} \right) \mu \tag{2.11}$$

式中,$\sigma$ 为光电磁波频率;$\omega$ 为材料的电导率;$\varepsilon_0$ 为电常数;$\mu$ 为磁导率。式(2.11)为表征材料的光学常数与材料导电、导磁性关系的 Drude 理论模型。如果激光与材料的相互作用只发生在辐射和自由电子之间,即在激光的红外波长区域,$\varepsilon \approx 1$,$\mu \approx 1$,则 Drude 公式可简化为

$$(n + i\kappa)^2 = 1 - \frac{\sigma}{i\omega\varepsilon_0} \tag{2.12}$$

金属中自由电子的运动公式为

$$m^* \frac{dv}{dt} + m^* \nu_m v = -eE \tag{2.13}$$

式中,$m^*$ 为电子的有效质量;$v$ 为电子的平均速度;$E$ 为光束的电场强度;$\nu_m$ 为脉冲转化频率。

电子以频率 $\nu_m$ 在与光子或晶格缺陷碰撞时释放出脉冲。因此,结合 Drude 公式,分别可得材料对激光的吸收率 $\kappa$ 和折射率 $n$:

$$\kappa^2 = \frac{1}{2}\sqrt{\left(1 - \frac{\omega_p^2}{\omega^2 + v_m^2}\right)^2 + \left(\frac{v_m}{\omega}\frac{\omega_p^2}{\omega^2 + v_m^2}\right)^2} - \frac{1}{2}\left(1 - \frac{\omega_p^2}{\omega^2 + v_m^2}\right)$$

$$(2.14)$$

$$n^2 = \frac{1}{2}\sqrt{\left(1 - \frac{\omega_p^2}{\omega^2 + v_m^2}\right)^2 + \left(\frac{v_m}{\omega}\frac{\omega_p^2}{\omega^2 + v_m^2}\right)^2} + \frac{1}{2}\left(1 - \frac{\omega_p^2}{\omega^2 + v_m^2}\right)$$

$$(2.15)$$

$$\omega_p^2 = \frac{e^2 n_e}{\varepsilon_0 m_e}$$

$$(2.16)$$

式中，$\omega_p$ 为材料电子频率；$e$ 为电荷；$n_e$ 为电子密度；$m_e$ 为电子质量。

对于给定材料，吸收率 $\kappa$ 和折射率 $n$ 只取决于电子碰撞频率、入射波长及频率。

### 2.4.2　影响金属材料吸收激光的因素

金属材料对激光能量的吸收率不仅与材料本身的理化性能有关，而且与激光光束的物理性能、材料外界环境和几何形状等密切相关。

**1. 材料性能**

不同的材料对激光的吸收率是不同的。大多数金属对激光均具有较高的反射率（70% ～ 90%）和较大的吸收系数（$10^5 \sim 10^6$ cm$^{-1}$）。光在金属表面能量即被吸收，研究表明，光吸收是由导电材料的电子产生，材料的导电性决定了光吸收率。材料对激光的吸收率随电导率的增大而减小。

**2. 激光波长**

激光波长决定了材料对激光能量的吸收率，一般情况下，波长越短，吸收率越高。根据 Hagen－Ruben 关系，在 Fresnel 吸收条件下，金属对激光能量的吸收率 $A$ 还可表示为

$$A = 365.15\sqrt{\frac{\rho}{\lambda}}$$

$$(2.17)$$

式中，$\rho$ 为材料的电阻率；$\lambda$ 为激光波长。

通过计算得到金属材料对 YAG 激光器能量的吸收率是 $CO_2$ 激光器的 3.16 倍。同时，由于激光在金属中穿透深度与波长平方根成正比，波长越长，穿透深度越大，因此，对于不同激光器而言，材料吸收与透射的激光能量也存在差异。以 YAG 和 $CO_2$ 激光器为例，$CO_2$ 激光器发射的激光对材料的穿透能力大于 YAG 激光器，从而导致在熔覆过程中，有更多的基体材料熔入熔池，增大了稀释率，也限制了较薄材料进行激光熔覆的可操作性。相比较而言，在提高激光能量利用率、降低稀释率和低厚度材料熔

覆可操作性方面,YAG 激光器更适合应用于激光熔覆。

室温下常用金属的反射率($\eta_r$)与激光波长的关系曲线如图 2.11 所示。可见,随着波长的增加,吸收率减小,反射率增大。大部分金属对波长为 10.6 $\mu$m 的红外光反射强烈,而对波长为 1.06 $\mu$m 的红外光反射较弱。在可见光及其邻近区域,不同金属材料的反射率呈现出错综复杂的变化。但在 $\lambda > 2$ $\mu$m 的红外光区,所有金属的反射率都表现出共同的规律性。在此波段内,光子能量较低,只能和金属中的自由电子耦合,自由电子密度越大,自由电子受迫振动产生的反射波越强,反射率越大。激光器波长越短,材料吸收率越高。故进行钢铁零部件的激光淬火时,采用波长为 10.6 $\mu$m 的 $CO_2$ 激光器时其吸收率低,需要对表面进行预处理,以提高吸收率。而采用波长为 1.06 $\mu$m 的 YAG 激光器,则因吸收率高而不进行表面预处理。

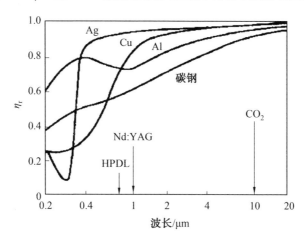

图 2.11 室温下常用金属的反射率与波长的关系曲线

### 3. 材料温度

在 Drude 理论公式中,材料对激光吸收及电阻与温度之间的关系归因于随着温度升高,电子-晶格碰撞频率 $\nu_m$ 的增加。研究显示,金属材料对激光的吸收率随着材料温度的增加而增加。

材料对激光的吸收率随温度而变化,温度升高,吸收率增大。在室温时,吸收率很小;接近熔点时,其吸收率将升高至 $40\% \sim 50\%$;当温度接近沸点时,其吸收率高达 $90\%$。并且激光输出功率越大,金属的吸收率越高。

金属的吸收率 $A$ 与激光的波长 $\lambda$、金属的直流电阻率 $\rho$ 存在如下关系:

$$A = 365.15\sqrt{\frac{\rho}{\lambda}}$$

因为电阻率 $\rho$ 值随温度升高而升高,故 $A$ 与温度 $T$ 之间存在如下线性关系:

$$A(\lambda)=A(20\ ℃)\times[1+\beta(T-20)] \tag{2.18}$$

式中,$\beta$ 为常数。

上式的温度影响是在真空条件下建立的,实际上,当在空气中进行激光处理时,金属温度升高使其表面氧化加重也会增加激光吸收率。

**4. 表面杂质涂层**

再制造零部件表面会存在锈蚀、氧化皮等表面涂层。这些表面杂质涂层会增加材料对激光的吸收率。金属材料在高温下形成的氧化膜会使吸收率显著提高。一定温度下氧化层的厚度是时间的函数,因而对激光的吸收率也是氧化时间的函数。金属材料对波长为 $10.6\ \mu m$ 的 $CO_2$ 激光的吸收率随温度升高而显著增加,其原因有两方面:一方面是金属的电阻率随温度增加,另一方面是金属在高温下更易氧化。钢材料不同厚度氧化膜对 $CO_2$ 激光的吸收情况如图 2.12 所示。利用各种表面涂层也是增加金属表面对激光吸收的有效方法,不同涂层的吸收率数据见表 2.1。

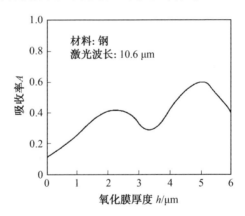

图 2.12 钢材料不同厚度氧化膜对 $CO_2$ 激光的吸收情况

**表 2.1 不同涂层的吸收率数据**

| 涂层 | 吸收率 | 涂层厚度/mm | 涂层 | 吸收率 | 涂层厚度/mm |
|------|--------|-------------|------|--------|-------------|
| 磷酸盐 | >0.90 | 0.25 | 炭黑 | 0.79 | 0.17 |
| 氧化锆 | 0.90 | — | 石墨 | 0.63 | 0.15 |
| 氧化钛 | 0.89 | 0.20 | — | — | — |

### 5.表面粗糙度

增大材料表面粗糙度,相对提高了承受激光辐照的表面积,同时提高了漫反射效应,表面累积吸收的激光能量增加。因此,增大材料表面粗糙度有利于提高材料对激光的吸收率。失效零部件激光增材再制造前常见的表面粗化方法为喷砂处理、砂纸打磨等。

另外,激光增材再制造过程中气体、工件周围材料等环境条件,工件表面轮廓线,工件几何形状等也是影响材料对激光的吸收率的重要因素。

## 2.5  激光与金属粉末相互作用的规律

同步送粉式激光熔覆过程是激光光束、熔覆粉末颗粒及基体交互作用的结果。由于粉末粒子对激光的消光作用,穿过粉末流的激光光束到达基体/熔覆层时将发生能量衰减,其损耗程度与粉末的种类及尺寸、送粉量、载气量等送粉工艺有关。若激光输出功率被粉末流衰减过大,则到达工件的激光能量可能不足以在其表面形成熔池,致使熔覆过程无法进行。而盲目地提高激光输出功率或变化送粉规范,同样有可能影响加工质量及成形效率。

激光光束穿过粉末流的同时,粒子因吸收能量而使自身温度升高。因此,粉末颗粒落入熔池前既可能未熔化,也可能部分熔化或完全熔化。通常,固体颗粒撞到固体表面,会被其反弹掉;液态颗粒撞到固体表面,会被其黏附;不论固态还是液态颗粒撞入液态熔池,都会被其吸收。可见,粉末颗粒到达基体/熔覆层的状态一定程度上会影响熔覆层的质量平衡。另外,射入熔池的材料将与液相混合,它的温度及状态会影响熔池的流场和温度场。当熔覆材料进入熔池前的温度高于熔池液体温度时,粉末粒子会放出能量给熔池;当熔覆材料进入熔池前的温度低于熔池液体温度时,粉末粒子会吸收熔池的能量。如果固体粉末颗粒进入熔池,熔池内的流动属于两相流问题。因此,认知激光光束与粉末流相互作用对掌握激光熔覆再制造机理具有重要的意义。

激光光束与粉末流相互作用涉及两方面的内容:激光在粉末流中传播和激光/粉末粒子的热作用。其中,激光在粉末流中传播是指光波通过粉末粒子流所引起的光学特性的变化。它主要包括由粒子流散射与吸收造成的辐射能量衰减(以下简称激光能量衰减);由粒子流速度、密度的变化造成的光束的漂移扩展及传输的线性和非线性光学效应。相对而言,激光能量衰减对熔覆再制造成形的作用至关重要。激光能量衰减和粉末粒子温升成为该研究方向的基本问题。

### 2.5.1　激光能量在粉末流中衰减的规律

Picasso 等提出了用遮光率描述激光能量衰减的理论。遮光率是指被金属粉末遮挡的激光功率 $\Delta P$ 与输出的激光功率 $P_0$ 之比,且等效于参与遮光的金属粉末和激光光束在工件表面的投影面积之比,其原理示意图如图 2.13 所示。

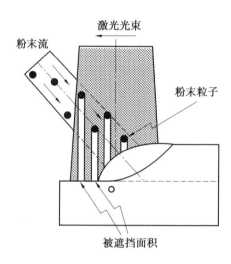

图 2.13　遮光率原理示意图

借助以下假设给出计算式:金属粉末颗粒均匀,且是半径为 $r_p$ 的球体;金属粉末颗粒在气－粉射流中的体积分数很低,粒子之间不发生相互重叠;不考虑被金属粉末反射的能量;激光光束穿过金属粉末颗粒间空隙时不发生衍射、散射;粉末流和激光光束为两个相互交叉的圆柱体。

$$\frac{\Delta P}{P_0} = \frac{S_p}{S_l} = \begin{cases} \dfrac{M_p}{2\rho_p R_l r_p v_p \cos \varphi} & (R_{p,w} \leqslant R_l) \\[3mm] \dfrac{M_p}{2\rho_p R_{p,w} r_p v_p \cos \varphi} & (R_{p,w} > R_l) \end{cases} \tag{2.19}$$

式中,$S_p$ 为参与遮光的金属粉末在工件表面的投影面积;$S_l$ 为激光光束在工件表面的投影面积;$M_p$ 为单位时间内输送的金属粉末质量;$\rho_p$ 为熔覆材料密度;$v_p$ 为粉末流速度;$\varphi$ 为粉末流与水平面夹角;$R_{p,w}$ 为粉末流到达工件表面时的半径;$R_l$ 为激光光束半径。

基于朗伯－比尔(Lambert-Beer)光透射定理和米氏理论,穿过粉末流的激光,其功率密度按指数衰减,方程的表示形式相近,即

$$I_1(r,l) = I_0(r,l)\mathrm{e}^{-Xc_p l} \tag{2.20}$$

式中,$I_0(r,l)$ 为激光距其中心 $r$ 处的功率密度;$I_1(r,l)$ 为激光在粉末流中穿过距离 $l$ 后距其中心 $r$ 处的剩余功率密度;$c_p$ 为金属粉末粒子数密度或质量浓度;$X$ 为系数。$X$ 称作消光面积,其值视为颗粒投影面积;$c_p$ 代表粒子数密度,即单位体积内粒子的个数。

董世运等将激光能量测量技术和金相分析技术相结合,考察了粉末流对激光能量的衰减规律。利用图 2.14 所示的模拟实验方法,以喷嘴结构简单、操作方便的侧向送粉方式为研究对象,粉末流置于垂直或近垂直于水平的平面内;激光头置于粉末流一侧,光束在沿水平或近水平的平面内传输,并垂直照射位于粉末流另一侧的探头工作表面。通过调整喷嘴位置,令粉末束轴与激光光束轴垂直相交,且通过光斑平面,喷口平面至激光光束距离与它在熔覆状态下相等。控制实验条件满足激光熔覆工作状态。合理确定探头至粉末流距离,使得激光束斑尽可能地均匀覆盖其表面,以减少实验误差。

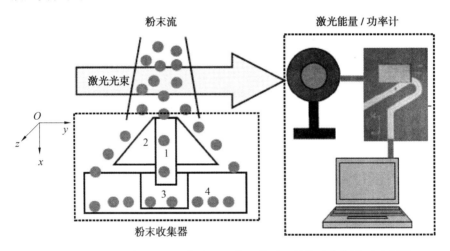

图 2.14　激光光束透过金属粉末流后能量检测及其粒子收集原理示意图

将收集显微分析所需粉末的器具(虚线框内部分)置于粉末流与激光光束相互作用区域的正下方。其中,零部件 1、零部件 3 分别为所需粉末的通道与盛装器具;零部件 2、零部件 4 用于分离、回收多余粉末。鉴于粉末流中粒子数密度与速度均随距喷口的距离增加而减小,将粉末通道入口尽可能接近激光光束,增加粉末收集速度。同时,零部件 1 截面形状及尺寸略小于粉末流与激光光束相互作用区截面,进一步保证采集到的粉末粒子已与激光光束发生相互作用。

给定送气量、预置激光输出功率,检测激光光束输出功率,用 $P_0$ 表示;送粉器传输粉末,逐步增加送粉量,测量相应送粉条件下激光光束穿过粉末流后的功率,用 $P_1$ 表示。若激光光束出射功率略有波动,则适当延长数据采集时间。记录激光光束出射功率同时,收集相应送粉条件下用于金相分析的粉末粒子。

将测试时间内激光光束功率的平均值作为实验值,用于计算激光光束功率衰减、激光光束功率衰减率/透过率。将收集到的粉末粒子镶嵌于试样基体之上,制备成金相试样用于显微观察。

## 2.5.2 粉末粒子穿过激光光束后的温升规律研究

激光光束与粉末流相互作用时,粒子因吸收光能温度升高。它到达基体/熔覆层的状态既可能未熔化,也可能部分熔化,或者完全熔化。这不仅影响熔覆材料与基体材料的混合及熔覆层的质量平衡,而且对熔覆质量有一定影响。与激光光束作用的粒子温升主要依赖于激光的波长、材料特性(如电导率、表层杂质和氧化物等)及被辐照的时间。由现有方法及其成果来看,大多数学者将注意力集中在理论分析研究与数值计算方面,很少对其进行定量表征。为此,构筑易于指导工程应用的激光光束与粉末流相互作用模型具有重要研究意义。

通常,构建金属粉末温升数学模型时,不考虑等离子体影响(能量密度低于 $10^5$ W/cm$^2$),粒子直接吸收激光辐照能,并放出辐射能。为便于计算,一般还做如下简化:

(1)忽略金属粉末颗粒间相互加热和对流换热。

(2)粒子的热导率无限大,即金属粉末颗粒有均匀一致的温度,迎光面和背光面无差异。

(3)只有金属粉末颗粒的迎光面吸收能量,而对外辐射则在整个球体表面发生,且吸收率及发射率为常数。

(4)粉末不吸收来自基体的反光。

激光光束与金属粉末相互作用基本采用理论分析/数值模拟方法。为弥补或克服理论分析/数值模拟方法的不足,激光熔覆成形过程研究方法有向理论与实验结合或以实验为主的方式转变的趋势。例如,李延民等人用多路热电偶实时测量多层成形过程的温度场,所得数据作为边界条件对工件的温度场进行有限差分数值模拟。D. M. Hu 等人采用红外成像技术由熔池正上方对熔池进行实时观测,再经过图像处理获得了熔池中的温度分布。陈静等人采用近距离拍摄技术和高速摄影技术对成形过程熔池行为进行实时观察与分析,定量表征了熔池形态。虽然也有人注意到利用CCD相机及其分析技术检测金属粉末粒子数密度场,但仅用于粉末喷嘴的设计及工艺规范参数的调整,并未应用于机理分析。

### 2.5.3　激光光束与粉末流相互作用定量分析

激光光束与粉末流相互作用承载着能量传递和质量输送的重担,直接影响后续的熔池形成、熔覆层表面质量等。激光能量被粉末流衰减和粒子穿越激光光束后的温升是其研究的两个基本问题。前者在 2.5.1 节中已讨论。对于后者,不同学者因分析对象不同而建立不同模型,缺乏对比性,难觅分析结果相差悬殊的根本原因。不过,粒子表面状态对激光的吸收率影响和热动态过程中热物理参数等不易准确选择是当前不争的事实。根据激光光束透过粉末流后的损耗总量和粒子穿越激光光束后温升的监测结果,可为定量分析中所需的粉末流特征参数给予可视化描述。

(1)光粉作用物理过程描述。为便于定量分析,对侧向式送粉激光熔覆过程中的激光光束与粉末流相互耦合作用做如下物理描述:

激光熔覆过程中,光束能量密度一般控制在 $10^4 \sim 10^6 \, \text{W/cm}^2$,通常低于 $10^5 \, \text{W/cm}^2$,不会引起材料的蒸发和光致等离子体的形成。换言之,就是不存在强激光作用下金属对激光的反常吸收(金属对激光的吸收率远远超过它与温度依赖关系所决定数值的现象)。因此,不考虑等离子体影响,粒子的散射和吸收是激光能量损耗的根本原因。

当激光作用于金属材料表面时,在激光功率密度足够高的条件下,材料会迅速熔化并产生强烈蒸发。材料的蒸发可给激光作用空间提供高温、高密度、低电离的蒸发原子。这种高温金属蒸气因为热电离产生大量的自由电子。另外,材料表面的热发射也将提供大量电子。这两种机制在材料表面上方产生的电子数密度可高达 $10^{13} \sim 10^{15} \, \text{cm}^{-3}$。如此高密度的自由电子将通过电子—中性粒子的逆韧致辐射吸收激光能量,使金属蒸气的温度升高,导致进一步的热电离。更多电子的产生将使金属蒸气在极短时间内被击穿而形成金属蒸气等离子体。这就是激光材料加工时等离子体的产生机理和过程。

激光只能在低于临界密度(等离子体频率等于激光频率时的等离子体密度)的等离子体中传输。当电子密度高于激光临界密度时,激光将会被等离子体全部反射。但是,等离子体并不是一种完全透明的介质,部分激光能量将被其吸收,激光传输方向及其直径也会发生改变。根据实验测得的等离子体的电子温度和密度计算,$CO_2$ 激光焊接时光致等离子体的平均

线性吸收系数为 $0.1 \sim 0.4 \ cm^{-1}$。等离子体的电子密度越小、温度越低，平均线性吸收系数将越小。等离子体的尺度越大，激光功率密度将越低（式(2.1)）。不过，实际上被吸收的入射激光光束能量相对较小。例如，有关学者在 $CO_2$ 激光与物质的相互作用和激光材料加工的研究中发现，当激光功率为几千瓦至十几千瓦时，激光支持燃烧波（Laser-Supported Combustion，LSC）等离子体实际上最高只吸收入射激光能量的 50% 左右。脱离试件后的等离子体对激光的吸收随着其上升高度的增加而减小，平均线性吸收系数随等离子体长度的增加而减小是造成这种差异的主要原因。

Matsunawa 在研究 YAG 激光与 Ti 靶的相互作用时形成的金属蒸气羽（Vapor Plume）的特性时发现，金属蒸气羽对 YAG 激光有较强的光散射，并且证实是由蒸发原子的重聚形成的超细微粒（Ultra Fine Particles，UFP）所致。UFP 的尺寸与气体压力有关，其平均大小可达 80 nm，远远小于入射光的波长。实验证明，低气压时，由于形成的 UFP 较小，因此光的散射强度大为减弱。该粒子引起的散射损失符合瑞利散射规律，其吸收系数与波长的 4 次方成反比。如果粒子尺寸相同，就意味着粒子对短波长激光的散射较长波长激光更强烈。YAG 激光焊接时，虽然波长短，不易形成等离子体，激光能量的吸收损失少，但 UFP 所致的散射损失却不可忽略。为此，大功率 YAG 激光焊接时，仍需对金属蒸气羽进行控制。$CO_2$ 激光焊接时，尚未见到与粒子形成有关的散射现象的报道，原因可能是：一方面，$CO_2$ 激光焊接时形成的等离子体的温度较高，在等离子体内不易形成 UFP；另一方面，$CO_2$ 激光的波长较长，和 YAG 激光相比，散射损失微不足道。

当入射激光光束穿过等离子体时将引起激光光束传输方向的改变和光束直径的变化。等离子体的折射率与等离子体的振荡频率有关，而等离子体的振荡频率是等离子体电子密度的函数。$CO_2$ 激光焊接时，光致等离子体的振荡频率小于入射激光光束的圆频率。因此，光致等离子体的折射率总是实数，且恒小于 1。但是，光致等离子体并不是一个均匀介质，等离子体中存在很大的电子密度梯度，电子密度的差异导致折射率的变化。激光光束传输的偏转角与等离子体的电子密度梯度（折射率梯度）和等离子体长度有关。几千瓦至十几千瓦 $CO_2$ 激光诱导的等离子体对激光光束的偏转角为 $10^{-2}$ rad 数量级。Rockstroh 和 Poueyo 等人采用射线跟踪法确定激光光束通过其诱导的等离子体后光束直径的变化。其基本思想是先确定等离子体的电子温度和密度的空间分布，计算出相应的折射率；然后，将激光光束细分为若干等份的小光束,通过计算每一小份激光光束穿过等离子体时其路径的变化确定总的激光光束穿过等离子体后光束直径的变化。前者的分析结果是,在 Ar 气氛下,$CO_2$ 激光辐射铝靶,当激光功率为 5 kW、7 kW 时,光斑面积分别扩大了 8%、23%。后者报道,采用 He 作为保护气体,激光功率为 15 kW 时,激光峰值功率密度下降了 20%;采用 Ar 作为保护气体时,峰值功率密度仅为没有等离子体时初值的 1/10。Beck 等人假设等离子体为椭圆形,具有类高斯的温度分布,结合 Saha 方程和激光光束在等离子体中传输的色散关系,采用有限差分法直接求解波动方程来计算激光光束在等离子体中的传输。计算结果表明,等离子体可使激光光束产生严重散焦。例如,一个高 4 mm 的表面金属蒸气等离子体可使光束直径扩大 2.5 倍,这意味着激光功率密度将降低为原来的 1/5。

(2)激光光束为连续的、多模的,并经过光学透镜聚焦、整形,其光斑内能量密度可视作均匀分布。再者,激光能量密度沿其轴向分布亦为常数。即激光光束是直径为 2.0 mm 的圆柱。

(3)粉末粒子为尺寸均匀的球体,粉末流为稀疏的气固两相流。故颗粒之间相互不接触且距离较大,可以不考虑金属粉末颗粒之间的相互加热。

(4)虽然受激光作用的粉末粒子有迎光面和背光面,但是只有金属粉末颗粒的迎光面吸收能量。

(5)金属中存在大量的自由电子。$CO_2$ 和 YAG 等红外激光照射到金属材料表面时,由于光子能量小,通常只对金属中的自由电子发生作用,也就是说,能量的吸收是通过金属中的自由电子这一中间体,然后通过电子与晶体点阵的碰撞将多余能量转变为晶体点阵的振动。电子和晶体点阵碰撞总的能量的弛豫时间的典型值为 $10^{-13}$ s。因此,可以认为材料吸收的光能向热能的转变是在一瞬间发生的。金属中的自由电子数密度很高,金属对光的吸收系数很大,为 $10^5 \sim 10^6$ $cm^{-1}$。从波长 0.25 $\mu m$ 的紫外光到波长为 10.6 $\mu m$ 的红外光这个波段内,光在各类金属中的穿透深度仅为 10 nm 数量级。可见,透射光波在金属表面一个很薄的表层内被吸收。因此,金属吸收的激光能量使表面金属加热,然后通过热传导,热量由高温区向低温区传递。尽管如此,鉴于粉末颗粒的体积极小,将其热导率看作无穷大,体内各处温度瞬间可达到温度均匀一致,迎光面和背光面无差异。

(6)由前述实验分析可知,粉末流的横截面内粒子速度呈高斯函数分布,距喷口平面 10~30 mm 内的轴向变化幅度较小。直径 2.0 mm(光束直径)内粒子速度差别较小,在送粉规范条件下均为 2~5 m/s。故忽略其径向位移,简化粉末流与激光光束相互耦合区域内粉末粒子平行于其轴心

做匀速运动。被激光光束作用的粉末流数学模型如图 2.15 所示,数学描述为:

沿光束轴向粒子速度分布为

$$v_{\mathrm{p}}(y) = v_{\mathrm{p,m}}\mathrm{e}^{-\frac{y^2}{2R_{\mathrm{p},v}^2}} \tag{2.21}$$

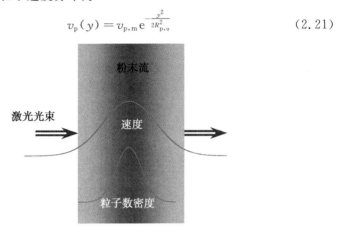

图 2.15　被激光光束作用的粉末流数学模型

在光束横截面内粒子速度为

$$v_{\mathrm{p}}(x,z) = v_{\mathrm{p}}(y) \tag{2.22}$$

粒子与光束作用时间极短(光斑直径为 2 mm),只有 0.1 ~ 1 ms,粒子升温后的再辐射及其与保护气体之间的对流换热来不及发生,故粒子无能量损失。

由前期工作还可以看到,粒子数密度沿光束轴向呈高斯规律分布,粒子数密度场直径远大于光束几何尺寸。所以,粉末流与激光光束相互耦合区域内粒子数密度场也可以简化为沿光束轴向呈高斯函数分布、沿光束横截面均匀分布。它的原理同图 2.15 所示,数学描述如下:

沿光束轴向粒子数密度为

$$n_{\mathrm{p}}(y) = n_{\mathrm{p,m}}\mathrm{e}^{-\frac{y^2}{2R_{\mathrm{p,n}}^2}} \tag{2.23}$$

在光束横截面内粒子数密度为

$$n_{\mathrm{p}}(x,z) = n_{\mathrm{p}}(y) \tag{2.24}$$

### 2.5.4　光粉作用数学模型

能量守恒是理论计算穿过激光光束的粒子温升的基本原则,即单个粒子温升所需要的能量 $E_{\mathrm{p,T}}$ 等于自身吸收的能量 $E_{\mathrm{p,a}}$ 与损耗的能量 $E_{\mathrm{p,loss}}$ 之和。为简化计算条件,忽略了粒子的再辐射和与介质对流换热造成的热量

损失,故

$$E_{p,T} = E_{p,a} \tag{2.25}$$

其中,$E_{p,T}$ 为单个粒子温升所需能量;$E_{p,a}$ 为单个粒子吸收的激光能量。激光光束能量密度分布均匀,并为直径 $D_l$ 的圆柱体,其能量密度为

$$I = \frac{4P_0}{\pi D_l^2} \tag{2.26}$$

另外,由于受激光光束作用后的粒子未发生熔化,因此粒子受激光作用的时间可近似认为位于光斑内各个位置均相等。这样处理的理由是,在激光光束截面内,虽然沿粉末流轴心运动的粒子距离最长,但其飞行速度最大;尽管随着偏离粉末流轴心距离的增加,其经历被光束作用的路程越短,但其被传送的速度降低。物体的运动时间是其所经历的距离与自身具有速度的比值。为此,下面以沿粉末流轴心运动的粒子为例进行数值计算。故式(2.25)改写为

$$\frac{\pi d_p^3}{6} \times \rho_p C_p \Delta T_p = \eta_{p,a} A_{p,a} \times \frac{4P_0}{\pi D_l^2} \times \frac{D_l}{v_{p,m}} \tag{2.27}$$

整理后,有

$$\Delta T_p = \frac{24\eta_{p,a} A_{p,a} P_0}{\pi^2 \rho_p C_p d_p^3 D_l v_{p,m}} \tag{2.28}$$

但随着粒子运动轨迹偏离粉末流轴心的增加,其被激光光束辐照距离减小的比例高于它在此期间传输过程内速度减小的比例。随着粒子运动轨迹偏离粉末流轴心的增加,金属粉末粒子受激光光束作用的时间仍是减小的,算例中粒子经历的热作用时间最长。

试样表面对光的吸收与光束的入射角有关,虽然粉末粒子表面是一个空间曲面,实际上不能予以忽视,但是为了过程描述直观、简明,将其等效为相同表面积的平面。故仅有迎光面吸收的吸光面积 $A_{p,a}$ 取以下近似:

$$A_{p,a} = \frac{\pi d_p^2}{2} \tag{2.29}$$

将式(2.25)代入式(2.24),得

$$\Delta T_p = \frac{12\eta_{p,a} P_0}{\pi \rho_p C_p d_p D_l v_{p,m}} \tag{2.30}$$

现有的相关研究中,粉末材料对激光的吸收率常常借用块状的固体材料表面对激光的吸收率来表征。由图 2.11 中部分金属材料的反射率与激光波长关系曲线显示,多数金属对 $CO_2$ 激光的吸收率不足 10%;随着激光波长的减小,吸收率增加;碳钢对 YAG 激光的吸收率提高到 0.38 左右。除此之外,吸收率还受表面粗糙度、各种缺陷和杂质及氧化层和其他吸收

物质层等因素影响。个别情况下,试样表面光学性质所决定的附加吸收超过金属的光学性质所决定的固有吸收。室温下 35NCD16 钢不同表面状态时对不同波长激光的吸收率见表 2.2。对于 YAG 激光,当平面粗糙度为 $0.02~\mu m$(抛光)时,吸收率只有 $29.75\%\sim30.00\%$;随表面粗糙度的增加,吸收率逐渐增强;当表面粗糙度为 $3.35~\mu m$(磨削)时,吸收率上升到 $51.40\%\sim51.70\%$。同时,注意到经砂纸打磨过的试件,虽然表面粗糙度较低,只有 $1.65~\mu m$,但吸收率反而很大,达到了 $68.20\%\sim68.40\%$。研究者认为,这主要是残留在试样表面的砂粒对激光有较高吸收率造成的。

粉末材料在表面状态等方面与它的块状固体材料有很大区别,实际工作中吸收率取值往往高于理论值。例如,Jehnming 使用 $CO_2$ 激光器,确定不锈钢颗粒对其吸收率为 $25\%$,远远高出它在图 2.11 中曲线上的数值($0.1$)。实验用 Fe901 合金粉末外观形貌如图 2.16 所示。由图可以看到,微观下粒子表面不是光亮的,上面不仅有许多大小不一的凸起,还有大量的熔渣附着(图 2.16(a))和沟槽(图 2.16(b))。如前所述,这些杂质、缺陷等必然引起熔覆粉末对激光的吸收率大大增加。参考图 2.11 中碳钢的曲线和不同表面状态下 35NCD16 钢对 YAG 激光的吸收率,估计吸收率取 $80\%$ 左右较为合宜(表 2.2)。

表 2.2　室温下 35NCD16 钢不同表面状态时对不同波长激光的吸收率

| 表面状态 | 表面粗糙度/$\mu m$ | 对激光的吸收率/% | | |
|---|---|---|---|---|
| | | $CO_2$ 激光 (10.6 $\mu m$) | CO 激光 (5.3~5.5 $\mu m$) | YAG 激光 (1.06 $\mu m$) |
| 抛光 | 0.02 | 1.15~5.25 | 8.55~8.70 | 29.75~30.00 |
| 碾磨 | 0.21 | 7.45~7.55 | 12.85~12.95 | 38.90~40.10 |
| 磨削 | 0.87 | 5.95~6.05 | 10.15~10.35 | 33.80~34.20 |
| 磨削 | 1.10 | 6.35~6.45 | 10.85~11.00 | 34.10~34.40 |
| 磨削 | 2.05 | 8.10~8.25 | 13.00~13.70 | 41.80~42.50 |
| 磨削 | 2.93 | 11.60~12.10 | 19.85~20.60 | 52.80~53.20 |
| 磨削 | 3.35 | 12.55~12.65 | 21.35~21.50 | 51.40~51.70 |
| 砂纸打磨 | 1.65 | 33.85~34.30 | 42.40~42.80 | 68.20~68.40 |

以图 2.16(b)为例验证上述粒子(直径为 $100~\mu m$)温升模型预测的准确性。式(2.28)中特征变量的取值总结在表 2.3 中。其中,粒子速度依据相应实验结果确定。将这些数据代入该式,计算结果为

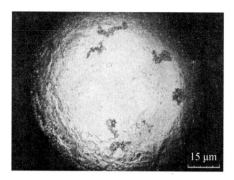
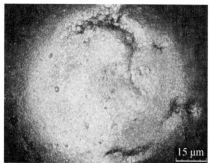

(a) 熔渣                                    (b) 沟槽

图 2.16　实验用 Fe901 合金粉末外观形貌

$$\Delta T_p \approx 784\ ℃ \tag{2.31}$$

表 2.3　Fe901 合金粉末几何尺寸及热物理性能

| $\rho_p/(\text{kg} \cdot \text{m}^{-3})$ | $d_p/\mu m$ | $C_p/(\text{J} \cdot \text{kg}^{-1} \cdot ℃^{-1})$ | $\eta_{p,a}$ | $D_l/\text{mm}$ | $v_{p,m}/(\text{m} \cdot \text{s}^{-1})$ | $P_0/W$ |
|---|---|---|---|---|---|---|
| $7.8 \times 10^3$ | 100 | 500 | 0.8 | 2.0 | 3.0 | 600 |

若室温为 25 ℃,则粒子穿过光斑中心后温度为 809 ℃,它正好也处在 Fe-C 二元平衡相图中的铁素体和奥氏体两相区。这个结果应该是在稳定状态下获得的,拟在实际工况的动态过程达到相同效果需要一定的过热度。若过热度仍以 50～250 ℃ 计算,粉末颗粒进入熔池前温度为 859～1 059 ℃。可见,预测值与测量分析结果(780～1 100 ℃)基本吻合。

粉末流对激光能量的衰减是由粒子的吸收和散射共同作用的结果。假设能够分别求得吸收和散射引起的激光光束能量损耗,将实现定量预测。粒子数密度及其速度沿激光光束轴向呈高斯分布。换而言之,作用区域内粒子束的速度因至喷口距离不同而不同,仍是非均匀分布。

# 本章参考文献

[1] 刘立军,李继强.模具激光强化及修复再造技术[M].北京:北京大学出版社,2012.

[2] 姚建华.激光表面改性技术及其应用[M].北京:国防工业出版社,2012.

[3] 李嘉宁.激光熔覆技术及应用[M].北京:化学工业出版社,2016.

[4] 李延民,刘振侠,林鑫,等.激光多层涂覆过程中的温度场测量与数值

模拟[J]. 金属学报,2003,39(5):521-525.

[5] 陈静,谭华,杨海欧,等. 激光快速成形过程中熔池形态的演变[J]. 中国激光,2007,34(3):442-446.

[6] PICASSO M,MARSDEN C F,WAGNIERE J D,et al. A simple but realistic model for laser cladding[J]. Metallurgical and Materials Transactions B,1994,25(2):281-291.

[7] HU D M,KOVACEVIC R. Sensing,modeling and control for laser-based additive manufacturing[J]. International Journal of Machine Tools and Manufacture,2003,43(1):51-60.

[8] POUEYO A A,SABATIER L,DESHORS G,et al. Experimental study of the parameters of the laser-induced plasma observed in welding of iron targets with continuous high-power $CO_2$ lasers[J]. Proceedings of SPIE—The International Society for Optical Engineering,1991,1502:140-147.

[9] BECK M,BERGER P,HUGEL H. The effect of plasma formation on beam focusing in deep penetration welding with $CO_2$ lasers[J]. Journal of Physics D Applied Physics,1999,28(12):2430.

[10] JEHMING L. Concentration mode of the powder stream in coaxial laser cladding[J]. Optical and Laser Technology,1999,31:251-257.

# 第3章 激光增材再制造工艺设备

激光增材再制造成形设备通常由硬件系统和软件系统两部分组成。对激光增材再制造成形设备的深入理解,有利于对激光增材再制造技术本身的掌握,以及激光增材再制造成套设备的优化和改进。本章主要介绍用于材料加工的主要激光器种类及其特点、激光增材再制造专用设备系统、激光增材再制造配套的硬件与软件系统,并详细介绍各系统功能特点与应用现状。

## 3.1 激光器的原理及其分类

激光增材再制造作为激光材料加工的基本方法,其发展是与激光设备的发展同步的。了解不同类型激光器的结构和工作原理,合理选择熔覆设备,是成功实现熔覆及增材再制造工艺过程的前提条件。下面首先介绍常见的激光设备及其工作原理。

### 3.1.1 激光器的工作原理

激光(laser)是"light amplification by stimulated emission of radiation"的首字母缩写,意为"利用受激辐射实现光的放大"。激光器的发明理论来源于爱因斯坦的受激辐射概念,这一理论预言了存在原子受激发射的可能性,为激光的问世奠定了基础。

激光器虽然多种多样,但都是通过激励和受激辐射而获得激光,因此激光器的基本组成通常均包括激活介质(即被激励后能产生粒子数反转的工作物质)、激励装置(即能使激活介质发生粒子数反转的能源——泵浦源)和光学谐振腔(即能使光束在其中反复振荡和被多次放大的两块平面反射镜)3部分。

(1)激活介质。激光的产生必须选择合适的工作物质或介质,在这种介质中有亚稳态能级,可以实现粒子数反转。这是获得激光的必要条件。这种激活介质可以是气体、液体,也可以是固体或半导体等。现有的工作介质近千种,可产生的激光波长包括从真空紫外到红外,非常广泛。

(2)激励装置。为了在工作介质中实现粒子数反转,必须用一定的方法去激励粒子体系,使处于高能级的粒子数增加。通常用气体放电的方法,利用具有动能的电子去激发介质原子,这种激励方式称为电激励;也可用脉冲光源来照射工作介质,称为光激励;此外还有热激励、化学激励等。各种激励方式被形象化地称为泵浦或抽运。为了不断得到激光输出,必须不断地"泵浦",使处于高能级的粒子数多于低能级的粒子数。

(3)光学谐振腔。有了合适的工作物质和激励源后,可实现粒子数反转,但这样产生的受激辐射的强度很弱,无法实际应用。于是人们就想到了用光学谐振腔进行放大。光在谐振腔中的两个镜子之间被反射回到工作介质中,继续诱发新的受激辐射,光得到迅速增强并在谐振腔中来回振荡,这个过程持续下去,就会造成连锁反应,雪崩似的获得放大,产生强烈的激光,从部分反射镜一端输出得到稳定的激光。

### 3.1.2　激光器的分类

1960 年,美国休斯公司的梅曼(T. Maiman)发明了世界上第一台红宝石激光器(Rugby Laser)。1961 年,贝尔实验室发明了第一台气体 He-Ne 激光器(He-Ne Laser)。1962 年,第一台工作于液氮温度下脉冲半导体激光器(Diode Laser)问世。1963 年,帕特尔(C. Patel)发明了第一台 $CO_2$ 激光器($CO_2$ Laser)。1964 年,第一台氩离子(Argon Ion Laser)和掺钕钇铝石榴石激光器(Nd:YAG Laser)问世。1965 年,第一台外科用 $CO_2$ 激光器成功用于医疗手术中。1966 年,染料激光器(Dye Laser)问世。1967 年,可调谐激光器(Tunable Laser)问世。1987 年,半导体泵浦 YAG 激光器问世。1988 年,出现了倍频泵浦 YAG 激光器。21 世纪以来,激光器的发展非常迅速,各种实用化的固体、气体、半导体、染料和准分子激光器不断完善。尤其是半导体激光器及光纤激光器的发展,激光器输出功率不断提高,逐步实现商品化,并走出了实验室,成为材料加工等工业加工的设备基础。

目前激光器的种类很多。按工作物质的性质分类,大体可以分为气体激光器、固体激光器和液体激光器;按工作方式分,可分为连续型激光器和脉冲型激光器等;按激光器的能量输出可分为大功率激光器和小功率激光器。大功率激光器的输出功率可达到兆瓦量级,而小功率激光器的输出功率仅为几毫瓦。例如,He-Ne 激光器属于小功率、连续型、原子气体激光器;红宝石激光器属于大功率脉冲型固体材料激光器。本章将着重介绍材料加工中大量使用的 $CO_2$ 气体激光器、YAG 固体激光器、半导体激光器和光纤激光器。

## 3.2 用于激光增材再制造的主要激光器类型

### 3.2.1 $CO_2$ 激光器

高功率 $CO_2$ 激光器是目前应用较广泛的激光器。$CO_2$ 激光器以 $CO_2$ 混合气体作为激光活性介质,通过放电产生激励。$CO_2$ 激光器发射光的波长为 10.6 $\mu m$,光电转换效率为 $10\%\sim15\%$。$CO_2$ 激光器所使用的激光气体主要是氦气(He),同时也有部分 $CO_2$ 气体、激光活性介质和氮气($N_2$)。目前在材料加工领域中应用的激光器,通常采用 $CO_2$ 气体热交换器进行散热。根据气体的流动方向,$CO_2$ 激光器可以分为轴流式和横流式两种类型。在流动式激光器(无论是轴流式还是横流式)的操作过程中,必须保证气路中的激光气体稳定持续地供入,以保证良好的运行效率。非流动式激光器放电腔内的混合气体只能通过热传导方法冷却,因此产生的激光光束功率较低。工业生产中,近年来引入的扩散式冷却大功率 $CO_2$ 激光器(又称板条式 $CO_2$ 激光器),采用的是大面积的电极放电,其散热效果更好,在许多领域内已经成功地取代了轴流式激光器。

**1. 快速轴流式 $CO_2$ 激光器**

当工作气体流动方向与激光谐振腔轴的电场方向一致时称为快速轴流式或纵向快流式 $CO_2$ 激光器,快速轴流式 $CO_2$ 激光器的结构示意图如图 3.1 所示,几个功能部件在谐振腔中采用了光学串联方式连接,这样既提高了功率,同时又保持了各部分独立设计的特点。其主要特点是:光速多以基模或低阶模方式输出;在输出同等功率的条件下,作用在工件表面的功率密度越高,则光电转化效率越高,可达 $26\%$,而横流式 $CO_2$ 激光器的光电转换效率为 $13\%\sim16\%$。快速轴流式 $CO_2$ 激光器可以采用 DC、AC 或 RF 方式进行泵浦。这类 $CO_2$ 激光器的优点是可以获得高光束质量的激光,尤其可在激光切割和焊接中得到广泛应用。

**2. 横流式 $CO_2$ 激光器**

激光气体的流动垂直于谐振腔轴方向的 $CO_2$ 激光器被称为横流式 $CO_2$ 激光器。横流式 $CO_2$ 激光器的结构示意图如图 3.2 所示,这种激光器的气流运动是横向的,冷却效率较高。采用横流式 $CO_2$ 激光器可以制造出结构紧凑、功率非常高的激光器。横流式 $CO_2$ 激光器光束质量比轴流式 $CO_2$ 激光器差,一般输出高阶模,常用于激光表面改性,包括激光表

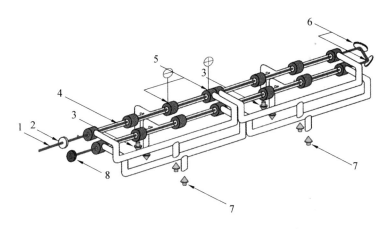

图 3.1　快速轴流式 $CO_2$ 激光器的结构示意图

1—激光光束；2—输出镜；3—气体出口；4—直流激励放电；5—直流电极；
6—折叠镜；7—气体入口；8—后镜

面淬火、激光表面熔覆及合金化。对于横流式 $CO_2$ 激光器也可以采用折叠腔技术，以得到低阶模输出，这种激光器同样适用于高功率激光焊接等。

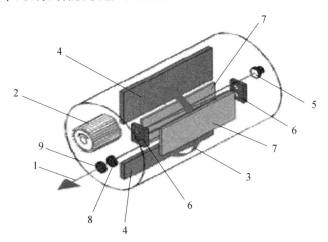

图 3.2　横流式 $CO_2$ 激光器的结构示意图

1—激光光束；2—切向排风机；3—气流方向；4—热交换器；5—后镜；
6—折返镜；7—高频电极；8—输出镜；9—输出窗口

### 3. 扩散冷却式 $CO_2$ 激光器

在流动式 $CO_2$ 激光器中，激光气体混合物密封在放电管中，如果只能通过热传导方式冷却，尽管外部管壁可以进行有效的冷却，但此时每米管长只能产生 50 W 的光束能量，因此这种方式难以制造出结构紧凑的高功率激光器。高功率的流动式$CO_2$激光器往往体积庞大。

扩散冷却式$CO_2$激光器结构更为紧凑,其结构示意图如图3.3所示,射频气体在两个大面积铜电极之间放电,电极间隙很小,放电腔中通过水冷电极可达到很好的散热效果,获得相对较高的能量密度。与气体流动式$CO_2$激光器相比,扩散冷却式$CO_2$激光器气体消耗小、维护工作量小,不需要像气体流动式$CO_2$激光器那样随时注入新鲜的激光工作气体。扩散冷却式$CO_2$激光器采用柱面镜构成稳定谐振腔,由于谐振腔能够容易地适应激励的激光增益介质的几何形状,因此能够获得优良质量的光束输出,热稳定性高。

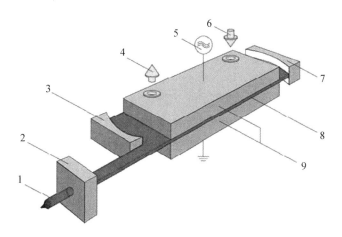

图3.3 扩散冷却式$CO_2$激光器的结构示意图

1—激光光束;2—光束修整单元;3—输出镜;4—冷却水出口;5—射频激励;
6—冷却水入口;7—后镜;8—射频激励放电;9—波导电极

综上可见,扩散冷却式$CO_2$激光器具有以下优点:①非常紧凑和几乎无磨损的结构;②输出光束具有很高的质量;③不需要对激光工作气体进行热交换;④较低的光损失;⑤非常高的热稳定性;⑥气体消耗量低,外部不需要配置储气罐;⑦没有气体的流动,不会污染光学谐振腔;⑧维护工作量少及成本低。

上述几种不同类型的$CO_2$气体激光器的主要性能比较见表3.1。

表 3.1　不同类型的 $CO_2$ 气体激光器的性能比较

| 激光器类型 | 横流式 | 轴流式 | 扩散冷却式 |
|---|---|---|---|
| 输出功率等级 | $3\sim45$ kW | $1.5\sim20$ kW | $0.2\sim3.5$ kW |
| 脉冲能力 | DC | $DC\sim1$ kHz | $DC\sim5$ kHz |
| 光束模式 | $TEM_{02}$ 以上 | $TEM_{00}\sim TEM_{01}$ | $TEM_{00}\sim TEM_{01}$ |
| 光束传播系数 | 0.15 | 0.5 | $>0.9$ |
| 气体消耗 | 小 | 大 | 极小 |
| 光电转换效率 | 15% | 15% | 30% |
| 焊接效果 | 较好 | 好 | 优良 |
| 切割效果 | 差 | 好 | 优良 |
| 相变硬化 | 好 | 一般 | 一般 |
| 表面涂层 | 好 | 一般 | 一般 |
| 表面熔覆 | 好 | 一般 | 一般 |

## 3.2.2　YAG 固体激光器

发射激光的核心是激光器中可以实现粒子数反转的激光工作物质。YAG 固体激光器采用掺有钕（Nd）或镱（Yb）金属离子的 YAG 晶体作为激光活性介质，主要通过光泵浦或二极管泵浦来发射激光。灯泵浦 YAG 激光器的基本结构示意图如图 3.4 所示。Nd：YAG 激光器发射的激光波长为 1.06 μm。通过气体放电灯来激励时，光电转换效率为 3%～4%。激

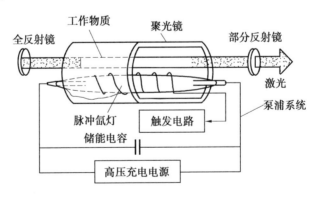

图 3.4　灯泵浦 YAG 激光器的基本结构示意图

光活性物质钕($Nd^{3+}$)位于钇－铝－石榴石(Y－A－G)组成的固态晶体中,通常呈棒状,当光束质量较高时,也有可能为片状或盘状。脉冲激光器(P 激光器)通过氙闪光灯产生光学激励,而大功率连续激光器(CW 激光器)中,则使用氪弧光灯。随着大功率二极管激光器制造成本的降低,放电灯正逐渐被激光二极管取代。二极管泵浦式激光器的装配方法与灯泵浦激光器基本相同(图 3.5)。用半导体激光器取代弧光灯,能够获得最佳激发效果。泵浦灯的辐射带宽很宽,它发射出的大量能量转化为热能,不仅使得固体激光器采用笨重的冷却系统,而且大量热能会造成工作物质不可消除的热透镜效应,使光束质量变差。另外,泵浦灯的寿命约为 400 h,激光系统的可靠性很差。与传统灯泵浦激光器相比,半导体激光器发出的光波段可预先被确定,而不像弧光灯只能发出较宽谱线的光,因此前者的能量转换效率可达 15%,后者却只有 3%~4%。同灯泵浦激光器相比,半导体激光泵浦能够将光束质量和总效率提高 3 倍以上。

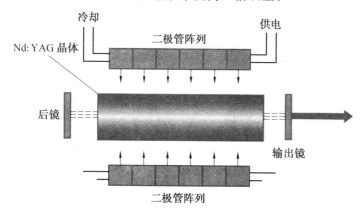

图 3.5　二极管泵浦 Nd:YAG 激光器的基本结构

与灯泵浦的 YAG 激光器相比,二极管泵浦固体激光器具有以下优点:

(1)转换效率高。由于半导体激光的发射波长与固体激光工作物质的吸收峰相吻合,加之泵浦光模式可以很好地与激光振荡模式相匹配,从而光电转换效率很高,比灯泵浦固体激光器高出一个量级。

(2)性能可靠、寿命长。激光二极管的寿命大于闪光灯,达 100 000 h。另外,泵浦光的功率稳定性好,比闪光灯泵浦优一个数量级,性能可靠,为全固化器件,激光无须维护。

(3)输出光束质量好。由于二极管泵浦激光的高转换效率,激光介质中产生的热量少,从而减少了激光介质的热透镜效应,大大改善了激光器的输出光束质量,激光光束质量已接近极限。

(4)激光系统结构紧凑。灯泵浦需要庞大的冷却系统,而二极管泵浦的固体激光器可以采用端泵结构,非常紧凑。

(5)安全可靠。由于没有弧光灯泵浦中出现的高压脉冲、高温和紫外辐射,所以激光二极管泵浦的系统有利于安全。此外,灯泵浦的不稳定性增加了维护要求。而二极管泵浦源从根本上消除了这些问题。

(6)和气体灯相比,激光二极管发射的激光方向性好,亮度高,辐射波长和激光介质吸收吻合,这些特征大大降低了激光材料的激光阈值。

二极管泵浦 YAG 固体激光器高质量光束在材料加工中的优势如图3.6 所示。较小的焦点直径、较高的光束质量、较远的工作距离和增加的焦距长度,使得二极管泵浦 YAG 固体激光器获得广泛的工业应用。

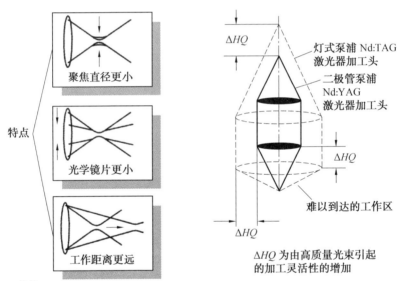

图 3.6 二极管泵浦 YAG 固体激光器高质量光束在材料加工中的优势

工业应用的脉冲 Nd:YAG 激光器的电源系统较为特殊,可输出较高的脉冲功率,但平均功率较低,峰值功率可以是平均功率的 15 倍。目前工业上应用的连续 Yd:YAG 激光器的输出功率已经可以达到 5 kW 以上。连续 Nd:YAG 激光器连续地发射激光,与脉冲系统相比可达到更高的加工速度。此外,连续 Nd:YAG 激光器还具有 Q 开关的特殊工作模式。

同 $CO_2$ 激光器(波长 $10.6~\mu m$)相比,YAG 激光器($1.06~\mu m$)的主要优势是波长短。波长越短,材料对激光的吸收率越高。在同样功率条件下对反射率高的 Al、Cu 等工件进行表面熔覆修复,YAG 激光器的效果要远优于 $CO_2$ 激光器。另外,YAG 激光光束可通过光纤进行传输,便于实现柔性化激光加工设备集成。

Yb:YAG 薄片激光器的概念是 1994 年德国航空航天研究院技术物理所的研究人员提出来的,其结构特点是:激光介质具有大的口径与厚度比((10~50):1),采用面抽运、面冷却。通过精密光学系统设计使光纤耦合输出的抽运光在晶体薄片中多次通过,增加对其吸收(达到 90% 以上)。这种结构的热梯度分布方向与激光光束传播方向相同,避免了热透镜效应引起的不利影响。而且,薄的晶体明显降低了 Yb:YAG 的重吸收损耗,从而提高了转换效率。因此,薄片激光十分适合高亮、高平均功率发展的需要。其不足之处在于光学设计非常复杂,元器件多,不利于系统的稳定性。高功率抽运时要求在很小的面积(几十平方毫米)内将千瓦级的热带走,其散热系统设计十分困难。薄片激光器通过设计可实现端面多通抽运、侧面抽运及混合抽运。

盘式半导体泵浦 YAG 激光器的组成如图 3.7 所示。盘式激光器体积虽小,但可产生更强的激光光束。由于其发光晶体采用 Yb:YAG,因此盘式激光器发出的激光可用光纤传输,可实现远程加工。传统的 Nd:YAG 激光器的激光晶体棒长大约为 150 mm,直径为 6 mm;而盘式激光器激光晶体碟片仅有 0.2 mm 厚,直径为 14 mm。传统的 Nd:YAG 激光器发光晶体大小类似一支铅笔或钢笔,而最新的半导体泵浦盘式 Yb:YAG 激光器的核心发光晶体仅有一枚硬币大小,这就是两种固体激光器最大的不同。而且从这一小小碟片发出的激光具有巨大的应用潜力,不仅能用于常规激光加工,也可以实现远程扫描加工。

### 3.2.3 半导体激光器

半导体激光器是以半导体为工作物质的一类激光器。半导体激光器在基本构造上属于半导体的 PN 结平面,但激光二极管是以金属包层从两边夹住发光层(有源层),是"双异质结接合构造"。双异质结接合构造原理图如图 3.8 所示。在激光二极管中,将界面作为发射镜(谐振腔)使用。在使用材料方面,有镓(Ga)、砷(As)、铟(In)、磷(P)等。此外在多量子阱型中,也使用 GaAlAs 等。

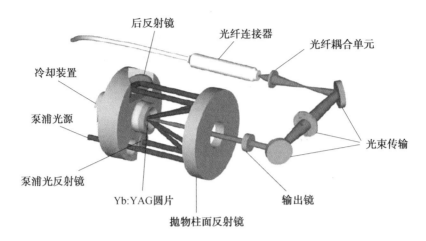

图 3.7　盘式半导体泵浦 YAG 激光器的组成

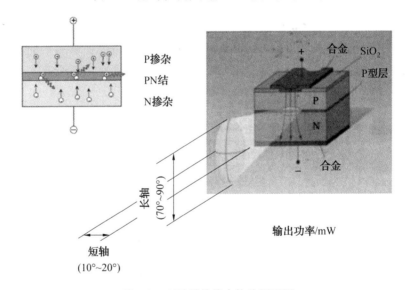

图 3.8　双异质结接合构造原理图

半导体激光器是一种相干辐射光源,要使它产生激光,必须具备 3 个基本条件:

(1)增益条件。建立起激射媒质(有源区)内载流子的反转分布。在半导体中代表电子能量的是由一系列接近于连续的能级所组成的能带,因此在半导体中要实现粒子数反转,必须在两个能带区域之间,处在高能态导带底的电子数比处在低能态价带顶的空穴数大很多,需要通过给同质结或异质结加正向偏压,向有源层内注入必要的载流子来实现,将电子从能量较低的价带激发到能量较高的导带中去。当处于粒子数反转状态的大量电子与空穴复合时,便产生受激发射作用。

(2)要实际获得相干受激辐射,必须使受激辐射在光学谐振腔内得到多次反馈而形成激光振荡。激光器的谐振腔是由半导体晶体的自然解理面作为反射镜形成的,通常在不出光的那一端镀上高反多层介质膜,而出光面镀上减反膜。法布里-珀罗(F-P)半导体激光器可以利用晶体的与PN结平面相垂直的自然解理面构成 F-P 腔。

(3)为了形成稳定振荡,激光媒质必须能提供足够大的增益,以弥补谐振腔引起的光损耗及从腔面的激光输出等引起的损耗,不断增加腔内的光场。这就必须要有足够强的电流注入,即有足够的粒子数反转,粒子数反转程度越高,得到的增益就越大,即要求必须满足一定的电流阈值条件。当激光器达到阈值时,具有特定波长的光就能在腔内谐振并被放大,最后形成激光而连续地输出。可见在半导体激光器中,电子和空穴的偶极子跃迁是基本的光发射和光放大过程。对于新型半导体激光器而言,人们目前公认量子阱是半导体激光器发展的根本动力。量子线和量子点能否充分利用量子效应的课题已延至 21 世纪,科学家们已尝试用自组织结构在各种材料中制作量子点,而 GaInN 量子点已用于半导体激光器。另外,科学家们也已经做出了另一类受激辐射过程的量子级联激光器,这种受激辐射基于从半导体导带的一个次能级到同一能带更低一级状态的跃迁,由于只有导带中的电子参与这种过程,因此它是单极性器件。

激光二极管的优点是效率高、体积小、质量轻且价格低。尤其是多质量子阱型的效率为 20%~40%,PN 型的效率也达到 25%,总而言之,能量效率高是其最大特色。另外,它的连续输出波长涵盖了红外线到可见光范围,而光脉冲输出达 50 W(带宽 100 ns)等级的产品也已商业化,作为激光雷达或激发光源已被广泛使用。通常激光器封装形式主要包括单管、Bar条、阵列(Stack)和光纤耦合模块 4 种形式,其中光纤耦合模块主要用作光纤激光器的泵浦光源。

半导体激光器系统主要由激光发生器、电源、水冷系统、控制系统等组成。为获得高光束质量、高功率输出,激光器光学系统采用了快轴微透镜准直、光束对称化整形、波长和偏振耦合等技术。激光器输出波长一般为 900~1 030 nm。半导体激光器具有高的增益和量子效率、低的阈值电流密度、高的特征温度,同时其具有尺寸小、质量轻、光电转化效率高、寿命长及稳定可靠性高和易于集成等特点,在电子、计算机、印刷、照明和材料加工等领域具有广泛的应用。同时,近年来采用半导体激光作为固体激光器和光纤激光器的泵浦源,也成为半导体激光器的重要应用领域。值得指出的是,大功率半导体激光器中所发出光束是非圆形的,散光度高,且为非相干光束(图 3.9)。由图 3.9 中的几种激光器的光束参数积(BPP)比较看出,与 $CO_2$ 激光器和 YAG 激光器相比,大功率半导体激光器的光束以多模为主,适合于表面改性应用,相较而言不适合于切割、焊接及打孔等。

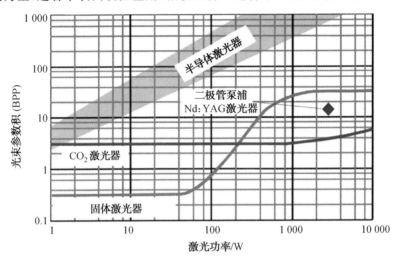

图 3.9 半导体激光器与 $CO_2$ 激光器、Nd:YAG 激光器光束质量的比较

### 3.2.4 光纤激光器

光纤激光器是近年来激光领域关注的热点之一,也是目前实现高平均功率、高光束质量激光的重要手段之一。它最初在 20 世纪 60 年代由 E. Snitzer提出,但由于光纤工艺、抽运技术及半导体激光器的发展等因素限制,一直进展缓慢,输出功率不高,直到 1988 年 E. Snitzer 等提出了双包层光纤以后,高平均功率光纤激光器技术才取得了重大突破,输出功率很快达到百瓦量级,2004 年前后突破千瓦量级。目前德国 IPG 公司已可提供单模 3 kW、多模 100 kW 的光纤激光器产品。

双包层光纤(图 3.10)是一种具有特殊结构的光纤,它由纤芯、内包层和外包层组成,比常规的光纤增加了一个内包层。其中纤芯一般渗有稀土离子,如 $Nd^{3+}$、$Yb^{3+}$ 或 $Er^{3+}$ 等,其直径在几微米至几十微米量级,是单模激光的传输波导。内包层包绕在纤芯的外围,是抽运光的传输波导,其直径和数值孔径(NA)都比较大,多为几百微米,因此与传统光纤激光器需要将抽运光耦合到纤芯相比,双包层光纤激光器只需要将抽运光耦合到双包层中即可,其耦合效率很高。抽运光在内包层传输时,以全反射方式反复穿越纤芯,被纤芯内的稀土离子吸收,从而产生单模激光并具有很高的转换效率,如掺 Yb(镱)光纤的光电转换效率可达 80% 以上。近年来,随着双包层光纤制造技术、高功率 LD 抽运源技术及先进的光束整形技术等的迅速发展,高功率光纤激光器技术日新月异,其关键技术包括包层抽运技术、谐振腔技术和调制技术等,获得了重大突破。

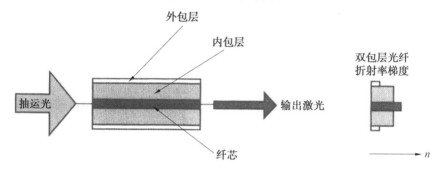

图 3.10 双包层光纤示意图

自双包层光纤概念提出以来,光纤激光器发展非常迅速,1999 年 V. Dominic等用掺 Yb 双包层光纤作为增益介质,利用 4 个 45 W 的 LD 进行双端抽运,采用 F-P 腔结构实现了输出功率为 110 W 的单模光纤激光输出,波长为 1 120 nm,效率为 58%。到 2004 年前后,随着双包层光纤技术、高功率抽运源技术和抽运技术的发展,单根光纤激光器的连续输出功率很快从百瓦量级发展到千瓦量级。英国 SPI 公司的 Y. Jeong 等在 2004 年利用两个半导体激光器叠阵,通过透镜耦合双端面抽运芯径为 40 $\mu m$、内包层为 600 $\mu m$ 的双包层光纤获得了 1.01 kW、波长为 1 090 nm,光束质量因子 $M^2 = 3$ 的光纤激光输出,并于同年年底研制成功了 1.36 kW 的连续光纤激光器。图 3.11 所示为南安普顿大学建立的光纤激光器实验光路示意图,该激光器采用双端抽运 12 m 长的双包层光纤,其纤芯为 40 $\mu m$,数值孔径低于 0.05,内包层直径为 600 $\mu m$,采用两个 975 nm LD 模块的抽运源,总抽运功率为 1.8 kW,获得了 1.36 kW 的激光输出,输出激光的波长为 1.1 $\mu m$,光束质量因子 $M^2 = 1.4$。德国 IPG 公司采用多个单管分布式组合的模块化结构,使光纤激光器功率提高到万瓦以上。

作为第三代激光器的代表,光纤激光器具有显著优点,主要如下:

(1)光电转换效率高。光电转换效率达到 30% 左右。

(2)激光光束质量好。如连续输出功率为 100 W 的掺 Yb 双包层光纤

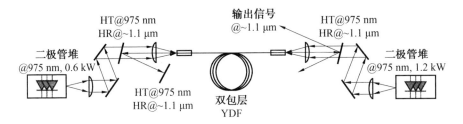

图 3.11　南安普顿大学建立的光纤激光器实验光路示意图

激光器,激光的光束质量因子 $M^2$ 接近 1。

(3)散热特性非常好。双包层光纤激光系统采用细长的掺杂光纤本身作为增益介质,表面积与体积比很大,因此散热性能好。对于连续输出110 W光纤激光器,若将光纤盘绕成环状,只需简单风冷。

(4)环境适应性强。可在恶劣环境下工作,可以在高冲击、高振动、高温度、有灰尘的条件下正常运转。全光纤激光器的光路全部由光纤元件构成,光纤和光纤元件之间采用光纤熔接技术连接,整个光路完全封闭在光纤波导中。因此光路一旦建成,即形成一个整体,避免元件的分立,可靠性极大地增强,实现与外界环境的隔离。由于光纤细小并具有很好的柔韧性,光路可盘绕或沿细小的管道穿行,因此全光纤激光器能够在较恶劣的环境下工作,输出光可以穿过狭小的缝隙或沿细小管道进行远距离传输。这些特点对于大型装备零部件细小管道内壁表面改性的现场修复和激光再制造优势巨大。

(5)结构简单,体积小,使用方便。光纤具有极好的柔性,同样功率输出,激光设备小巧灵活,外形紧凑体积小,易于系统集成,性价比高。

## 3.2.5　不同激光器类型的选用

在实际激光加工中,如何正确选用适宜的激光器是一个很重要的问题,主要需要关注以下几点:

(1)选择之前,首先要对目前工业激光器有较全面的了解。目前主要的几种不同类型激光器的性能比较见表 3.2。

(2)根据激光加工要求,合理选用激光器的种类,重点是考虑其输出激光的波长、功率和模式。

(3)要考虑在生产现场的环境条件下运行的可靠性、调整和维修的方便性。

(4)投资和运行费用的比较。

(5)设备销售商的经济和技术实力、可信程度。

(6)设备易损件补充来源是否有保障,供应渠道是否畅通等。

表 3.2　不同类型激光器的性能比较

| 激光器类型 | 光纤激光器 | 盘式 YAG 激光器 | 棒式 YAG 激光器 | $CO_2$ 激光器 |
|---|---|---|---|---|
| 功率/W | 50 000 | 10 000 | 8 000 | 50 000 |
| 波长/$\mu$m | 1.07 | 1.06 | 1.06 | 10.6 |
| 光束质量/(mm·mrad) | 4 | 8 | 12 | 3.75 |
| 光斑直径/mm | 0.15 | 0.15 | 0.45 | 0.16 |
| 光束模式 | 多模 | 多模 | 多模 | 单模 |
| 光电转换效率/% | 25~30 | 25~30 | 3 | 7 |
| 传输光路 | 光纤 | 光纤 | 光纤 | 飞行光路 |
| 铝合金反射率 | 小 | 小 | 小 | 大 |

# 3.3　激光增材再制造成套设备组成

常用的激光增材再制造装备为 $CO_2$ 激光增材再制造成套设备,此类装备一般为五轴机床式结构,应用较广泛,但 $CO_2$ 激光波长较长(10.6 $\mu$m),金属对该波长的吸收率较低,采用硬光路传递激光光束,系统的柔性较差。近年来采用光纤传导的光纤激光及半导体激光增材再制造装备的出现掀起了再制造技术革新的新高潮,其高柔性、短波长(0.8~1.07 $\mu$m)的特性决定了光纤激光及半导体激光应用的良好前景。

20 世纪 80 年代,美国 MTS 公司创建的子公司 AeroMet 与约翰·霍普金斯大学(John Hopkins University)、宾州大学(Penn State University)合作研究开发了激光成形(Laser Forming)技术,并采用此技术开展了航空领域的失效零部件的激光增材再制造。AeroMet 公司开发的激光增材再制造系统如图 3.12 所示,该系统用于钛合金零部件的激光修复。

加拿大渥太华大学的 Ehsan Toyserkani 等人,开发了自由成形(Free-forming)技术,建立了一套带有熔覆层厚度检测系统的激光熔覆再制造系统(图 3.13),可实现高精度的激光熔覆和金属零部件修复。首先建立了激光熔覆过程的仿真数学模型来预测熔覆层厚度的变化,然后建立了基于模糊数学和神经网络的过程工艺参数控制模型,通过基于 CCD 相机的熔覆层厚度检测结果,实时反馈控制熔覆层厚度的变化。

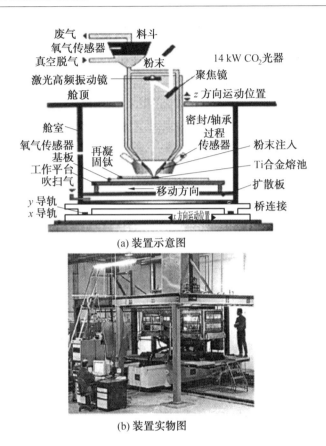

(a) 装置示意图

(b) 装置实物图

图 3.12　AeroMet 公司开发的激光增材再制造系统

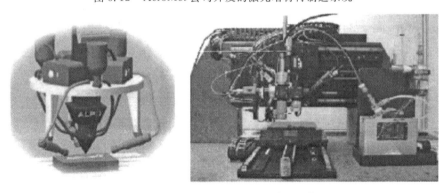

图 3.13　渥太华大学的自由成形系统

沈阳新松公司生产的 6 kW 横流式 $CO_2$ 激光增材再制造系统如图 3.14所示。该系统主要包括 6 kW 横流式 $CO_2$ 激光器、水冷机、工作台、送粉器和激光加工头等,采用五轴龙门式机床结构,适应平面、曲面及回转面等零部件的激光增材再制造应用,如曲轴、齿轮轴、汽车模具和轴套的激光修复,其最大加工范围为 3.8 m×2 m×1.8 m,可修复工件最大载重为 15 t。

图 3.14　6 kW 横流式 $CO_2$ 激光增材再制造系统

其中送粉器及送粉头是激光熔覆的主要辅助装置。根据工件的要求不同,送粉头又分为同轴式送粉头和旁轴式送粉头。新松公司自主研发了双料仓负压式送粉器(图 3.15(a))、同轴送粉头(图 3.15(b))及旁轴送粉头(图 3.15(c)),经产业化应用考核,系统性能稳定,加工效果良好。新松公司研发的 XSL－PF－01B－2 双料仓负压式送粉器采用载气式送粉结构,可以实现长距离的粉末输送,是实施激光熔覆的关键辅助设备,送粉粒度为 20～150 $\mu m$,粉末输送量为 5～150 g/min,该送粉器能满足各类金属零部件激光熔覆工艺的送粉要求。送粉器的功能特点包括:

(1)可实现加工设备(如激光器)控制主机的集成控制。

(2)送粉量精确、稳定,送粉量和载粉气流量连续可调。

(3)两个料仓可单独送粉,也可同时送粉。

(4)有机玻璃可视粉筒。

(5)单片机和触摸屏控制,性能稳定、安全可靠。

陆军装甲兵工程学院再制造国家重点实验室搭建了 4 kW 光纤激光增材再制造平台,其基本结构包括 4 kW IPG 光纤激光器、FANUK 机器人控制系统、YC52 同轴送粉激光熔覆头、三维工件旋转机构、自动送粉系

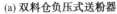

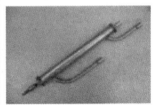

(a) 双料仓负压式送粉器　　　(b) 同轴送粉头　　　(c) 旁轴送粉头

图 3.15　激光熔覆送粉装置图

统、自动送丝系统、W52 激光焊接头、二维激光焊接机床、光纤传输系统、PLC 控制系统和水冷系统。4 kW 光纤激光增材再制造平台如图 3.16 所示。该再制造平台激光输出光纤芯径为 $600\sim1\,000\ \mu m$,最大激光输出功率为 4 kW,该光纤激光增材再制造平台可实现三维曲面的激光增材再制造。其中 YC52 光纤激光专用熔覆头与自主研发的负压式送粉器配合形成高效、稳定的送粉系统,可满足生产技术要求。

　　该激光增材再制造平台采用的是德国 IPG 4 kW 光纤激光器,其电光转换效率大于 25%,泵浦二极管平均寿命超过 10 000 h,同时配备同轴红光半导体指示光,可实现免维护运行和超小型化。激光器配备 LaserNet 控制软件,可自行控制激光器各种动作,并可对输出激光进行波形控制(如脉冲调制、方形光波、正弦波形、能量的缓升缓降等波形),LaserNet 软件最多可以存储 50 组激光程序,如与机械手或机床集成,则可由外部设备存储更多激光程序。该光纤激光增材再制造平台是针对不方便运输、不易拆卸大型装备及其零部件的现场激光加工需求搭建的,该平台可实现因长期处于磨损或腐蚀等工况下而失效的装备及其零部件的现场激光修复及提高零部件表面硬度与耐磨性的激光热处理等,具有高精度、高柔性等特点。

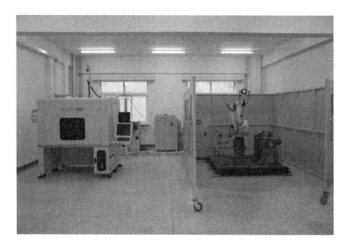

图 3.16　4 kW 光纤激光增材再制造平台

## 3.4　激光增材再制造成形硬件系统

典型的激光增材再制造成形硬件系统主要由激光器、外光路传输与聚焦系统、工作台、送粉（丝）机构、过程检测系统、执行机构和控制系统等关键模块组成。激光增材再制造成形硬件系统原理图如图 3.17 所示。

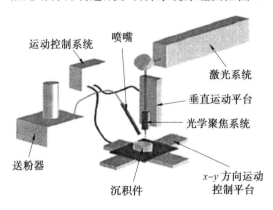

图 3.17　激光增材再制造成形硬件系统原理图

若要完成激光加工操作，必须要有激光光束与被加工工件之间的相对运动。在这一过程中，不但要求光斑相对工件按照要求完成轨迹运动，而且要求自始至终激光光轴垂直于被加工表面。加工机按照用途可以分为通用加工机和专用加工机。前者用途较广，能完成工作较多；后者是专门针对某类特定加工对象(产品零部件)而设计制造的设备。通用加工机分为龙门式加工机和加工机器人两种,其示意图如图 3.18 所示。

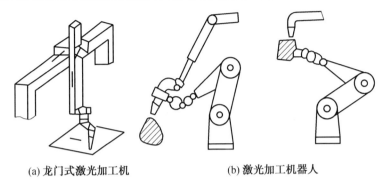

(a) 龙门式激光加工机　　　　　　　(b) 激光加工机器人

图 3.18　龙门式激光加工机和激光加工机器人示意图

工件和光束的相对运动由直角坐标运动系统完成,可以是工件运动,也可以是光束运动,或者二者的结合。光束运动由导光系统或激光器的运动来实现。龙门式激光加工机具有较高的刚度和运动精度,加工范围较广,但是机床本身的外部轮廓远大于其工作空间,比较笨重。

## 3.4.1　激光加工外围系统

导光聚焦系统简称导光系统,它是将激光光束传输到工件被加工部位的设备。根据加工工件的形状、尺寸及性能要求,经激光光束功率测量及反馈控制、光束传输、放大、整形、聚焦,通过可见光同轴瞄准系统,找准被加工部位,实现各种类型的激光精细加工。这种从激光器输出窗口到被加工工件之间的装置称为导光系统,国外称为外围系统。

导光系统主要包括:光束质量监控设备、光闸系统、扩束望远镜系统(使光束方向性得到改善并能实现远距离传输)、可见光同轴瞄准系统、光传输转向系统和聚焦系统。

导光系统的关键技术是:激光传输与变化方式、光路及机械结构的合理设计、光学元件的选择、光束质量的在线监控、自动调焦及加工工件质量实时监控技术等。

**1. 激光传输与变化**

激光传输需根据加工工件的形状、尺寸、质量、被加工的部位及性能要求等因素来决定。激光传输的距离与光损耗成正比,因此在达到加工件性能要求的条件下,应尽量缩短光束传输的距离。

目前,适用于生产的激光传输手段有光纤和反射镜两种。光纤传输多用于 YAG 激光器、光纤激光器及半导体激光器。光纤是由光学玻璃或石英拉制成形。反射镜多用 $CO_2$ 激光器,其材料采用铜、铝、钼、硅等,经光学镜面加工或金刚石高速切削而成。在反射镜面上镀高反射率膜,使激光损耗降至最低。

当激光输出光斑为 $10\sim50$ mm 时,激光传输的自由度主要受激光发散角的限制,如使用扩束系统,工件加工的位置可远离激光器。为了人身安全和防止空气悬浮物对光学元件的损伤,应将全部传输的光束导入保护套管内,并保持有高于常压的循环保护气。

激光光束利用反射镜不仅可以静态偏转,而且可以通过镜面万向关节进行多轴自由运动,这时导光系统可以组装在一个运动系统上,或组装在由机器人引导的被动式导光系统上。当激光光束传送到需要的方位后,还需根据被加工工件的性能要求选配聚焦系统,使其达到高功率密度的要求。

**2. 光路及机械结构的合理设计**

在导光聚焦系统中,光路及机械结构设计得合理与否直接影响激光功率的充分利用。一般加一块反射镜,激光功率损失 3%;如果采用冷却等措施,可以将功率损耗降低至 1%。因此,在光路设计中应尽可能减少反射镜的数量。

**3. 激光光束参数的测量与控制**

激光光束参数是衡量激光器好坏,保证加工质量的必要指标。激光光束参数包括激光功率、能量、空间强度分布、光束直径、模式和发散角等,目前国内最常用的是测激光功率。此外,正在研制的有激光多种参数测量仪和工件表面温度场测量仪。

(1)激光功率监控仪。目前,国内外在生产线上均采用功率计测量和控制激光输出的功率大小及稳定性。激光功率是描述激光器特性和控制加工质量的最基本参数,其测量的基本原理是采用光电转换法,利用吸收体吸收激光能量后转变为温升,通过温升的变化间接测出激光功率,其测量方法有全光斑和部分光斑取样两大类。国外多采用激光器后腔片镀膜法取样。我国采用高速转针取样,每次平均截取全光束的 2/1 000,将截取的功率通过透镜聚焦到热电探头上,经放大可直接读出功率,并可反馈控制输出功率的稳定性。北京机电研究所和中国科学院上海光学精密机械研究所生产的功率计都属这一类型,它们作为第一代光束测试手段提供给用户使用。

(2)激光光束多种参数测量与控制。通过对激光光束二维强度分布的测量能全面了解激光光束的性能，即由激光光束的强度分布信息可知道激光振荡模式、光束发散角、光束的功率及分布、光束的亮度等多种参数。$CO_2$ 和 He－Ne 激光光束空间强度分布实测结果如图 3.19 所示，相应装置作为第二代光束测量手段即将提供给用户。

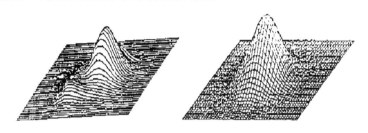

图 3.19　$CO_2$ 和 He－Ne 激光光束空间强度分布实测结果

## 3.4.2　送粉器

送粉系统是整个激光熔覆沉积再制造成形系统最为关键和核心的部分，其性能的好坏直接决定了成形件的最终质量。送粉系统通常由送粉器、送粉喷嘴和粉末输送检测与控制三大部件组成。

送粉器是送粉系统的基础。对于激光熔覆沉积而言，送粉器要能够连续均匀地输送粉末，粉末流不能出现忽大忽小和暂停现象。粉末流要保持连续均匀，对于要求精度较高的立体成形尤为重要。不稳定的粉末流会导致粉末堆积高度的差异，这样的差异将直接影响成形过程的稳定性。通常，送粉速率的波动值应控制在一定数值范围内。这里的波动值既指总的送粉速率波动，也指在连续情况下的波动值（前后 2 s 的送粉速率的差值）。影响送粉器送粉速率均匀性的因素有很多，主要包括送粉器自身因素和粉末因素两类。

送粉器是按照工艺要求以一定的速度均匀、准确地输送粉末，使其通过送粉喷嘴至激光作用区域的设备。送粉器的性能将直接影响熔覆层的质量，进而影响熔覆层的尺寸精度及致密度等。送粉器性能不良可导致熔覆层厚薄不均匀和结合强度不等。由于不同的熔覆粉末有不同的尺寸、形状和物理力学性能，因而某一种送粉器不可能满足所有类型的粉末输送。粉末颗粒尺寸较大时，流动性较好易于传送；粉末颗粒为直径较小的超细粉末时，容易团聚，降低了粉末的流动性，易导致粉末输送出现问题。黏性和凝聚力等也会导致粉末的流动性急剧下降。孔隙率对粉末的流动性也有重要影响。输送不同类型的粉末需要选用不同类型的送粉器。

根据送粉过程中是否加入气体,送粉器可分为载气式和自重式。自重式送粉器相对载气式送粉器粉末利用率高,但是在送粉过程中经常会出现各种堵死现象,导致粉末流输送不均、不连续。现有的大多数送粉器都应提供一定的运载气体来运输粉末。基于不同的工作原理,送粉器可以分为重力式、载气式、机械轮式和振动式。评价不同类型送粉器的基本性能指标包括适用的粉末颗粒、粉末输送速率、粉末颗粒尺寸和送粉能力等。目前采用的送粉器主要有螺旋式送粉器、转盘式送粉器、刮板式送粉器、毛细管式送粉器、鼓轮式送粉器、电磁振动送粉器及沸腾式送粉器等。

(1)螺旋式送粉器。螺旋式送粉器主要是基于机械力学原理,如图3.20(a)所示。它主要由粉末存储料斗、螺旋杆、振动器和混合器等组成。工作时,电机带动螺旋杆旋转,使粉末沿着桶壁输送至混合器,然后混合器中的载流气体将粉末以流体的方式输送至加工区域。为了使粉末充满螺纹间隙,粉末存储仓斗底部加有振动器,能提高送粉量的精度。送粉量的大小可以由电机的转速调节。螺旋式送粉器能传送粒度大于 $15~\mu m$ 的粉末,粉末的输送速率为 $10\sim150~g/min$。

螺旋式送粉器比较适合小颗粒粉末输送,工作中输送均匀,连续性和稳定性高,并且这种送粉方式对粉末的干湿度没有要求,可以输送稍微潮湿的粉末,但是不适用于大颗粒粉末的输送,容易堵塞。由于是靠螺纹的间隙送粉,送粉量不能太小,所以很难实现精密激光熔覆加工中所要求的微量送粉,并且不适合输送不同材料的粉末。

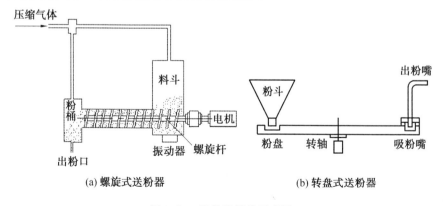

图 3.20　送粉器机构示意图

(2)转盘式送粉器。转盘式送粉器是基于气体动力学原理,其结构如图 3.20(b)所示。它主要由粉斗、粉盘和吸粉嘴等组成。粉盘上带有凹槽,整个装置处于密闭环境中,粉末由粉斗通过自身重力落入转盘凹槽,并且电机带动粉盘转动,将粉末运至吸粉嘴,密闭装置中由进气管充入保护性气体,通过气体压力将粉末从吸粉嘴处送出,然后再经过出粉管到达激光加工区域。

转盘式送粉器是基于气体动力学原理,通入的气体作为载流气体进行粉末输送,这种送粉器适合球形粉末的输送,并且不同材料的粉末可以混合输送,最小粉末输送率为 1 g/min。但是对其他形状的粉末输送效果不好,工作时送粉率不可控,并且对粉末的干燥程度要求高,稍微潮湿的粉末会使送粉的连续性和均匀性降低。

(3)刮板式送粉器。刮板式送粉器如图 3.21 所示。它主要由存储粉末的粉斗、转盘、刮板、接粉斗等组成。工作时粉末从粉斗经过漏粉孔靠自身的重力和载流气体的压力流至转盘,在转盘上方固定一个与转盘表面紧密接触的刮板,当转盘转动时,不断将粉末刮下至接粉斗,在载流气体作用下,通过送粉管送至激光加工区域。送粉量大小是通过转盘的转速来决定的,通过对转盘转速的调节便可以控制送粉量的大小,同时调节粉斗和转盘的高度和漏粉孔的大小,送粉量的调节可以达到更宽的范围。刮板式送粉器适用于颗粒直径大于 20 $\mu$m 的粉末输送。

刮板式送粉器对于颗粒较大的粉末流动性好,易于传输。但在输送颗粒较小的粉末时,容易团聚,流动性较差,送粉的连续性和均匀性差,容易造成出粉管口堵塞。

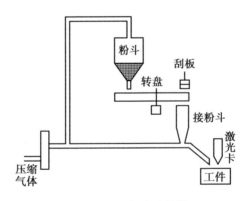

图 3.21 刮板式送粉器

(4)毛细管式送粉器。毛细管式送粉器主要使用一个振动的毛细管来送粉,振动是为了粉末微粒的分离,该送粉器由一个超声波振荡器、一个带贮粉斗的毛细管和一个盛水的容器组成(图 3.22)。电源驱动超声波发生器产生超声波,用水来传送超声波。粉末存储在毛细管上面的漏斗里,毛细管在水面下面,下端漏在容器外面,通过产生的振动将粉末打散开,由重力场传送。毛细管送粉器能输送的粉末直径大于 $0.4~\mu m$,粉末输送率不大于1 g/min,能够在一定程度上实现精密熔覆中要求的微量送粉。但是它是靠自身的重力输送粉末,必须是干燥的粉末,否则容易堵塞;送粉的重复性和稳定性差,对于不规则的粉末输送,输送时在毛细管中容易堵,所以只适合于球形粉末的输送。

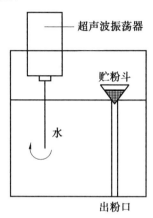

图 3.22 毛细管式送粉器

(5)鼓轮式送粉器。鼓轮式送粉器如图 3.23 所示。它主要有贮粉斗、粉槽和进粉轮组成。粉末从贮粉斗落入下面的粉槽,利用大气压强和粉槽内的气压维持粉末堆积量在一定范围内的动态平衡。鼓轮匀速转动,其上均匀分布的粉勺不断从粉槽舀取粉末,又从右侧倒出粉末,粉末由于重力从出粉口被送出。通过调节鼓轮的转速和更换不同大小的粉勺来实现送粉率的控制。鼓轮式送粉器又分为自重式(图 3.23(a))和载气式(图 3.23(b))两种。自重式送粉器根据机械力学原理工作,而载气式送粉器是根据机械力学原理和气体动力学原理工作的。自重式送粉器依靠粉末自重并辅以微振输送粉末,在鼓轮圆周上均匀分布 $m$ 个容积为 $V$ 的小槽。

鼓轮式送粉器工作时,粉末由料斗经漏粉孔靠自重自动流进鼓轮圆周上的小槽内,随着鼓轮的转动小槽内的粉末依次从出粉口流出。通过调节鼓轮的转速、漏粉孔直径和漏粉孔与鼓轮间的间隙,就能精确控制送粉量。这种送粉器主要优点是:可适用于混合粉的送粉,不会造成不同比重和不同粒度粉末的分层。不过,它同样要求粉末具有较好的球形和流动性,同时因取粉是由一些不连续的小槽送出,因此送粉的均匀性不理想,而影响

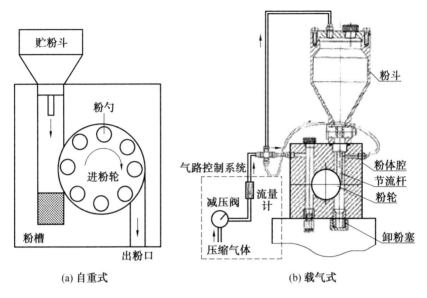

图 3.23　鼓轮式送粉器

它的使用。

自重式鼓轮送粉器的工作原理是基于重力场,对于颗粒比较大的粉末,其流动性好,能够连续送粉,并且机构简单。它是通过送粉轮上的粉勺输送粉末,对粉末的干燥度要求高,微湿的粉末和超细粉末容易堵塞粉勺,使送粉不稳定,精度降低。

载气式送粉器粉末喂送装置采用封闭式载气系统,气动输送采用分路输送,可造成负压输送,有利于粉末流动和分散。其主体结构采用分体式,粉斗、粉体腔可分离且内充平衡气体,主要部件粉体腔采用整体式结构;利用粉轮拨送粉末,送粉均匀易控,且避免了粉末挤压;微型电动机提供动力。在气动输送管路设计上,设计的输送气体分 4 路进入送粉器,即分别进入粉斗、粉斗与粉体腔之间的落粉通道、落粉腔和轴承座腔。第一路气体通入粉斗,其作用是在粉斗中存在一定的压力,从而使粉末易于下落,并且避免粉末回流。第二路气体进入粉斗与粉体腔之间的落粉通道。第三路直接接落粉腔,这一路最关键,它直接与粉轮拨出的粉末接触,在落粉腔内将粉末分散,形成流体流入输送橡皮管。第四路气体通入轴承座内腔,保持腔内正压,主要起平衡作用,防止粉轮旋转拨送粉末时粉末进入轴承和外界灰尘的进入。另外,根据需要可在气路连接粉斗的一端安装一个安全阀,保持粉斗的气压平衡。在落粉腔结构上,气流经入口进入下端的缩口后才进入落粉腔。在气动力学上定义这种先收缩后扩大的喷管为缩放管,也称拉法尔管。根据相似性原理,气流通过渐缩通道,再经细小管道进入渐大管腔。这样,气流通过较短的通道即可获得较大的压力,当与粉轮拨送的粉末相遇时利于载送粉末及粉末的分散。

(6)电磁振动送粉器。电磁振动送粉器如图 3.24 所示,在电磁振动器的推动下,阻分器振动,储藏在贮粉仓内的粉末沿着螺旋槽逐渐上升到出粉口,由气流送出。阻分器还有阻止粉末分离的作用。电磁振动器实质上是一块电磁铁,通过调节电磁铁线圈电压的频率和大小就可实现送粉率的控制。

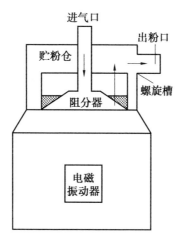

图 3.24　电磁振动送粉器

电磁振动送粉器是基于机械力学和气体动力学原理工作的,反应灵敏,由于是用气体作为载流体将粉末输出,所以对粉末的干燥程度要求高,微湿粉末会造成送粉的重复性差。对于超细粉末的输送不稳定,在出粉管处超细粉末容易团聚,发生堵塞。

(7)沸腾式送粉器。沸腾式送粉器是用气流将粉末流化或达到临界流化,由气体将这些流化或临界流化的粉末吹送运输的一种送粉装置(图 3.25)。底部和上部的两个进气道使粉末流化或达到临界流化。中部的载流气体将流化的粉末送出。沸腾式送粉器能使气体与粉末混合均匀,不易发生堵塞;送粉量大小由气体调节,可靠方便;并且不像刮吸式与螺旋式等机械式送粉器,粉末输送过程中与送粉器内部发生机械挤压和摩擦容易发生粉末堵塞现象,造成送粉量的不稳定。

沸腾式送粉器是基于气固两相流原理设计的。工作时,载流气体在气

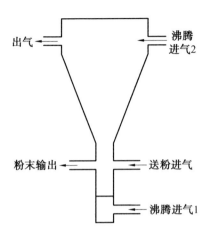

图 3.25　沸腾式送粉器

体流化区域直接将粉末吹出送至激光熔池。但同样要求所送粉末干燥。沸腾式送粉器对于粉末的流化和吹送都是通过气体来完成的,所以避免了螺旋式、刮板式等送粉器的粉末与送粉器元件的机械摩擦,对粉末的粒度和形状有较宽的适用范围。

　　由上述可知,各种不同类型的送粉器各有其优缺点。对于上述几种送粉器的特性比较见表 3.3,需要根据所要进行的加工特点选择适合的送粉器。

表 3.3　几种送粉器的特性比较

| 名称 | 原理 | 粉末干湿 | 粉末直径/$\mu$m | 粉末输送率 |
|---|---|---|---|---|
| 刮吸式 | 气体动力学 | 干粉 | >20 | 不可控 |
| 螺旋式 | 机械力学 | 干、湿 | >15 | 可控 |
| 转盘刮板式 | 机械力学 | 干粉 | >20 | 可控 |
| 毛细管式 | 重力场 | 干粉 | >0.4 | 不可控 |
| 鼓轮式 | 重力场 | 干粉 | >20 | 可控 |
| 电磁振动式 | 机械力学＋气体动力学 | 干粉 | >15 | 可控 |

### 3.4.3　送粉喷嘴

　　送粉喷嘴的主要功能是保证粉末流准确、较长时间稳定地送入光斑内。按照喷嘴与激光光束之间的相对位置关系,送粉喷嘴有同轴和旁轴两种结构形式,对应同轴送粉法和侧向送粉法。这两种喷嘴示意图如图3.26所示。

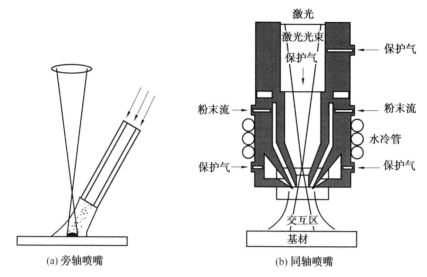

图 3.26 送粉喷嘴示意图

送粉喷嘴应满足的条件。

①喷嘴应具有基本的光束通道。

②粉末流在激光作用区的位置是影响熔覆层质量的重要参数之一。同轴送粉激光熔覆工艺必须满足:粉末流的大小不大于激光聚焦光斑尺寸,粉末流能够获得足够的能量而熔化。在不同的激光沉积过程中,所用的粉末密度、粒度及送粉速率的不同,均会造成粉末汇聚点位置的变化。因此为提高粉末利用率和熔覆效率,设计上要以实现粉末汇聚点与激光光束焦点的相对位置重合为前提,并且在激光器焦距一定的前提下,粉末汇聚点的轴向位置在一定范围内可方便地调整。

③同轴送粉装置是采用惰性气体作为载送气体的,但载送气体并不足以为熔池提供足够的保护。因此必须设置专用的保护气输入通道。

④在熔覆沉积过程中,喷嘴要承受反射激光及熔池所产生的很高的热辐射,喷嘴结构上必须配备有效的水冷装置。

旁轴喷嘴是指其轴线与激光光束轴线之间存在夹角的喷嘴(图 3.26(a))。其特点为粉末出口和激光光束距离较远,粉末流和激光光束可以独立调节,可控性好,有效避免粉末未熔化而堵塞激光光束出口的现象。但旁轴送粉由于只有一个送粉方向,无法克服因为激光光束和粉末输入不对称带来的激光熔覆方向受限的缺点,因而不能实现任一方向上的均匀熔覆沉积,在实际生产过程中易受到限制。同时,旁轴喷嘴的结构决定其难以在熔池附近形成稳定的保护气氛。为克服旁轴喷嘴氧化防护方面的不足,有些侧向喷嘴采用双层结构,即在内层送粉通道的外面还有一层气体通道,一方面能够起到一定熔池保护作用,另一方面还能够有效地约束粉末流,使粉末在流出喷嘴后不至于迅速发散,提高粉末利用率。

同轴喷嘴基本上包含粉末通道、保护气体和冷却水等几部分(图 3.26(b))。粉末流呈对称形状,在整个粉末流分布均匀及粉末流与激光光束完全同心的前提下,沿平面内各个方向堆积粉末时粉末的利用率是保持不变的。因此同轴喷嘴没有方向性问题,能够完成复杂形状零部件的成形。由于同轴喷嘴能够利用自身的惰性保护气体在熔池附近形成一个保护气氛,因而能够较好地解决成形过程的材料氧化问题(某些活泼材料除外,如钛合金)。与旁轴喷嘴相比,同轴喷嘴的结构相对较为复杂。其粉末流与气体流之间存在相互影响,特别是气体流会对粉末流产生搅拌作用。因而粉末流的控制相对困难,将粉末汇聚到很小的区域较为困难。喷出的粉末有高的激光吸收率和粉末利用率,要求粉末流从喷嘴流出后具有良好的聚焦性;而激光加工时要求有较为开阔的空间,便于观察和操作。因此要求送粉嘴在结构上须紧凑;保证各个送粉通道的均匀性,即粉末在通过喷嘴后形成的粉末流在各个方向上的密度相等;粉末流的角度在一定范围内可调,不同的加工工艺需要不同的粉光匹配。

### 3.4.4　粉光匹配

对于激光熔覆沉积三维成形,同轴送粉具有显著优势。控制激光熔覆材料与基体材料的加热温度是实现激光熔覆的关键工艺。能够实现激光熔覆的必要条件包括:①熔覆材料粉末在进入激光光束后直到落到基体表面前,必须保证熔覆材料始终在激光光束中被加热;②熔覆材料与基体表面要同时被加热,且要保证基体表面被加热到熔化或具有表面活性状态,以实现熔覆材料与基体的冶金结合;③实现良好的熔覆材料粉末流与激光光束的匹配。同轴送粉激光熔覆工艺实施过程中,熔覆材料粉在激光光束中流动时具有发散性,送粉速率和载气流量对这种发散性有直接的影响。而就激光光束的属性而言,一旦光路系统确定以后,激光光束横截面的形状、尺寸变化规律就基本确定。为了保证激光光束的高能量密度,激光光束径尺寸一般均控制在较小的范围内变化。因此,对同轴送粉激光熔覆而言,实现良好的粉光匹配是工艺实施的关键技术。

同轴送粉激光熔覆粉末流焦点及形态如图 3.27 所示。由图 3.27(a)可知,在实际熔覆过程中,熔覆粉末输送的焦点位置可以在一定范围内进行调整。当载气流速达到熔覆材料粉的自由落体运动分量可以忽略时,熔覆粉末的焦点位置为 A 点,实际上 A 点是粉末焦点上移的极限位置。当不施加载气时,粉末在重力作用下进行斜抛—自由落体运动,粉末焦点位置为 B 点。理论上讲,随着载气的加入及流速的增大,B 点会向 A 点方向移动,但实际激光熔覆过程中,粉末颗粒众多,在汇聚时发生碰撞而形成了汇聚的粉体束流,由于颗粒之间相互制约,因此熔覆粉末在焦点处的横向和纵向均被扩展开来,同时,这种碰撞使得 A、B 之间的区域向下漂移,其间距被拉长,形成了粉末流的束腰(图 3.27(b))。载气流量为 200 L/h时,不同送粉速率下熔覆粉末流束腰直径变化照片如图 3.28 所示。可以看出,同轴送粉的粉体束腰通常可近似视为圆柱状;不同的送粉速率对粉末流和腰长有明显影响。

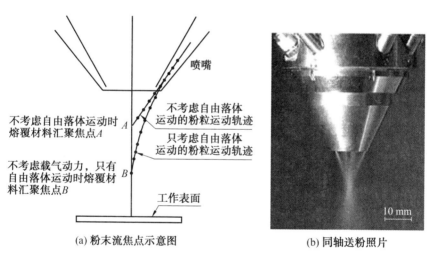

(a) 粉末流焦点示意图          (b) 同轴送粉照片

图 3.27  同轴送粉激光熔覆粉末流焦点及形态

在送粉激光熔覆过程中,熔覆材料与基体材料同时被激光加热,只有熔覆粉末颗粒与基体表面同时被加热到适当的温度才能获得良好的熔覆沉积成形,保证熔覆颗粒之间与基体之间达到冶金结合。基体表面的加热过程和加热温度由透过粉体区的激光光束能量密度决定,激光通过粉体区域的透光率、激光光束扫描速度和基体对激光能量的吸收转化率决定了实际作用在基体材料表面的线能量密度大小,而透光率与送粉速率、激光光束移动速度等工艺参数有对应关系。在一定扫描速度下,随着送粉速率的

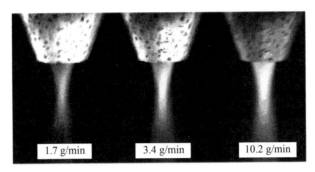

| 1.7 g/min | 3.4 g/min | 10.2 g/min |

图 3.28 不同送粉速率下熔覆粉末流束腰直径变化照片

提高而透光率下降;在一定送粉率的情况下,随着激光光束扫描速度的提高而透光率提高;最终导致随着送粉速率和扫描速度的提高,作用在基体表面的激光能量线密度下降。为确保在激光熔覆工艺实施过程中,熔覆材料与基体材料实现冶金结合,在保证粉末颗粒被激光光束加热的前提下,必然要求熔覆粉末颗粒落在激光光束的有效作用区域内。据此判定获得熔覆粉体与基体材料达到冶金结合的粉光匹配必要条件为:激光光束有效直径≥熔覆粉末的束腰直径。

实际激光熔覆过程中的粉光匹配是复杂的技术问题,常见的可变参数有激光输出功率、离焦量、激光光束与工件表面的相对移动速度、送粉速率、载气流量和熔覆材料参数(包括熔覆材料颗粒大小、熔覆材料的物理化学参数),这些参数都将直接影响激光熔覆过程中的粉光匹配状态。为获得良好的熔覆状态,保证熔覆材料的性能属性、熔覆材料之间的良好结合界面和熔覆层与基体的结合界面的良好结合,粉光匹配的原则是熔覆材料粉粒在激光光束有效直径内加热并落到基体表面的激光光束作用的有效区域内。这样既可以获得良好的熔覆层质量,又能够保证熔覆材料的有效利用。这个粉光匹配原则对激光直写技术、激光熔覆法快速成形技术的实现同样适用。

送粉激光熔覆过程中的粉光匹配可以在一定区间进行调整。同轴激光熔覆粉光匹配示意图如图 3.29 所示,图中给出了一定条件下工件表面的调整过程,根据上述粉光匹配的原则,在图示的状态下,工件表面处于 3 的位置为最佳的粉光匹配状态。工件表面在 3 和 2 之间所获得的熔覆层外观良好,但在激光光束有效直径外的部分熔覆材料不能与基体实现冶金结合,降低了熔覆层与基体的整体结合质量。当工件表面处在 2 以下时,可以认为不能实现熔覆,尤其是在进行叠层或搭接熔覆沉积时,后续的叠层/搭接熔覆过程将无法进行。工件表面在 3 和 4 之间可以实现激光熔覆,但随着工件表面从3的位置向上移动时,可能会降低激光光束的能量利用率和增大基体的热影响区比例。工件表面可由4向5的位置逼近,此时工件表面会很接近喷嘴,激光的反射、被加热的熔覆粉末的高温辐射等会导致喷嘴口处于高温状态,进而导致熔覆粉末早期软化粘连堵死喷嘴,使熔覆工艺无法进行下去,同时还会出现相对移动空间不足的问题。在不考虑这种情况时,5的位置是工件表面的最高位置。

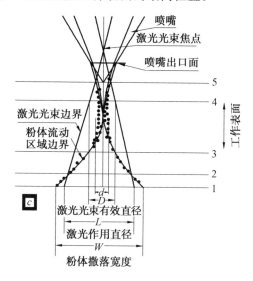

图3.29 同轴激光熔覆粉光匹配示意图

### 3.4.5 自动送丝系统

送丝式激光熔覆制备的材料致密度好,气孔率几乎为零,利于材料的性能提高及应用。相对于广泛应用的送粉式激光沉积再制造,激光熔丝具有材料利用率高、速度快、成形控制精确等优点。在送丝的情况下,沉积层的体积通常为所送丝材的体积。如果忽略激光沉积过程中的飞溅,可以认为送丝式激光熔覆沉积的材料利用率达到100%。送丝式激光熔覆沉积可以实现高效率的增材生长成形。而对于复杂的、大的或全致密的结构激光增材制造,通过对工艺参数的精确控制,采用送丝式激光熔覆沉积同样可以达到精确成形的目的。

送丝式激光熔覆沉积成形质量取决于激光能量与丝材的相互作用,及其形成的金属熔滴在基体表面的润湿铺展。自动化送丝系统是保证激光熔覆沉积过程稳定性的主要设备条件。丝材输送部分由送丝机和送丝软管等组成。送丝机要保证金属丝材连续地、准确地、稳定地送达激光熔池；送丝机驱动机构主要组成包括：修正金属丝弯曲的矫直机构、送丝轮、加压轮、减速器和驱动送丝轮的送丝马达(图 3.30)。按照送丝方式不同，送丝机可以分为推丝式、拉丝式和推－拉丝式 3 种主要类型。送丝方式的示意图如图 3.31 所示。

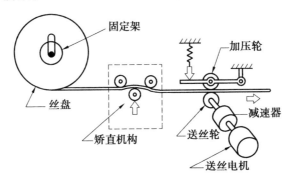

图 3.30　送丝驱动机构组成

推丝式送丝方式是应用最广泛的送丝方式之一。系统是由直流电动机驱动减速齿轮以带动一对或几对送丝滚轮构成的。在使用过程中，靠弹簧将送丝滚轮之一压紧在丝材上，以便将送丝电机的扭矩传给丝材。通过弹簧可以调节送丝滚轮作用于丝材上的压紧力和送丝的轴向力，如图 3.31(a)所示。这种送丝方式的主要优点是熔覆头部位不需送丝机构，结构简单、轻便和便于操作维修。但此送丝系统中，丝材要经过送丝软管才能送达加工位置，丝材在软管中受到较大阻力，影响送丝稳定性。

拉丝式送丝方式原理如图 3.31(b)所示。与推丝式送丝系统比较，拉丝式送丝系统的主要优点是丝材所受的轴向力是张力，送丝阻力小，送丝稳定，不会产生丝材弯曲问题，在细直径丝材输送中得到广泛的应用。

推－拉丝式送丝系统实际上是前述两种送丝系统的结合。在靠近丝盘处装一个推丝电机，在靠近加工位置设有一个拉丝电机，具体结构如图 3.31(c)所示。推丝电机的作用是克服大的丝盘惯性并推送丝材通过送丝软管，作为主要的送丝动力；而拉丝电机的作用是保证丝材始终处于拉直状态，以消除能引起丝材弯曲的轴向压力，拉力和推力必须很好地配合。而送丝速率仅取决于推丝电机的转速。由于推－拉式送丝系统具有上述特点，因此当送进小直径铝丝和钢丝，在送丝距离小于 5 m 时，可保证稳定送丝。这种方式虽然能提高送丝的稳定性，但由于结构复杂，调整麻烦，因此实际应用不多，仅用于需要长距离送丝的情况。

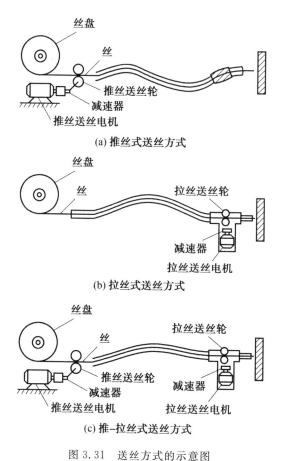

(a) 推丝式送丝方式

(b) 拉丝式送丝方式

(c) 推-拉丝式送丝方式

图 3.31 送丝方式的示意图

# 3.5 激光增材再制造成形软件系统

激光增材再制造成形系统配合相应软件编程系统,其性能直接影响成形工艺的可操作性和效率。尤其是激光增材再制造工业机器人配合软件编程系统,对于激光增材再制造全过程的性能提升、使用效率及精确度的提高乃至路径的规划都具有较大促进作用。

激光增材再制造中的工业机器人是一个可编程的机械装置,其运动灵活性和智能性很大程度上取决于机器人控制器的编程能力。由于机器人应用范围的扩大和所完成任务复杂程度不断增加,机器人作业任务和末端运动路径的编程已经成为一个重要问题。通常,机器人编程方式可分为示教再现编程和离线编程。目前,在国内外生产中应用的机器人系统大多为示教再现型。示教再现型机器人在实际生产应用中具有完全再现示教路径的功能,但是在应用中存在的技术问题主要有:机器人的在线示教编程过程烦琐,效率低;示教路径的精度完全靠示教者的经验和目测决定,对于复杂路径难以取得令人满意的示教效果;对于一些需要根据外部信息进行实时决策的任务则无能为力。而离线编程系统可以使编程过程完全在虚拟环境中进行,简化了机器人的编程过程,提高了编程效率,且具有碰撞检查等其他功能,是实现系统集成的必要的软件支撑系统。

## 3.5.1　软件系统介绍与分析

机器人离线编程系统是利用计算机图形学的成果,建立起机器人及其工作环境的三维模型,再利用一些路径规划算法,通过对虚拟机器人的控制和操作,在离线的情况下进行机器人末端的轨迹规划。通过对编程结果进行三维图形动画仿真,以检验编程的正确性和可执行性,最后将生成的机器人运动代码传输到机器人控制柜,再执行程序来完成给定任务。机器人离线编程系统已被证明是一个有力的工具,它不仅可以增加机器人操作的安全性,还可以减少机器人不工作时间和降低运行成本,因而在机器人应用中得到广泛关注。

机器人离线编程系统是机器人编程语言的拓展,通过该系统可以建立机器人和 CAD/CAM 之间的联系。一个离线编程系统应实现以下几项功能:

(1)所编程的工作过程的相关知识。

(2)机器人和工作环境的三维数字模型。

(3)机器人几何学、运动学和动力学的知识。

(4)基于图形显示的软件系统,可进行机器人运动的图形仿真算法。

(5)轨迹规划和检查算法,如检查机器人关节角超限、检测碰撞及规划机器人在工作空间的运动轨迹等。

(6)传感器的接口和仿真,以利用传感器的信息进行决策和规划。

(7)通信功能,以完成离线编程系统所生成的运动代码到各种机器人控制柜的通信。

(8)用户接口,以提供有效的人机界面,便于人工干预和进行系统的操作。

此外,离线编程系统是基于机器人系统的图形模型来模拟机器人在实际环境中的工作进行编程的,因此为了使编程结果能尽量与实际情况相吻合,系统应能够计算仿真模型和实际模型之间的误差,并通过标定尽量减少二者间的误差。

机器人离线编程系统不仅需要在计算机上建立起机器人系统的物理模型,而且需要对其进行编程和动画仿真,以及对编程结果进行后置处理。一般来说,机器人离线编程系统主要包括传感器、机器人系统 CAD 建模、离线编程、图形仿真、人机界面及后置处理等模块。

机器人系统的 CAD 建模一般包括以下内容:零部件建模、设备建模、系统设计和布置及几何模型图形处理。由于利用现有的 CAD 数据及机器人理论结构参数所构建的机器人模型与实际模型之间往往存在误差,因此必须对机器人的位置进行标定,对其误差进行测量、分析及不断校正所建模型。随着机器人应用领域的不断扩大,机器人作业环境的不确定性对机器人作业任务有着十分重要的影响,固定不变的环境模型是不够的,极可能导致机器人作业的失败。因此,如何对环境的不确定性进行抽取,并以此动态修改环境模型,是机器人离线编程系统实用化的一个重要问题。

离线编程系统的一个重要作用是离线调试程序,而程序的离线调试最直观有效的方法是在不接触实际机器人及其工作环境的情况下,利用图形仿真技术模拟机器人的作业过程,提供一个与机器人进行交互作用的虚拟环境。计算机图形仿真是机器人离线编程系统的重要组成部分,它将机器人仿真的结果以图形的形式显示出来,直观地显示出机器人的运动状况,从而可以得到从数据曲线或数据本身难以分析出来的许多重要信息,离线编程的效果正是通过这个模块来验证的。随着计算机技术的发展,在 PC 的 Windows 平台上可以方便地进行三维图形处理,并以此为基础完成 CAD、机器人任务规划和动态模拟图形仿真。一般情况下,用户在离线编程模块中为作业单元编制任务程序,经编译连接后生成仿真文件。在仿真模块中,系统解释控制执行仿真文件的代码,对任务规划和路径规划的结果进行三维图形动画仿真,以模拟整个作业的完成情况,检查发生碰撞的可能性及机器人的运动轨迹是否合理,并计算机器人的每个工步的操作时间和整个工作过程的循环时间,为离线编程结果的可行性提供参考。

编程模块一般包括:机器人及设备的作业任务描述(包括路径点的设定)、建立变换方程、求解未知矩阵及编制任务程序等。在进行图形仿真后,根据动态仿真的结果,对程序做适当的修正,以达到满意效果,最后在线控制机器人运动以完成作业。在机器人技术发展初期,较多采用特定的机器人语言进行编程。一般的机器人语言采用了计算机高级程序语言中的程序控制结构,并根据机器人编程特点,通过设计专用的机器人控制语句及外部信号交互语句控制机器人的运动,从而增强了机器人作业描述的灵活性。

近年来,随着机器人技术的发展,传感器在机器人作业中起着越来越重要的作用,对传感器的仿真已成为机器人离线编程系统中必不可少的一部分,并且也是离线编程能够实用化的关键。利用传感器的信息能够减少仿真模型与实际模型之间的误差,增加系统操作和程序的可靠性,提高编程效率。对于有传感器驱动的机器人系统,由于传感器产生的信号会受到多方面因素的干扰(如光线条件、物理反射率、物体几何形状及运动过程的不平衡性等),因此基于传感器的运动不可预测。传感器技术的应用使机器人系统的智能性大大提高,机器人作业任务已离不开传感器的引导。因此,离线编程系统应能对传感器进行建模,生成传感器的控制策略,对基于传感器的作业任务进行仿真。

后置处理的主要任务是把离线编程的源程序编译为机器人控制系统能够识别的目标程序。即当作业程序的仿真结果完全达到作业的要求后,将该作业程序转换成目标机器人的控制程序和数据,并通过通信接口下载到目标机器人控制柜,驱动机器人去完成指定的任务。由于机器人控制柜的多样性,要设计通用的通信模块比较困难,因此一般采用后置处理将离线编程的最终结果翻译成目标机器人控制柜可以接受的代码形式,然后实现加工文件的上传和下载。机器人离线编程中,仿真所需数据与机器人控制柜中的数据有些是不同的,所以离线编程系统中生成的数据有两套:一套供仿真用,一套供控制柜使用,这些都是由后置处理进行操作的。

与示教编程相比,离线编程系统具有如下优点:

(1)减少机器人停机的时间,当对下一个任务进行编程时,机器人仍可在生产线上工作。

(2)使编程者远离危险的工作环境,改善了编程环境。

(3)离线编程系统使用范围广,可以对各种机器人进行编程,并能方便地实现优化编程。

(4)便于和 CAD/CAM 系统结合,做到 CAD/CAM/ROBOTICS 一体化。

(5)可使用高级计算机编程语言对复杂任务进行编程。

(6)便于修改机器人运动程序。因此,离线编程软件引起了人们的广泛重视,成为机器人学中一个十分活跃的研究方向。

### 3.5.2　软件系统功能与特点

现以 AX−ST 离线编程软件为例进行说明,该软件采用 AX 控制器系列机器人的离线编程。软件在计算机上运行,可以不与机器人连线运动,通过动画演示其编程控制机器人运动情况。该软件的主要用途有两个:一是可以在计算机上实现机器人的模拟操作,其动画演示功能可以满足程序演示需要,并检查程序运行时各工件是否碰撞,编程是否可行;二是用户采购机器人系统时,用于动画演示各组件安装方案、运行情况等,尤其是加入新的工具和卡具后进行位置坐标确认,即模拟放新的工具或卡具等进入机器人工作环境时,检查其是否处在正确位置上。

该软件应用的优点:

(1)软件具有简单的 CAD 功能和外部 CAD 数据输入功能,即能读取一定格式(IGES/SAT)的外部 CAD 图形数据,这为成形中模型转化和数据处理提供了方便。

(2)在图形编程界面上,鼠标可以捕捉选择模型图形的顶点、棱线,记录成程序语句,编程更直观迅速。

(3)通过精确控制激光加工点在工件上的三维坐标,提高了激光成形路径的位置精度。

### 3.5.3　软件系统应用举例

AX−ST 离线编程软件引进前是作为弧焊机器人的离线编程而设计的。而激光增材再制造成形立体结构需要根据零部件基体的三维坐标来进行三维路径的规划和编程。将该软件应用于激光增材再制造成形,需要进行一些必要的研究工作,且在应用过程中需要对其特点进行分析。这些工作包括:在软件中由于机器人末端工具由弧焊枪换成了激光加工头,需要对激光加工头按实际尺寸进行建模;确定待成形模型的分层方式和分层厚度;对成形路径进行规划;软件与硬件系统的通信连接等。

**1. 建模**

该软件系统自带有 CAD 建模模块,能进行简单三维模型的数字建模。但是,其对复杂的零部件建模不如其他成熟的三维建模软件(如 SolidWorks)方便。考虑到直接应用现成的大量零部件三维数字模型的需要,离线编程软件系统带有图形数据转换模块,可以识别 IGES 和 SAT 格式的图像文件。

采用其他零部件三维数字建模软件建立的零部件三维图形数据一般

可保存为 SAT 格式,然后通过图形数据转换模块被转换为离线编程软件图形仿真系统可显示的图形。

　　用 SolidWorks 软件建立的激光加工头三维数字模型,如图 3.32 所示。图中将激光光束模拟处理为一个尖锥,将工具中心直接固定在锥尖上,便于确定其在加工路径上的位置。将该模型保存为 SAT 格式的图像文件,然后经图像转换模块转化后安装到虚拟机器人上。虚拟机器人加工系统如图 3.33 所示。

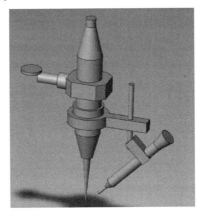

图 3.32　激光加工头三维数字模型

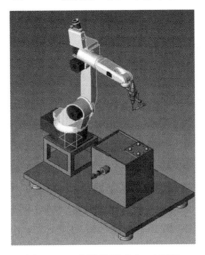

图 3.33　虚拟机器人加工系统

## 2. 分层

　　模型的分层一般借助专业的分层软件进行。但是,对于局部损伤的装备零部件,其激光增材再制造成形的体积一般较小,或者结构形状较简单,所以其加工模型的分层与快速成形或其他实体成形有一定区别。通常的解决方法是在三维建模软件中按熔覆层的典型厚度对加工模型进行直接分层。

**3. 路径规划**

已有的热加工工艺中的路径规划方法和结论都可作为激光增材再制造成形的路径规划。

### 3.5.4 软件与机器人系统的通信

离线编程软件在个人计算机上运行。软件与硬件系统的连接主要是与机器人控制器的通信。可通过 CF 卡在控制器和计算机之间拷贝程序。通过 CF 卡进行程序传输时,只需要在个人计算机上编写好机器人运行程序,然后将程序拷贝至机器人控制器内即可。也可通过网线在个人计算机和机器人控制器之间进行数据通信。通过双机互联网线进行程序传输时,需要设定服务器,并通过 FTP 软件或机器人公司开发的专用软件进行通信。

目前,针对激光成形再制造零部件,其需要堆积的结构形状一般较简单,或厚度较薄,所以模型分层与路径规划一般可采用人工直接分层与路径规划。相对目前系统小于 $12 \ \mathrm{cm}^3/\mathrm{h}$ 的成形速率,人工模型分层与路径规划时间显然是快速的。项目对软件方面较大的改动来自于引入了 AX-ST 型机器人离线编程软件。

离线编程软件的本质是提供一个机器人运动的虚拟环境,其主要功能是不用实际运行机器人就可以在虚拟环境中进行示教与编程,以及演示与检察程序执行情况。软件应用的目的是提高再制造成形编程的效率和检察程序准确性。该软件应具有较高的快捷性,可快速将计算机虚拟的成形模型快速转化为实际工件;另一方面,也具有良好的控制直观性,可对三维复杂形状零部件成形路径控制进行直观的干涉检查,使成形工序更加可靠,减少现场修正工作量,从而大幅提高成形效率。

通常情况下,离线编程软件的操作主要分为以下几个步骤:

(1)在虚拟环境中导入机器人模型、工件模型和加工枪头模型。

(2)调整加工头位置,进行可视化编程。

(3)程序模拟运行,进行干涉检查和程序修改。

(4)实际工件位置标定。

(5)上传程序到机器人控制器,进行实际运行。

通过实际应用,该软件在操作简易度、控制精度及实际应用方面呈现出以下优点：

**1. 软件的操作性方面**

AX－ST 软件的运行和控制界面如图 3.34 所示,该软件高精度地模拟了机器人及其操作控制系统,程序编写、导入和运行方式也与实际控制面板的操作方式相同,通过 SolidWorks 等画图软件导入待成形工件的三维模型,可实现在模拟状态下的成形路径规划、成形工序干涉检查及基于实测数据的工件位置标定等功能操作。

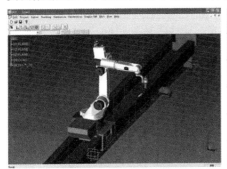

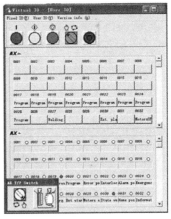

图 3.34　AX－ST 软件的运行和控制界面

AX－ST 软件界面直白、清晰,使激光熔覆修复实际工件的操作更加直观、可控,对于提高激光快速成形的效率和精确性大有裨益。然而,该软件在一些方面也存在着不足,如一个数据的更正可能会导致整个程序的更改,在机器人与模拟软件之间不能实现实时在线更正程序等。

**2. 软件的精确性方面**

在实际应用过程中,成形的误差不可避免。但是,该离线编程软件的 Calibration(标定)功能可大幅度减小误差范围,提高修复的精确度。外部环境方面,机器人与加工区域相对位置标定测量的不精确及机器人运动速度过大导致整体发生抖动等因素都会对最终的加工、成形精确性产生很大影响;在软件方面,待修复零部件及待修复部位的不规则轮廓的微小变化无法在三维建模软件中精确构建出,都可能导致实际零部件与模型零部件外形的不吻合,反映在加工零部件上就是加工误差。

# 本章参考文献

[1] 关振中.激光加工工艺手册[M].北京:中国计量出版社,2007.

[2] 史玉升,鲁中良,章文献,等.选择性激光熔化快速成形技术与装备[J].中国表面工程,2006,19(5):150-153.

[3] 黄根良.17-4PH 沉淀硬化不锈钢的组织与性能研究[J].钢铁,1998,33(4):44-46.

[4] 杨雪春.热处理对耐热马氏体不锈钢 0Cr17Ni4Cu4Nb 性能的影响[J].长沙大学学报,2006,20(5):32-34.

[5] 王均,沈保罗,孙志平,等.17-4PH 的时效动力学研究[J].四川冶金,2004,1:28-30.

[6] MURAYAMA M,KATAYAMA Y,HONO K. Microstructural evolution in a 17-4PH stainless steel after aging at 400 ℃[J]. Metall Mater Trans A,1999,30:345-353.

[7] MIRZADEH H,NAJAFIZADEH A. Aging kinetics of 17-4 PH stainless steel[J]. Materials Chemistry and Physics,2009,116:119-124.

[8] WANG J,ZOU H,LI C,et al. Relationship of microstructure transformation and hardening behavior of type 17-4PH stainless steel [J]. Journal of University of Science and Technology,2006,13(3):235-239.

[9] 藤田辉夫.不锈钢的热处理[M].北京:机械工业出版社,1983.

[10] 陆世英,张廷凯,杨长强.不锈钢[M].北京:原子能出版社,1995:8,19,61-63.

[11] 陈维闯,宋丹路.快速原型制造软件系统关键技术研究[J].浙江工业大学学报,2008,36(3):316-320.

[12] 周广才,孙康锴,邓琦林.激光熔覆中的控制问题[J].电加工与模具,2004,2(14):39-42.

[13] 吴晓瑜,林鑫,吕晓卫,等.激光立体成形 17－4PH 不锈钢组织性能研究[J].中国激光,2011,38(2):1-7.

[14] 闫世兴,董世运,徐滨士,等.Fe314 合金激光熔覆工艺优化与表征研究[J].红外与激光工程,2011,40(2):235-240.

[15] 胡晓东,马磊,罗铖.激光熔覆同步送粉器的研究现状[J].航空制造技术.2011,46(9):46-49.

[16] 李嘉宁.激光熔覆技术及应用[M].北京:化学工业出版社,2016.

[17] 刘喜明.同轴送粉激光熔覆过程中粉光匹配影响因素及控制研究[J].长春工业大学学报(自然科学版),2012,33(5):513-519.

# 第4章　激光增材再制造的技术方法及其工艺

　　激光增材再制造技术是装备制造技术、材料科学技术、激光加工工艺技术、数控技术和光电检测控制技术等多种技术相结合而形成的交叉技术方法。激光增材再制造主要包括激光增材再制造专用设备、专用材料及工艺技术 3 项基本技术。对于激光增材再制造的专用设备已经在第 3 章中加以介绍。本章主要针对激光增材再制造基本技术中的专用材料和激光增材再制造工艺技术体系进行介绍,并对激光增材再制造流程及激光增材再制造技术方案设计进行阐述。

　　作为激光增材再制造的对象,待修复的金属零部件表面经常附着油污、碎屑、涂层和氧化层等污染物,直接对其进行激光再制造易产生气孔、夹杂等缺陷,为保证激光再制造质量,激光再制造前期需要对金属零部件进行表面处理。激光清洗作为一种绿色高效的新型表面清洗方法,用于激光再制造前期的零部件表面处理环节,符合激光再制造发展的方向。本章将对激光清洗技术及其在再制造待修复零部件前期处理中的应用进行介绍。

## 4.1　激光增材再制造成形技术方法体系

　　激光增材再制造技术是指应用激光光束对废旧零部件进行再制造处理的各种激光技术的统称。按激光光束对零部件材料作用结果的不同,激光增材再制造技术主要可分为激光表面改性技术和激光加工成形技术两大类。

　　激光沉积制造(Laser Deposition Manufacturing,LDM)技术是在快速成形技术和激光熔覆技术基础上发展起来的一项先进制造技术。LDM 技术是利用高能激光光束局部熔化金属表面形成熔池,同时将金属原材料侧向或同轴送入熔池,形成与基体金属冶金结合,且稀释率很低的新金属层的方法,其实质是在计算机控制下的三维激光熔覆技术。由于激光熔覆的快速凝固特征,所制造出的金属零部件具有均匀细密的枝晶组织和优良的质量,其密度和性能与传统方法加工出来的金属零部件相当,可直接或仅需少量精加工即可使用。该技术不仅可以用于直接快速制造具有一定机械强度、能承受较大载荷的金属零部件,也可用于零部件上具有复杂形状、一定深度制造缺陷、误加工或服役损伤的修复和再制造,以及大量投产前的设计修改,显著地缩短了产品研发周期、降低了生产成本,同时能提高材料的利用率、降低能耗。激光沉积制造技术的先进性和巨大的发展前景,使该技术一出现即受到高度重视,各国相关研究机构纷纷进行研究。

激光增材再制造技术主要针对表面磨损、腐蚀、冲蚀和缺损等零部件局部损伤及尺寸变化进行结构尺寸恢复,同时提高零部件的服役性能。通过激光再制造工艺技术的优化实现零部件激光增材再制造的控形控性,满足其使用要求。

## 4.2　激光增材再制造的专用材料

单层的激光沉积(又称为激光熔覆)是指在被涂覆基体表面上,以不同的添料方式放置选择的涂层材料,经激光辐照使之和基体表面薄层同时熔化,快速凝固后形成稀释度极低、与基体金属呈冶金结合的沉积层,从而显著改善基体材料表面的耐磨、耐蚀、耐热和抗氧化等性能的工艺方法。它是一种经济效益较高的表面改性技术和废旧零部件维修与再制造技术,可以在低性能廉价钢材上制备出高性能的合金表面,以降低材料成本,节约贵重稀有金属材料。激光沉积的显著特点在于其既可以用于激光熔覆/修复,也可以用于实现金属构件及梯度复合材料的增材制造。

激光沉积材料主要是指形成沉积层所用的原材料。根据激光沉积材料的不同形状,可以分为粉末状、丝材和棒材3种主要类型,其中粉末材料应用最为广泛。激光沉积材料供给方式主要分为预置法和同步法等。为了使沉积层具有优良的质量、力学性能和成形工艺性能,降低其裂纹敏感性,必须合理设计或选用沉积材料。在考虑沉积材料与基体材料热膨胀系数相近、熔点相近及润湿性等原则的基础上,还需对激光沉积工艺进行优化。激光沉积层质量控制主要是减少激光沉积层的成分污染、裂纹和气孔,以及防止氧化与烧损等,提高沉积层质量。

现有的激光熔覆粉末材料大部分来源于喷涂或者喷焊粉末。使用激光熔覆技术能在低级材料上沉积具有特种功能的特殊材料,被广泛地应用于改善基材的表面性能。涂层功能已从传统的耐磨损、抗腐蚀和抗氧化涂层发展到其他功能,如生物陶瓷涂层。显然,单一的材料不能满足所有上述目的和用途。而激光熔覆材料的选择必须满足以下条件:

(1)应具有所需要的性能,如耐磨、耐腐蚀、抗氧化性能等。

（2）熔覆材料的热膨胀系数、导热系数等性能应尽量与基底材料相接近，以免在熔覆层中产生过大的残余应力，而造成裂纹等缺陷。

（3）熔覆材料与基底材料间应具有良好的浸润性。

（4）熔覆材料的熔点不宜太高，以利于控制熔覆层的稀释率。

（5）熔覆材料应具有良好的脱氧、造渣能力。

（6）对送粉法激光熔覆还要求粉末具有良好的固态流动性。

现阶段，激光沉积粉末材料一般是借用热喷涂用粉末材料和自行设计开发粉末材料，主要包括自熔性合金粉末、金属与陶瓷复合（混合）粉末及各应用单位自行设计开发的合金粉末等。不同形状的激光熔覆材料分类见表4.1。按照材料成分构成，增材再制造的材料主要可分为金属粉末、陶瓷粉末和复合粉末等。现有的增材制造粉末材料的主要类型仍然是采用激光熔覆用粉末材料，根据实际制造要求，需要开发新的粉末材料。

**表 4.1 不同形状的激光熔覆材料分类**

| | 纯金属粉 | Fe、Ni、Cr、Co、Ti、Al、W、Cu、Zn、Mo、Pb、Sn 等 |
|---|---|---|
| | 合金粉 | 低碳钢、高碳钢、不锈钢、镍基合金、钴基合金、钛合金、铜基合金、铝合金、巴氏合金 |
| | 自熔合金粉 | 铁基（FeNiCrBSi）、镍基（NiCrBSi）、钴基（CoCrWB、CoCrWBNi）、铜基及其他有色金属系 |
| 粉末 | 陶瓷、金属陶瓷粉 | 金属氧化物（Al 系、Cr 系和 Ti 系）、金属碳化物及硼氮、硅化物等 |
| | 包覆粉 | 镍包铝、铝包镍、镍包氧化铝、镍包碳化钨、钴包碳化钨等 |
| | 复合粉 | 金属＋合金、金属＋自熔合金、WC 或 WC－Co＋金属及合金、WC－Co＋自熔合金、氧化物＋金属及合金、氧化物＋包覆粉、碳化物＋自熔合金等 |
| | 纯金属丝材 | Al、Cu、Ni、Mo、Zn 等 |
| 丝材 | 合金丝材 | Zn－Al－Pb－Sn、Cu 合金、巴氏合金、Ni 合金、碳钢、合金钢、不锈钢、耐热钢 |
| | 复合丝材 | 金属包金属（铝包镍、镍包合金）、金属包陶瓷（金属包碳化物、氧化物等） |
| | 粉芯丝材 | 7Cr13、低碳马氏体等 |
| 棒材 | 纯金属棒材 | Fe、Al、Cu、Ni 等 |
| | 陶瓷棒材 | $Al_2O_3$、$TiO_2$、$Cr_2O_3$、$Al_2O_3$－$SiO_2$ |

**1. 自熔性粉末材料**

自熔性合金粉末是指加入具有强烈脱氧和自熔作用的 Si、B 等元素，它们优先与合金粉末中的氧和工件表面的氧化物一起熔融生成低熔点的硼硅酸盐等覆盖在熔池表面，防止液态金属过度氧化，从而改善熔体对于基体金属的润湿能力，减少熔覆层中杂质和含氧量，提高熔覆层的工艺成形性能。激光熔覆当中最为常见的自熔性材料是铁基、镍基和钴基自熔性合金粉末，能够对碳钢、不锈钢、合金钢、铸钢等基材具有较好的适应性，获得要求的表面性能。而针对其他类型材料的熔覆再制造，已开发的可供选择的合金粉末主要有铜基、钛基、铝基、镁基、锆基、铬基及金属间化合物基材料等。其中镍基和钴基合金粉末自熔性良好，耐腐蚀、耐磨、抗氧化性能优良，但价格比铁基合金粉末高。相应地，铁基自熔合金粉末相对成本低，单抗氧化性差，沉积过程中易于产生气孔与夹渣。

**2. 陶瓷粉末**

陶瓷粉末具有高硬度、高熔点、低韧性等特点，可以作为激光沉积过程中的增强相，在制备耐磨耐蚀及热障涂层方面很有优势。陶瓷材料具有与金属基体差距较大的线胀系数、弹性模量、热导率等热物理性质，而且陶瓷粉末熔点较高，激光沉积陶瓷层的温度梯度差距很大，会造成很大的热应力，易产生裂纹和孔洞等缺陷。激光沉积可选择的陶瓷粉末种类主要包括碳化物粉末、氧化物粉末、氮化物粉末和硼化物粉末等。具体包括氧化物陶瓷粉末（如 $Al_2O_3$、$ZrO_2$、$TiO_2$ 等）、碳化物陶瓷粉末（如 WC、SiC、$B_4C$、TiC 等）和氮化物陶瓷粉末（TiN、$Si_3N_4$）等。这些粉末具有不同的热物理化学性能，与金属黏结相的润湿性和相容性不尽相同，使用时根据具体要求进行选择。

**3. 复合粉末**

复合粉末材料是由两种或两种以上不同性质的固相颗粒经机械混合而形成的颗粒。组成复合粉末的成分，可以是金属与金属、金属（合金）与陶瓷、陶瓷与陶瓷、金属（合金）与石墨、金属（合金）与塑料等，范围十分广泛，几乎包括所有固态工程材料。通过不同的组分和比例，可以衍生出各种功能不同的复合粉末，获得单一材料无法比拟的优良的沉积层性能。按照复合粉末的结构，一般可分为包覆型、非包覆型和烧结型。目前应用较多的是包覆型和非包覆型复合粉末。包覆型复合粉末的芯核颗粒被包覆材料完整地包裹着；非包覆型粉末的芯核材料被包覆材料包覆的程度不完整。但这两种材料各组分之间的结合一般都为机械结合。采用不同的制备方法，能获得金属或合金非金属陶瓷制成的复合粉末，具有优异的综合性能;在储运和使用过程中,复合粉末不会出现偏析,克服混合粉末因成分偏析造成的沉积层质量不均匀等缺陷;芯核粉末受到包覆粉末的保护,有利于减少或避免元素氧化烧损或失碳;能制成放热型的复合粉末,使沉积层与基体之间除机械结合外,还存在冶金结合,增大了沉积层的结合强度。同时,复合粉末生产工艺简单,组合及配比容易调整,性能容易控制。

## 4.3　激光增材再制造技术的工艺方法

按激光沉积材料送入方式的不同,激光增材再制造可以通过两步法激光沉积和同步法激光沉积两种方式来完成。两步法又称为预置粉末式激光沉积技术,同步法主要包括送粉式和送丝式两种。同步法激光沉积中,送粉式又可分为同轴送粉与旁轴送粉两种;送丝式则有热丝和冷丝两种。激光增材再制造按材料送给工艺方法的分类如图 4.1 所示。

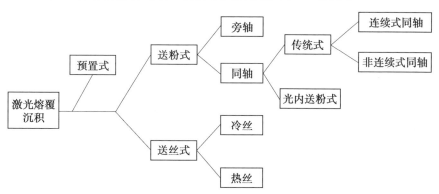

图 4.1　激光增材再制造按材料送给工艺方法的分类

### 4.3.1　预置粉末式激光沉积

两步法即预置式激光熔覆技术,将处理好的熔覆材料预先置于基材表面上的熔覆部位,然后用激光光束扫描预置在基材表面的熔覆材料使其熔化。熔覆材料可以很多种方式加入,如粉、丝、板的形式,其中以粉末的形式加入最为常见。预置粉末式激光熔覆技术的工艺流程为:基材表面的预处理—预置熔覆粉末—预热—激光扫描—后热处理。粉末的预置方法主要包括热喷涂和黏结。其中热喷涂的优势在于喷涂效率高,能获得大面积涂层,涂层不易受污染,且涂层厚度均匀并与基体紧密结合,在熔覆过程中不会剥落。其主要缺点是材料利用率不高,需要专门的设备和技术工艺,另外操作程序也较烦琐。黏结法是在热喷涂的基础上发展起来的,它是将黏结剂和粉末调和成膏状,然后涂在所需熔覆的基材位置。黏结法具有较好的操作性和经济性,但黏结剂的汽化和分解容易对熔覆层产生气孔和污染等缺陷,另外在熔覆过程中黏结层还容易脱落。因此预置式激光熔覆不能用于激光熔覆增材成形,使用有较大的局限性。

预置粉末的基本要求是要保证预置的粉末能够在待沉积材料上保持黏附,即使在激光沉积过程中的气流作用下也不会发生粉末的脱落,直至预置层激光加热熔化。黏结法预置粉末时要选择使用某些类型的黏结剂,选择黏结剂的过程中要考虑其对于激光沉积后的组织是否会有不利的影响,如产生气孔等缺陷。以此作为基本条件,选择适合的黏结剂类型。预置粉末方法需要激光扫描熔覆层实现其与基底的熔接。通过激光工艺参数的优化,保证较小的基体稀释率。可见,预置式的激光熔覆由于工艺步骤耗时,并对复杂形状构件难于预置,其应用受到诸多限制;在实际激光熔覆增材制造过程中,预置式的激光熔覆正逐渐被送丝式或送粉式的同步法材料添加方式所替代。

同步式激光熔覆是把金属材料直接送入高能激光光束中,在激光的热作用下使金属材料瞬间被加热到红热状态,落入到熔化区域后即刻熔化,并随激光光束的移动和粉末的连续送入形成激光熔覆层,该方法被广泛用于激光熔覆成形。根据熔覆材料的分类可以分为送粉式激光熔覆和送丝式激光熔覆。

## 4.3.2　同步送粉式激光沉积

同步送粉式激光熔覆技术是将熔覆粉末直接送入激光光束当中,使粉末送入和粉末熔覆同时完成。同步送粉式激光熔覆技术的工艺流程为:基材表面的预处理—粉末送入和激光加热熔覆—后热处理。送粉式激光熔覆技术按照粉的送入位置不同,又可分为同轴送粉式和旁轴送粉式,分别如图 4.2(a)和图 4.2(b)所示。同步送粉式激光熔覆技术具有易实现自动化、易控制、激光能量利用率高等优点;尤其在熔覆金属陶瓷粉末时,可以大大提高熔覆层的抗裂能力。若同时采用同轴保护气,可以有效地防止熔池氧化,能够制备出表面成形良好的熔覆层。因此,同步送粉式激光沉积目前获得广泛的应用。

粉末是最常用的沉积材料,现有各类金属和陶瓷粉末可供激光沉积使用。早期国内外多采用热喷涂合金粉或加入各种陶瓷硬质颗粒作为激光沉积的材料,并在特定零部件上取得了一定的效果。热喷涂材料的液固区

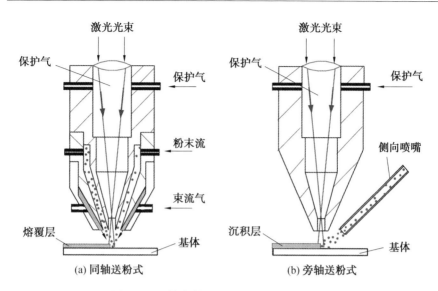

图 4.2 送粉式激光增材再制造装置示意图

间较宽,温度梯度小,有利于缓解热应力且易获得光滑的表面。而激光沉积条件下,温度梯度大,热应力大,因此需要的激光沉积材料比热喷涂粉末应具有更好的塑性和韧性。与热喷涂粉末相比,适用于激光沉积过程的粉末材料应具有不同的成分要求,激光沉积专用粉体材料需要单独进行研究开发。

对于送粉式激光沉积,由于粉末流的特点,部分粉末不能在沉积过程中进入激光熔池。如何提高粉末利用率是送粉式激光沉积的重要工艺控制难点。对于未进入熔池的粉末,同样要设计粉末回收装置,保证未进入的激光熔池粉末在干净的地方被收集并能够循环使用。这是送粉式激光沉积再制造过程降低成本的重要途径。

在送粉式激光沉积过程中,能量密度必须达到一定的临界值以使基体熔化形成熔池。当激光聚焦于一个小的区域,存在一个在焦平面上下的位置,能量密度可以形成熔池。这个区域对应激光焦点位置上下一定的区域,激光沉积过程中光束分布及其临界能量密度区示意图如图 4.3 所示。材料加热区离焦平面位置过高或者过低,会导致能量不足以形成熔池。相同地,熔池也不能确保形成一定的沉积层高度。在这个光束密度临界值区域内,沉积层的高度和体积主要取决于熔池的表面相对于焦平面的位置、激光扫描速率、激光能量、粉末送入率和表面形态。因此,对于一个给定的参数,沉积层的高度接近其厚度,但是在多道沉积后会与沉积层厚度产生一定的偏差。

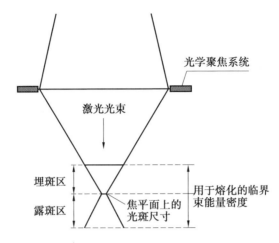

图 4.3 激光沉积过程中光束分布及其临界能量密度区示意图

如果激光和扫描参数本身设置得不合适,就不能使沉积厚度与层的 $z$ 向偏移量一致,在随后的层中将变得越来越细。最后,没有沉积物产生,因为在之后的沉积层将会临近能量密度的临界值(如当基体在露斑区之下或埋斑区之上,将没有足够的能量熔化基体产生熔池)。

实际上,当第一层在基体上形成后,激光焦平面已经在基体之下。此种情况下,一部分基体材料被熔化形成熔池。随之的沉积层将会由熔化的基体和送入的粉末组成,表面增加的材料量取决于加工参数和焦平面相对于基体的位置。如果想让沉积材料中基体少一些,焦平面必须与基体重合或者在基体之上来尽量少地熔化基体,以使熔池几乎全是熔化的粉末组成,这是理想的情况。例如,如果在金属 B 的表面沉积一层金属 A,在熔池阶段可能会形成金属间化合物 AB。为了抑制金属间化合物的形成,在 A 与 B 之间需要一个急剧的转变。沉积层的厚度会在几层过后趋于稳定状态。如果参数不当,激光会离开基体,在几道之后会发生沉积层的终止。

对于送粉式的激光沉积,喷嘴结构及送粉参数是影响激光沉积质量的两个关键因素。粉末的粉斑尺寸及其与激光光斑的参数匹配问题是熔覆过程中十分重要的因素。送粉式激光熔覆的送粉喷嘴按照送粉方式的不同可以分为连续式同轴喷嘴、非连续式同轴喷嘴及旁轴喷嘴,如图 4.4 所示。连续式同轴喷嘴 2D、3D 熔覆均可,适合于较少熔覆道工况,其优点是可以实现很小的粉斑尺寸,理论上可以实现 0.1 mm 的粉斑尺寸,多应用于精密加工及修复,如叶尖修复。非连续同轴喷嘴可倾斜使用,具有更好的鲁棒性,更适用于 3D 熔覆,多用于铸件的修复或表面改性。旁轴喷嘴主要是 2D 应用,用于可达性较好的表面,如大型转轴的轴承表面。

 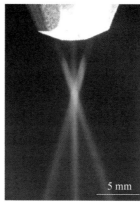 

(a) 连续式同轴喷嘴          (b) 非连续式同轴喷嘴          (c) 旁轴喷嘴

图 4.4    不同结构类型的典型喷嘴

粉末由一个装有粉末的容器送入(从粉末里冒出气体或者应用超声波振动),通过压力差使粉末从容器流到激光头的管子中。运用连续同轴送粉、非连续同轴送粉或旁轴送粉使能量汇聚在基体/激光作用区。在连续同轴送粉中,粉末环绕在激光的周围,粉末由保护气汇聚成一个小尺寸的斑点,如图 4.4(a)所示。连续同轴送粉激光沉积有两大优点:粉末的利用率高;保护气体汇聚性好,更好地保护熔池免受大气氧化影响。旁轴喷嘴,需要喷嘴瞄准激光和基体的作用区。旁轴喷嘴的优点是设备简单,成本低,并比非连续式同轴喷嘴有更高的粉末利用率,它还可以使沉积材料到达很狭窄的区域(如通道或者管子)。连续式同轴喷嘴的缺点是:单喷嘴形成的熔池形状有特定的方向(当粉远离喷嘴或者与喷嘴垂直,熔池将会改变)。非连续式同轴(通常为四路)喷嘴相距 90°环绕在激光周围,相交于熔池。非连续式同轴喷嘴的优点是:它可以连续地建造复杂的和三维的几何形状,这些形状由薄厚不一的区域组成。

同轴式送粉的一种新型送粉喷嘴采用光内同轴送粉方式。光内同轴送粉喷嘴同样也耦合了光、粉、气和水路于一体,不同之处是用锥镜将光束分割再通过环形抛物镜反射汇聚于一点,而粉末流从中间喷射,达到了光包围粉的效果,光内同轴送粉示意图和光内送粉头的实物外观图分别如图 4.5 和图 4.6 所示。这种喷嘴同样不存在扫描方向性问题,而且粉末重力方向与载粉气流方向一致,粉末发散小,不同离焦量位置都能达到光斑包围粉斑的效果,加工过程中,不会出现半熔或者未熔的粉末黏附在熔道表面,因此熔道表面光滑而且粉末利用率很高。光内送粉激光沉积成形件的外观如图4.7所示。光内同轴送粉在粉末利用率和光束能量分布两方面具有显著的优点。

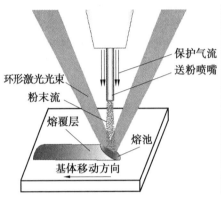

图 4.5　光内同轴送粉示意图

图 4.6　光内送粉头的实物外观图

图 4.7　光内送粉激光沉积成形件的外观

(1)粉末利用率方面。光外同轴送粉装置采用多个载气送粉喷嘴,且各粉管的轴线相对于光束倾斜安装,各路粉束以抛物线状被抛射至成形表面,粉末汇聚较难达到理想的效果,一方面导致粉末的利用率降低,造成粉末浪费和环境污染;另一方面,未熔的金属粉末将会黏附于成形件表面,影响成形质量和表面精度。而光内送粉装置只有单根粉管,较容易实现粉末汇聚及粉管与激光光束真正意义上的同轴,能大大提高粉末利用率及成形表面质量,从而提高多道搭接熔覆层的表面平整度及多道搭接多层堆积成形件的表面质量。

(2)光束能量分布。研究表明,在扫描线宽方向上,圆形实心光斑的能量呈中间高两边逐渐降低的"高斯形"分布,容易造成熔池中心过烧而边缘熔化不充分。环形中空激光的能量呈"月牙或马鞍"形,能量向边缘转移,能量分布更均匀合理,一方面使得整个熔道熔化更充分,改善圆形实心光斑引起的边缘熔化不充分现象;另一方面由于能量分布更为均匀,熔池中心能量不至于过高,熔池内部温度梯度有所减小,对流运动减弱,有效改善圆形实心光斑引起的"山峰状"熔道。以上两点均有利于形成表面平整的多道搭接熔覆层。更重要的是,圆形实心光斑中心能量很高,对于多道搭接容易造成能量聚集,不易散发,不利于多道搭接多层堆积成形的实现;而环形激光能量分布更均匀,热量更易散发,可有效改善热量累积现象,有利于多道搭接多层堆积成形的顺利进行。

### 4.3.3　熔丝式激光沉积

熔丝式激光沉积技术作为增材再制造的关键技术之一,在现代工业中具有广阔的应用前景。相对于广泛应用的送粉式激光沉积再制造,激光熔丝具有材料利用率高、速度快、成形控制精确等优点。在送丝的情况下,沉积层的体积通常为所送的丝的体积。如果忽略激光沉积过程中的飞溅,可以认为送丝式激光沉积的材料利用率达到 100%。对于简单的形状,没有细/薄的过渡区的块状结构,以及表面熔敷,送丝激光沉积可以实现高效率的增材生长成形。而对于复杂的、大的或全致密的结构的激光增材制造,通过对工艺参数的精确控制,采用熔丝式激光沉积同样可以精确成形。

熔丝式激光沉积的关键技术是解决丝材的送进方式和送进设备,这与传统弧焊是完全不同的,激光是一聚集点热源,斑点直径很小(一般在 1 mm 以下,而传统弧焊工艺中的等离子弧及电弧直径为数毫米至数厘米),为使加工时丝材始终处在聚焦激光斑点的照射之下,要求丝材必须具有良好的指向性。采用熔丝激光沉积的送丝系统必须具有较传统焊接方法优异得多的丝材校直功能。填充丝材的引入,使得可变工艺参数增多,因此必须解决工艺参数的匹配和优化问题。过大的送丝速率将导致沉积层余高过大,而送丝速率太小则会产生不规则的沉积成形。此外,所采用的丝材直径必须适宜。在满足丝材指向性的前提下应尽可能采用细丝材。另一个重要工艺参数是丝材相对于激光光束的位置,丝材末端对激光轴线的偏移量应控制在 0.2 mm 之内,当偏差量超出这个范围时,丝材将因不能完全熔化而触及熔池,造成沉积层不连续的缺陷产生。

熔丝式激光沉积系统原理图如图 4.8 所示,丝材可以从激光前方送入,也可以从后方送入,并与光轴成一定角度。一般采用前送丝方式,这样送丝过程发生微小波动时,也能保证熔滴过渡稳定,熔覆成形好。为了保证丝材正好送到光轴与母材的交汇点,用一根钢管推直丝材。丝材的直线度对于激光沉积的稳定性非常重要,它决定光束是否正好能作用在丝材上,进而影响丝材对激光能量的吸收,从而影响激光沉积过程的稳定性。工件运动方向的前端,装有一根气管用于侧吹氩气或氮气,对熔池进行保护。对有些易氧化的金属,还要设计专门的保护罩对熔池进行保护。保护罩位于工件运动方向的前端,以对形成的高温熔池和熔覆层进行保护,避免熔覆金属氧化。送丝机构的稳定性对熔覆成形影响很大,送丝速率太慢或太快,会导致过渡到熔池中的丝材熔滴堆积或欠缺,同时也会影响激光和丝材及母材之间的相互作用,从而改变熔覆形貌,导致熔覆层宽窄波动。一般使用的送丝机构,需带有反馈系统,能够在沉积过程中保持设定的送丝速率不变。

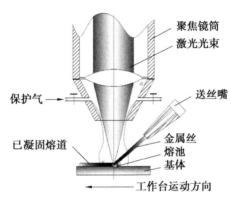

图 4.8　熔丝式激光沉积系统原理图

熔丝式激光沉积技术可以用于修补各种模具裂痕、崩角、模具飞边等部位。加工后不会出现气孔;可在极硬的材料上进行激光沉积,经过后处理磨削加工成光亮表面,适合有抛光要求模具的修补。熔丝式激光沉积工艺中,聚焦激光斑点不是直接照射到工件表面,而是照射到丝材表面,丝材金属熔化后再进入加工区。为了保护加工区和控制光致等离子体,需向激光光束与丝材及工件作用部位吹送保护气体和辅助气体。不同于电弧堆焊,激光聚焦斑点直径小,为保证加工中焊丝始终位于聚焦激光斑点照射下,要求丝材必须具有良好的指向性。

激光添丝焊接是一种大量采用的工艺方法,参照激光焊接的熔丝式激光熔覆沉积,国内外也有一定的研究。华南理工大学孙进等人研究了送丝方向和角度、送丝速率、激光扫描速度和功率对熔覆质量和效率的影响。

结果表明最佳送丝方向为前送丝,送丝角度应保持在一定的合适范围内。随着激光功率的增大,熔覆层宽度增大、高度减小;在一定范围内随着送丝速率增加,熔覆层高度和宽度都相应增加。李凯斌等人对光纤激光送丝成形工艺进行了研究,结果表明影响熔覆成形的主要工艺参数为激光功率、扫描速度和送丝速率。激光功率直接决定了熔覆成形的热输入,激光功率过小时会严重影响成形;送丝速率直接影响单位时间内的沉积速率,送丝速率过小时成形出现不连续;离焦量会对光束的能量密度造成影响,随着离焦量的增大熔覆宽度略有增加。上海交通大学的梁朝罡、邓琦林等人对激光送丝增材制造进行了分析,提出将丝材预热进而减小激光功率的方法。将丝材预热到 1 000 ℃,可显著将丝材沉积速率提高到 50 g/s。

英国曼彻斯特大学的 Li Lin 等人在针对送丝式增材制造与送粉式增材制造的熔覆效率对比进行研究时发现,在相同成形条件下,送丝式比送粉式增材制造的熔覆效率要高出很多。即使是在较低的送丝或送粉速率条件下,送粉式增材制造的熔覆效率也要远远低于送丝式增材制造的熔覆效率。在一定范围内,随着激光功率的增大,送丝式与送粉式增材制造的熔覆效率均随之增大,如图 4.9 所示,在合适的激光功率条件下,送丝式的熔覆效率几乎可达 100%。

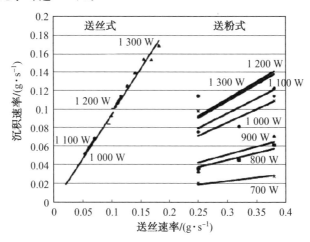

图 4.9 送丝式与送粉式的熔覆效率对比

送丝位置及送丝角度对于沉积层的表面成形质量的影响极大。与后送丝相比,前送丝的适应性更强,更容易获得成形良好的沉积层,不同送丝位置的表面成形如图 4.10 所示。可以看到,后送丝时,表面存在剧烈的波纹和锯齿。送丝位置与熔池的相对位置也对快速成形质量有着重要影响,当送丝位置在熔池的前方时，成形质量较高，送丝位置在熔池中心或后沿时成形质量均较差。同时，当采用不同的送丝位置，送丝角度对于沉积层的成形质量影响也不同。前送丝时，随着送丝角度的增大，沉积层表面的粗糙度增大；而后送丝时，随着送丝角度的增大，熔覆层的表面粗糙度则减小。在此基础上得出了前送丝时，送丝角度的优化区间为 $20°\sim60°$，送丝角度过小时，熔池凝固会使丝抬升，造成送丝方向的偏离或不连续；送丝角度大于 $60°$ 时，则会对成形过程造成破坏甚至无法进行成形。

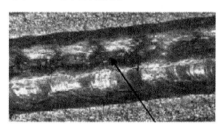

(a) 前送丝　　　　　　　　　　　　　　(b) 后送丝

图 4.10　不同送丝位置的表面成形

英国诺丁汉大学的 T. E. Abioye 等人针对 Inconel 625 合金的激光熔丝增材制造工艺进行了研究。实验研究了不同送丝速率下的单道熔覆表面成形，如图 4.11 所示。针对不同的扫描速度、送丝速率及激光功率对于沉积层尺寸（稀释率、宽高比、接触角）的影响进行了研究发现：(1)随着送丝速率的增加，接触角会增大，但是稀释率和宽高比减小。(2)接触角与扫描速度成反比，而稀释率和宽高比与扫描速度成正比。(3)接触角与激光功率成反比，而稀释率和宽高比与激光功率成正比。

英国诺丁汉大学的 Sui Him Mok 等人研究了送丝角度对熔丝成形的

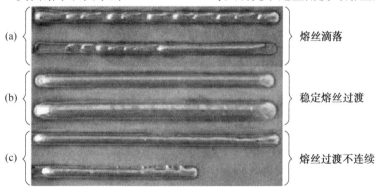

图 4.11　不同送丝速率下的单道熔覆表面成形

影响。在角度过大时，金属丝不能完全熔化，也就不能顺畅地进入熔池。同时，角度过大造成熔池内垂直旋涡增大，金属丝在熔池底部的"反弹效应"造成熔覆表面产生波纹。而角度较小时，水平旋涡占主导，熔覆表面波纹变小。但小角度意味着即使熔池固化产生很小的压力，也将会使金属丝被抬起，最终产生较差的成形表面。由于熔池内复杂旋涡的存在，金属丝在垂直平面内的夹角 $\alpha$ 应该控制在一定范围内，当 $\alpha=40°\pm15°$ 时，沉积速率和表面粗糙度都比较理想。

里斯本新大学的 R. M. Miranda 等人研究了光斑尺寸对熔覆成形的影响。光斑尺寸和焊丝直径相近时，可以提高成形效率（在相同功率下，较少的热量作用在基底上，减少能量损失，避免对前一层金属过度重熔，可以使用更高速度），但对光束的对中性要求更高；光斑尺寸较大时，能量利用率降低，但光束对丝的适应性增强。

勃艮第大学的 Florent Moures 等人研究了不同熔丝模式对于成形的影响，比较了熔滴过渡和液桥过渡两种模式。一种模式丝在激光的加热作用下形成熔滴，熔滴落入基底表面，在表面张力的作用下铺展，这种情况下表面成形不规则，但无气孔。在激光的作用下，另一种模式在基底上形成熔池，焊丝进入熔池，被熔池中的热量熔化，这种情况下表面成形连续，但在基体与熔覆层之间有气孔。

韩国的 J. D. Kim 等人研究了激光熔丝成形的熔覆速度对成形层稀释率及熔池尺寸的影响。实验采用固体激光器对 Inconel 600 金属丝材进行实验，丝材直径为 0.2 mm，在扫描速度为 25 mm/s 的条件下，发现成形层的硬度得到显著提高，沉积层表面光滑，与基体之间紧密结合。同时还发现预热后的基板可以提高重熔层的深度，进而提高冶金结合，同时预热基板可以减少激光能量的输入进而减少稀释率。

英国诺丁汉大学的 D. G. McCartney 等人采用激光增材的方式进行了熔覆成形实验，获得了高度为 1.6 mm 的成形均匀实验件（图 4.12）。沉积过程中丝材以熔滴形式过渡到母材表面，形成沉积层，成形后经过机加最终获得良好的成形薄壁件。

在激光焊接工艺中，大量采用热丝工艺可以提高金属过渡效率，改善成形的作用。在激光熔覆沉积中，热丝同样能够达到类似的效果。哈尔滨工业大学李俐群等人以 316 L 不锈钢丝材为填充材料，对比研究了冷丝、热丝两种条件下的丝基激光熔覆增材工艺特性与组织性能，实现了熔池尺寸稳定性的控制。在冷丝条件下为获得良好成形，丝端部应位于激光光斑有效作用区域内，在丝材直径为 1.2 mm 时，应在距离沉积层表面 0.4 mm

图 4.12　激光沉积实验件(9 层)

的高度范围内。沉积的前几层因散热条件的变化,熔池尺寸也在逐层改变,通过改变激光功率可实现熔池尺寸的均匀性控制。热丝条件下可以明显拓宽激光沉积工艺窗口,增大连续沉积过程中丝材与光斑位置的适应范围;对复杂构件中涉及的拐角及搭接位置成形具有明显的改善作用。与常规冷丝增材制造相比,采用热丝工艺沉积试件,微观组织与力学性能良好。

　　针对激光填丝增材制造常规旁轴送丝方法所存在的方向性问题,苏州大学石世宏等人进行了光内同轴送丝工艺的开发。该工艺将传统的圆锥形激光光束通过光路转换获得圆环锥形的激光光束,实现了"光束中空",使金属丝能够与激光光束中心线同轴,从而在一定程度上避免了在变方向扫描过程中送丝方向等对成形的影响。光内同轴送丝原理图如图 4.13 所示。对光内送丝方法的成形工艺研究表明:当在正离焦和焦点位置进行成形时,沉积层表面呈"泪滴"状,只有在负离焦的条件下才能稳定连续地成形,并且随着负离焦量的增大,沉积层的宽度增大,高度减小;同时,在一定范围内,功率的增大使得熔池的对流增强,沉积层表面更"平坦",宽度增加;而扫描速度与沉积层的宽度和高度均呈负相关关系;当送丝速率过小时,沉积层成形不连续,而送丝速率过大时,丝材则不能有效熔化,从而会在熔池中受力,发生偏摆,进而破坏熔池,最终得到的沉积层表面成形不够平滑,在合理的送丝速率范围内,随着送丝速率的增加,沉积成形的宽度和高度均有效增加。与光外侧向送丝技术比较,光内同轴送丝具有如下优势:

　　(1)被熔丝材与激光光束同轴垂直送进,在扫描成形加工时,其送进方向、送进角及送进位置均不变,可消除扫描方向性影响。

　　(2)送进角可达到 90°,丝材完全被光束包围,变单边受热为周围受热,熔化凝固速率加快,熔池对流传热传质更均匀。并且,丝材到达高密度光被融化之前恰好要经过光束密度渐强的区域,可实现熔化前的预热,有效

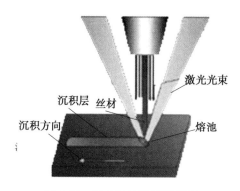

图 4.13 光内同轴送丝原理图

利用激光能量,实现速熔速冷,获得激冷熔覆组织。

(3)可通过控制离焦量,适当分配包围照射至被熔材料和熔池表面的光能,以控制预热及熔池的形成。

(4)一体式熔覆装置将原来分离的激光头与送丝喷嘴集成为一体。无论在焦点位置还是在离焦位置,光、丝皆可精确耦合,克服了光外侧向送丝最为敏感的离焦误差问题,给工艺操作和调整带来极大便利。

### 4.3.4　丝粉同步式激光沉积

激光熔覆中随添加材料的类型不同,制备效果呈现出不同的特点。送粉式激光熔覆技术中添加的粉末对激光能量的吸收效率高,制备工艺简单,成形性好,容易实现自动化。但对粉末的质量要求较高,且粉末的利用率比较低,易于造成粉尘污染,直接造成制备成本的提高。添粉制备材料空隙率较大,致密度较差,不利于结构件的制备。而送丝式激光熔覆技术制备的材料致密度好,气孔率几乎为零,利于材料的性能提高及应用。采用送丝式可以节省材料,提高添加材料的利用率,从而降低成本。与添粉式相比,送丝式单道熔覆可以获得较大的厚度和宽度,提高了制备的效率,利于多层材料的制备。丝粉同步式激光沉积技术综合了两种方式的优势,添加与母材同质的焊丝可以减小基材的稀释率,降低由于内应力过高产生的裂纹倾向,焊丝的加入有利于增大熔覆层的面积,可以制备相对较厚的表面层,提高激光熔覆的沉积效率。尤其值得注意的是,丝粉同步式激光沉积可以同时根据服役环境的要求调节陶瓷颗粒增强相的比例,制备出颗粒增强相具有梯度分布的金属基复合材料。丝粉同步式激光沉积在复合材料构件的增材再制造和制造领域有良好应用前景。

德国的 Erhard Brandl 等在 2011 年研究了工艺参数对熔覆层的影响,

通过激光熔覆技术在钛合金表面添加与本身成分相同的焊丝进行实验,研究了工艺参数对表面层硬度的影响。通过调整不同的参数,获得了 71 组数据并把其中成形好的试样进行分析研究。每一道的横截面被分成不同的区域,表面层横截面分区如图 4.14 所示。研究结果表明:随着激光功率的增大,大量的母材熔入液态熔池中,导致柱状结晶区的硬度增大,而热影响区 $HAZ_{\beta}$、$HAZ_{(\alpha+\beta)1}$、$HAZ_{(\alpha+\beta)2}$ 的硬度没有明显的变化;随着送丝速率与焊接速度的比值 $K$ 增加,焊丝在表面层中的比例增大,导致柱状结晶区的硬度减小。实验表明,激光功率增大,热输入增加,熔池尺寸增大,热影响区大,液态金属的黏度减小,液态金属容易铺展,焊接速度变快恰好与激光功率增大相反。

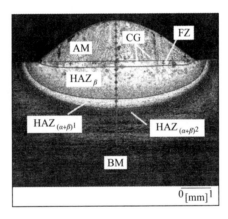

图 4.14　表面层横截面分区

英国曼彻斯特大学激光加工研究中心 Li Lin 课题组在 2006 年采用同轴送粉＋旁轴送丝组合的丝粉同步激光熔覆方式进行了实验。同轴送粉＋旁轴送丝激光熔覆示意图,如图 4.15 所示。实验采用 1.5 kW 的半导体激光器在 316 L 钢上进行了实验,并通过改变丝和粉的配合方式进行了多组实验,从表面粗糙度、沉积速率、孔隙度及显微组织方面进行了对比研究。研究结果表明,采用新组合后熔池的温度比单独使用粉或丝的方式提高了,这直接导致了沉积效率和表面光洁度的提高。英国曼彻斯特大学激光加工研究中心 Waheed Ul Haq Syed 等在 2007 年通过两种不同的添材方式研究了通过激光熔覆技术制备梯度材料的可能性。实验中一组采用 $\phi0.5$ mm 的 Ni 焊丝和 Cu 粉在 H13 表面进行丝粉同步激光沉积实验。丝粉同步添加实验无论是在高速还是在低速送丝的情况下,都会在液态熔池中发生金属的混合反应,在表面形成具有成分梯度的复合材料层。丝—粉组合在制备成形良好的复合材料层中表现出明显的优势。

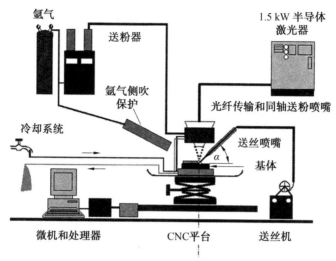

图 4.15 同轴送粉＋旁轴送丝激光熔覆示意图

英国伯明翰大学的 F.Wang 等采用的送料方式为同轴送粉＋旁轴送丝组合的丝粉同步激光熔覆方式进行实验。选用 TiC 粉末和 Ti6Al4V 丝材同步添加,通过调节 TiC 粉末的送入量制备出了 TiC 含量不同的表面复合材料层,研究了激光辐照对粉末和焊丝作用的情况。在复合材料层中发现了 $Ti_2C$ 的存在,证明 TiC 粉末发生了熔化,焊丝和粉末发生了冶金反应。研究表明粉末熔化的能量主要来自于液态熔池和激光辐照,而焊丝熔化的能量主要来自于激光辐照。当大量的粉末被送入激光辐照区域后,部分激光将被这些粉末屏蔽和反射,导致没有足够的激光功率去维持熔池的温度,覆层中有大量没有熔化的金属粉末。F.Wang 用同步添加 Ti25V15Cr2Al0.2C 合金粉末和 Ti6Al4V 焊丝的激光熔覆方式也制备出了复合材料层,证明了丝粉同步添加制备复合材料层的可行性与灵活性。

英国诺丁汉大学的 P.K.Farayibi 等在 2012 年采用从旁轴送进 Ti6Al4V 焊丝与 WC 粉末,在 Ti6Al4V 基材表面制备 Ti 基复合材料。实验结果显示,表面层没有气孔、裂纹及分层剥离等现象。基材表面的熔化量少,但与复合材料层有冶金结合。对表面复合材料层进行 XRD 分析显示,其中有 W、WC、TiC 和 $\beta-Ti$ 相存在。随着送粉速率的变化,表面复合材料层中相的组成没有发生变化,只是 $\beta-Ti/W$ 的比值随着送粉速率的增加(由 20 g/min 变化到 40 g/min)由 0.92 变到 0.45。研究认为,WC 颗粒被送入熔池后发生了熔化或者部分熔化,未发生熔化的 WC 颗粒则由于马兰格尼对流作用被送到了复合材料层边缘,强化了复合材料层的表面。熔化了的 WC 颗粒与 Ti 发生反应,生成 W 和 TiC 在表面层内部实现强化。在多道搭接的复合材料层的水平截面上,中间区域的 WC 颗粒很少,边缘分布有大量的 WC 颗粒。通过优化工艺参数制备出了如图 4.16 所示的桶状结构,内径为 66 mm,外径为 74 mm,高度为 70 mm,研究认为每次上移的高度是关键的参数之一,确定上移高度时要考虑到重熔补偿的问题。该构件可以作为轴套使用,加工制备比较灵活,减少了金属和复合材料的连接过程。

图 4.16 激光熔覆技术制备的 WC 颗粒增强钛基复合材料构件

通过同时添加多种材料的方式在基材表面制备梯度复合材料。在制备梯度复合材料层方面丝粉同步添加的方法具有明显的优势。哈尔滨工业大学李福泉等人研究了丝粉同步激光沉积制备钛基复合材料和铝基复合材料薄壁件。图 4.17 为采用铝合金丝材与 WC 陶瓷粉末同步沉积获得的激光沉积成形形态及其微观组织,可以发现陶瓷强化相颗粒分布于铝合金基体中。研究发现多层沉积过程中,为控制增材制造的热积累效应获得良好的成形形态,需要对不同层道的激光沉积参数进行调整匹配。

(a) 铝基复合材料件      (b) 微观组织

图 4.17 丝粉同步激光沉积制备的铝基复合材料件

# 4.4 激光清洗技术在激光再制造中的应用

表面清洗是激光再制造工程的一个重要环节。金属零部件表面经常附着油污、碎屑、涂层和氧化层等污染物,直接对其进行激光再制造易产生气孔、夹杂等缺陷,为保证激光再制造质量,激光再制造前期需要对金属零部件进行表面清洗。

## 4.4.1 激光清洗技术原理

激光清洗(Laser Irradiation 或 Laser Cleaning)技术是指利用高能量密度的脉冲激光去除材料表面颗粒、污垢和氧化层等污染物,以实现其表面洁净化的一种绿色高效表面清洁技术。该技术诞生于 19 世纪 80 年代,由 IBM 公司于 1988 年申请了世界上第一个激光清洗相关专利(EP0297506A)。与传统的机械清洗、化学清洗、超声清洗和高压水柱清洗等方法相比,该方法具有适用对象广、基体损伤小、清洗精度高、设备稳定性好、不污染环境、便于自动化控制等优点,可用于去除金属、无机非金属、聚合物等材料表面的颗粒、氧化物、油污等污染层,目前已被广泛用于飞机、船舶、文物、建筑物、微电子元件等领域的表面除漆、除锈、除垢、除油和微颗粒清洗。

激光清洗可分为干式激光清洗和湿式激光清洗。激光清洗方式示意图如图 4.18 所示,二者的区别在于被清洗表面是否有液膜覆盖。与湿式激光清洗法相比,干式激光清洗法采用脉冲激光直接辐照材料表面,不需要在被清洗材料表面加入液膜,工艺更简单,目前应用更广泛。

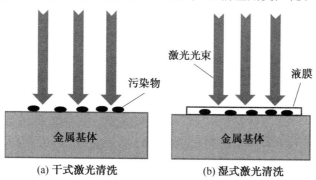

图 4.18 激光清洗方式示意图

手动/自动式激光清洗装置如图 4.19 所示,其主要由脉冲激光器、激光清洗头和六轴机器人 3 部分组成。激光器采用调 Q 方式输出脉冲宽度为 100 ns 的短脉冲激光;激光器与激光清洗头之间采用光纤连接,激光清洗头内部光路系统由准直镜、反光镜、扫描振镜和聚焦镜组成;激光清洗头可手持,进行手动清洗,也可通过连接装置固定在机器人上,实现自动清洗。

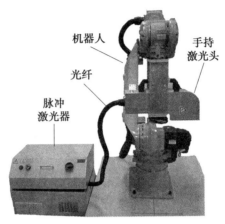

图 4.19　手动/自动式激光清洗装置

　　激光清洗工作原理示意图如图 4.20 所示,激光器产生的短脉冲激光经光纤传入激光清洗头内,经准直镜、反光镜和聚焦镜到达工件,形成圆形光斑;圆形光斑在扫描振镜作用下沿扫描方向高速移动形成线状光斑;线状光斑在机器人控制下沿清洗方向移动,从而实现不同金属表面不同区域的激光清洗。

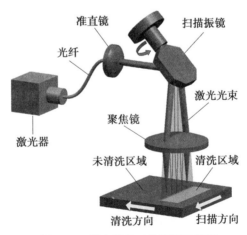

图 4.20　激光清洗工作原理示意图

激光清洗过程实际上是激光与材料相互作用的过程,高能量密度的脉冲激光辐照材料表面,使表面污染物产生膨胀、分解、熔化、蒸发、沸腾、相爆炸、离化等复杂的物理、化学效应,并最终脱离材料表面。因此,金属表面的激光清洗原理可用激光与金属材料和表面污染物相互作用机制描述,根据金属基体和表面污染物特性的不同,常用的激光清洗原理包括:

(1)热烧蚀机制。当表面污染物的熔沸点远低于金属基体时,以钢铁表面除漆为例,脉冲激光辐照产生的高能量瞬时聚集于金属表面,使其表面的低沸点(约为 110 ℃)、低燃点(约为 550 ℃)漆层发生剧烈汽化、燃烧,脱离钢铁表面,而高熔点钢铁基体(约为 1 500 ℃)由于脉冲激光持续时间极短,并未发生烧损。

(2)热膨胀机制。以湿式激光清洗为例,金属表面的液膜吸收高能量激光后,形成急剧膨胀的等离子体,形成冲击波,当液膜内污染物受到的冲击力超过其与金属基体的结合力时,污染物从金属表面分离。

(3)光振动机制。以金属表面去除微颗粒为例,高能脉冲激光光束辐照金属表面时,金属表层瞬间受热蒸发,形成等离子体冲击波,引起金属表面和微颗粒的高频振动,微颗粒在冲击振动过程中从金属表面脱落。

(4)光化学机制。以金属表面去除油脂为例,油脂吸收激光光子能量后发生光化学反应,油脂分子内部化学键被打断,并将分子碎片从金属表面移除。

## 4.4.2 激光清洗工艺

激光清洗是一个复杂的物理化学过程,材料在高能量、高频率、短脉冲激光辐照下发生固态、液态、气态和等离子态之间的相变,并伴随光能、热能和动能之间的传递。为保证激光清洗质量,需要对激光清洗工艺进行优化。

影响金属表面激光清洗质量的因素有很多,主要包括三大类:材料相关因素,如金属基体和表面污染物的熔沸点、热膨胀系数、可燃性、对激光吸收率等物理、化学、光学特性;激光相关因素,如激光波长、脉冲频率、脉冲宽度、激光光斑和能量(功率)密度等;工艺相关因素,如光斑搭接量、光斑移动速度、保护气种类和气流量等。激光清洗工艺的优化主要针对的是激光和工艺相关的参数。

(1)激光波长。激光波长主要影响材料对激光的吸收率,根据激光器工作介质的不同,激光波长范围为 325 nm～10.6 $\mu$m。北京工业大学季凌飞等人采用激光清洗去除 3M 金属正畸托槽底板的丙烯酸类黏结剂时发现,采用 1 064 nm 波长的红外光纤激光清洗时,由于热效应较大,托槽基底出现了图 4.21(b)所示的烧焦和碳化现象,清洗效果并不理想,而采用 248 nm 波长的 KrF 紫外准分子激光进行清洗时,产生的热效应很小,托槽基底并未出现明显损伤,清洗效果良好(图 4.21(c))。

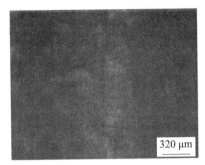

(a) 未清洗前　　　　　　　　　(b) 光纤激光清洗后

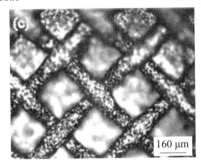

(c) KrF 激光清洗后

图 4.21　正畸托槽底板表面形貌

(2)脉冲宽度。激光的脉冲宽度通常用图 4.22 所示的半高宽度(Full Width at Half Maximum,FWHM)表示。激光清洗主要采用脉冲宽度为 1 ns~1 $\mu$s 的短脉冲激光或脉冲宽度小于 10 ps 的超短脉冲激光。短脉冲激光采用调 Q 技术实现,而超短脉冲激光则通过锁模技术实现。与短脉冲激光相比,超短脉冲激光的峰值功率更高,脉冲持续时间更短,用于金属表面激光清洗时,基体损伤更小、清洗质量更好、清洗精度更高,但清洗效率通常低于短脉冲激光,且设备成本更高。

短脉冲和超短脉冲激光与金属材料的作用机理存在明显差异。短脉冲激光辐照金属表面时,金属内部自由电子吸收光子能量,并有足够多的时间将能量传递给晶格,使电子与晶格系统达到热平衡,该过程可用傅里叶热传导模型描述;而超短脉冲激光由于脉冲持续时间极短,电子吸收的大量光能来不及转移给晶格,电子和晶格系统之间存在较高的温度差,无

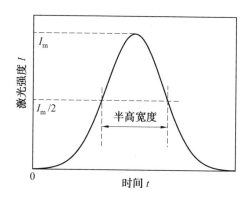

图 4.22　脉冲宽度示意图

法达到热平衡状态,此时的传热过程需采用双温模型描述。

(3)激光光斑。激光器输出的激光通常为图 4.23(a)所示的高斯光束(Gaussian Beam),其横截面激光能量的时空分布特征符合高斯分布。采用光束整形技术可将高斯光束转变为图 4.23(b)所示的圆形平顶光束(Flat-top Beam),使激光能量在圆形光斑内均匀分布。此外,通过柱透镜可将圆形光斑转变为图 4.23(c)所示的矩形光斑。

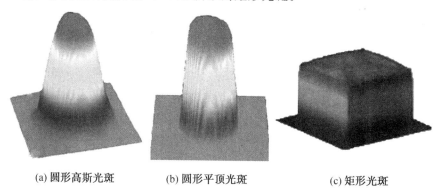

(a) 圆形高斯光斑　　　(b) 圆形平顶光斑　　　(c) 矩形光斑

图 4.23　激光能量时空分布特征

激光光斑的形状和能量分布直接影响激光的烧蚀形貌。以圆形高斯光束为例,采用单个脉冲的激光辐照铝合金表面将形成图 4.24 所示的钟罩形烧蚀坑,其截面轮廓曲线符合高斯分布,说明激光烧蚀形貌与激光能量分布相一致。

(4)激光能量密度。单个脉冲激光的能量密度 $I$ 与其峰值功率 $P_m$、脉冲宽度 $T$ 和光斑直径 $D$ 有关,可表示为

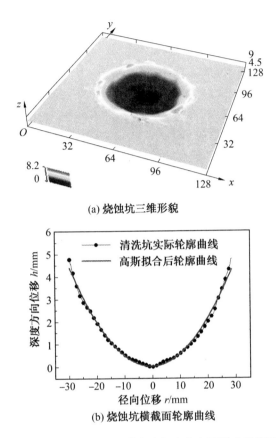

(a) 烧蚀坑三维形貌

(b) 烧蚀坑横截面轮廓曲线

图 4.24　单脉冲圆形高斯激光在铝合金表面形成的烧蚀坑

$$I = \frac{4P_m T}{\pi D^2} \qquad (4.1)$$

激光能量密度的大小直接决定了激光对材料的烧蚀程度。如图 4.25 所示,采用不同能量密度的单脉冲激光辐照铝合金表面时,随着激光能量密度的增大,烧蚀坑的外径由 34 $\mu m$ 增加至 80 $\mu m$,深度由 3.5 $\mu m$ 增加至 5.6 $\mu m$,说明激光烧蚀程度随激光能量密度的增大而增大。

金属表面的激光清洗存在两个能量密度阈值:清洗阈值(Cleaning Threshold)和损伤阈值(Damage Threshold)。清洗阈值和损伤阈值的大小由金属基体和表面污染物共同决定。只有激光能量密度高于清洗阈值时,激光光束才可有效去除金属表面的污染物,而当激光能量密度高于损伤阈值时,激光辐照在去除污染物的同时,也将显著损伤金属基体。因此,为避免金属基体的显著烧损,激光能量密度应介于两个阈值之间。

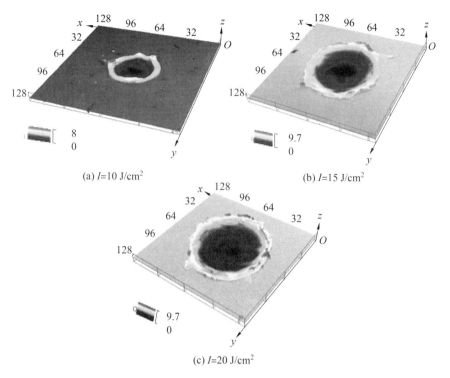

(a) $I=10$ J/cm$^2$　(b) $I=15$ J/cm$^2$

(c) $I=20$ J/cm$^2$

图 4.25　不同能量密度单脉冲激光在铝合金表面形成的烧蚀坑

（5）激光清洗速度。采用图 4.19 所示的设备进行激光清洗时，清洗过程可看作移动的点状激光光斑在材料表面的逐点辐照过程。激光清洗速度可分解为两部分：在扫描方向上，点光斑在扫描振镜作用下高速偏移形成线光斑的扫描速度；在清洗方向上，线光斑在机器人控制下在材料表面的移动速度。

激光点光斑的扫描速度和线光斑的移动速度共同决定了激光清洗的效率。激光清洗过程中，4 个空间相邻激光辐照点的分布存在图 4.26 所示的 4 种可能。图中，圆圈表示单个激光辐照点的清洗有效区域，$d$ 为清洗有效区域的直径，$\Delta x$ 和 $\Delta y$ 分别表示相邻激光辐照点在扫描方向和清洗方向的偏移量，$\Delta l$ 为对角激光辐照点的中心距。由图可知，与后两种情况相比，前两种情况均存在未被清洗的区域，不符合激光清洗的要求；若金属表面污染物的厚度可忽略不计时，图 4.26(c) 所示的情况对应的激光清洗效率最大，需调整扫描速度和移动速度使相邻 4 个激光清洗有效区域共交于一点，此时几何关系满足：$\Delta x = \Delta y = \dfrac{\sqrt{2}}{2d}$，$\Delta l = d$；当需要考虑金属表面污染物的厚度时,激光辐照点的分布则需满足图 4.26(d)所示的情况。

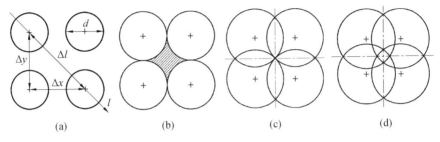

图 4.26 空间相邻 4 个激光辐照点的分布示意图

清洗速度对激光清洗质量也有很大影响。采用不同移动速度对铝合金表面进行激光清洗后的宏观形貌如图 4.27 所示。对比可知,清洗速度较大时,铝合金表面存在一些未被去除的小颗粒,表面清洁度较差;而清洗速度过小时,激光热作用不断累积,铝合金表面变暗,局部出现亮白色条纹,说明表面出现氧化和过烧现象。

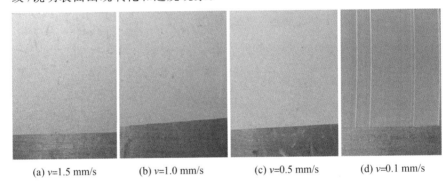

(a) $v$=1.5 mm/s    (b) $v$=1.0 mm/s    (c) $v$=0.5 mm/s    (d) $v$=0.1 mm/s

图 4.27 采用不同移动速度对铝合金表面进行激光清洗后的宏观形貌

### 4.4.3 激光清洗在激光再制造中的优势

金属表面常用的清洗方法主要有机械清洗、化学清洗、超声清洗和高压水柱清洗等,其中机械清洗法和化学清洗法应用最广。机械清洗法包括人工打磨、机械刮削、表面喷砂和喷丸抛丸等方法,具有操作简单、灵活多变的特点;化学清洗法主要采用酸液、碱液、有机溶剂或表面活性剂,可大面积去除金属表面的油污、氧化膜和金属镀层。

目前,激光再制造工程的表面清洗环节存在以下问题:

(1)传统金属表面清洗方法均存在一定的局限性。机械清洗法存在清洗质量较差、工作效率较低和工况环境恶劣等问题;化学清洗法工序复杂,易污染环境;超声清洗法和高压水柱清洗法则无法去除与金属表面结合强度较高的氧化膜和镀层等。因此,需要探索一种新的绿色高效表面清洗技术,使金属表面达到后续激光再制造环节需要的清洁程度。

(2)传统金属表面清洗方法对激光再制造技术的适用性较差。以铝合金零部件为例,机械清洗法难以彻底去除铝合金表面的氧化膜,导致激光再制造过程易产生气孔、夹杂等缺陷;化学清洗法虽然能有效去除氧化膜,但会增加表面对激光的反射率,降低激光再制造过程中激光能量的利用率;而超声清洗法和高压水柱清洗法不仅去除氧化膜效果较差,还会增加铝合金表面氢的来源,导致激光再制造零部件内出现氢气孔。因此,激光再制造工程的表面清洗环节不仅要考虑金属表面的清洁度,还需考虑金属表面的粗糙度、对激光的反射率等问题,使金属表面适用于后续的激光再制造环节。

激光清洗作为一种新型表面清洗技术,用于激光再制造前的表面清洗环节存在以下优势:

**1. 激光清洗适用性强**

等待激光再制造的金属零部件或装备表面,由于加工制造、储存运输和服役工况的不同,金属表面可能存在金属屑、磨屑、粉尘、油脂、树脂、镀层、漆料、氧化层和润滑冷却液等不同类型的污染物。有些污染物与金属表面结合较差,只需简单的手工打磨、机械切削等方法便可去除,有些则与金属表面结合极强,需要采用多种清洗方法才可彻底去除。传统的表面清洗方法往往只适用于一定的清洗对象或特定的清洗场合,而激光清洗的适用对象多,可清洗金属、无机非金属、聚合物等各种材料表面的颗粒、油污、漆层、氧化膜等各种污染物,而且激光清洗的适用领域广,可用于飞机表面除漆、钢铁件表面除锈、铝合金表面除氧化膜、铜合金表面除镀层等不同场合。

金属表面对激光的反射率高是激光再制造的一个难点。为降低反射率,可在金属表面涂覆活性剂,但该方法易引起焊缝夹杂和环境污染。降低反射率的另一种方法是提高金属表面的粗糙度,金属表面对激光的反射率 $R$ 与其表面粗糙度 $Sa$ 满足以下关系:

$$R = R_i e^{\left[-\left(\frac{4\pi Sa}{\lambda}\right)^2\right]} \tag{4.2}$$

式中,$R_i$ 为理想的金属光洁表面对激光的反射率;$\lambda$ 为激光波长。

由上式可知,金属表面粗糙度越大,其对激光的反射率越小。图 4.28 为在铝合金表面进行化学清洗(先用体积分数为 10% 的 NaOH 溶液碱洗,

再用体积分数为 $30\%$ 的 $HNO_3$ 溶液酸洗)和激光清洗得到的三维形貌,3 种表面的粗糙度 $Sa$ 值分别为 $0.8~\mu m$、$1.1~\mu m$ 和 $3.2~\mu m$。与化学清洗法相比,激光清洗提高铝合金表面粗糙度的效果更明显,能更大程度地降低铝合金表面对激光的反射率。

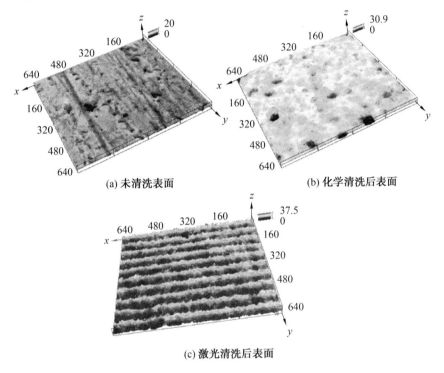

(a) 未清洗表面　　　　　　　　(b) 化学清洗后表面

(c) 激光清洗后表面

图 4.28　不同铝合金表面的三维形貌

　　激光清洗可降低金属表面对激光的反射率,提高表面对激光的吸收率,从而增加激光能量的利用率。因此,激光清洗后的金属表面更符合后续激光再制造的要求,将激光清洗作为激光再制造的前处理环节,具有很好的适用性。

**2. 激光清洗质量高**

　　激光清洗属于非接触式清洗方法,清洗过程不与被清洗面接触,不容易破坏金属基体材料,可实现金属表面的无损伤或少损伤清洗。而传统的机械清洗、化学清洗和高压水柱清洗等方法大都属于接触式清洗,很难避免砂轮、刮刀、酸碱溶液、高速射流等对金属基体的损伤。

　　脉冲激光具有能量密度高、热作用时间短、辐照区域小、基体损伤少等特点,可实现传统表面清洗方法无法实现的高精度清洗。当金属零部件表面存在较薄的氧化膜、镀膜或漆层时,传统清洗方法只能将膜层的去除量控制在亚毫米范围内,而采用飞秒激光进行清洗可将膜层的去除量精确到微米级,甚至纳米级。

以铝合金表面去除氧化膜为例,对比机械清洗法和激光清洗法的去除氧化膜效果。图 4.29 为未处理和经两种清洗方法得到的铝合金表面的扫描电子显微镜(Scanning Electron Microscope,SEM)形貌图,分别对图中方框所示区域进行能谱(EDS)面成分扫描,扫描结果见表 4.2。由于铝合金成分内不含氧元素,因此可用氧元素质量分数及原子数分数表示氧化膜去除效果,氧元素质量分数及原子数分数越低说明去除氧化膜效果越好。对比可知:与未清洗铝合金表面相比,机械刮削和激光清洗后铝合金表面的氧元素质量分数及原子数分数均显著下降,说明氧化膜均得到有效去除,但激光清洗后的氧元素质量分数及原子数分数更低,说明激光清洗法去除铝合金表面氧化膜效果更好。

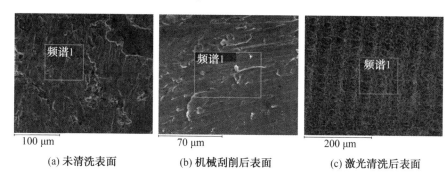

(a) 未清洗表面　　　　(b) 机械刮削后表面　　　　(c) 激光清洗后表面

图 4.29　不同铝合金表面的 SEM 形貌图

**表 4.2　不同表面的 EDS 面扫描结果**

| 表面 | O | | Al | | Zn | |
|------|------|------|------|------|------|------|
| | 质量分数/% | 原子数分数/% | 质量分数/% | 原子数分数/% | 质量分数/% | 原子数分数/% |
| 未清洗表面 | 16.54 | 25.05 | 83.46 | 74.95 | — | — |
| 机械刮削表面 | 5.68 | 9.30 | 92.70 | 90.05 | 1.62 | 0.65 |
| 激光清洗表面 | 2.44 | 4.08 | 96.25 | 95.38 | 1.31 | 0.54 |

**3. 激光清洗灵活性好**

激光具有很好的加工柔性,在机器人的控制下可实现各个方向的平移、旋转等运动,能灵活实现零部件平面和复杂曲面的激光清洗。而传统的表面清洗方法很难实现复杂曲面的清洗。

采用光纤传输激光时,还可实现金属表面的远距离、大面积激光清洗。激光清洗设备体积较小,易于运输,可实现金属零部件的可移动式激光清洗,作为前处理环节,可用于战场抢修、随军保障、野外作业等激光再制造场合。

以焊接坡口的激光清洗为例(图4.30)。对于V形坡口的钝边面和坡口面,待清洗平面可水平、竖直或倾斜放置,激光清洗时只需通过机器人调整激光光束的空间位置,使其线光斑沿A→D方向进行移动。对于U形坡口的坡口曲面,线光斑的清洗方向为A→B→C→D,清洗过程中激光光束空间位置随曲面辐照区域发生变化。

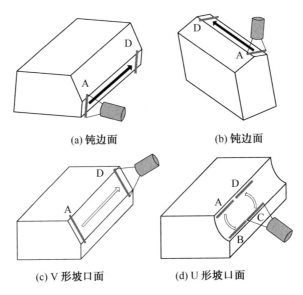

(a) 钝边面    (b) 钝边面

(c) V形坡口面    (d) U形坡口面

图4.30 不同焊接坡口的激光清洗过程示意图

此外,激光清洗还具有清洗效率较高、运行成本较低、绿色环保等优点。激光清洗设备进行长时间的连续清洗工作,可实现金属零部件的批量化和大规模化表面清洗。激光清洗过程,不产生有毒气体和噪音,对环境和人体危害极小。虽然目前激光清洗设备的价格还较高,但设备稳定性好,可长期使用,不需购买化学药剂和清洗液,清洗过程需要的人力、物力较少,运行成本相对较低。

## 4.4.4 激光清洗在激光再制造中的典型应用

**1. 金属表面除漆**

为防止金属表面被腐蚀、氧化，提高金属装备的美观性，或使其表面具有隐身、导电、防污、润滑、抗高温、耐磨损、超疏水等功能，常在金属表面涂覆油脂、油漆、涂料、镀膜等保护层、装饰层或功能性涂层。

对金属零部件进行激光再制造前，需要先去除金属表面的涂层，以防止在激光再制造过程中产生气孔、夹杂等缺陷。与金属材料相比，油漆、油脂等表面涂层的沸点和燃点较低，短脉冲激光可通过高温烧蚀、等离子体冲击、光化学分解等作用将其从金属表面瞬间去除，且不损伤金属基体。

激光清洗除漆还具有清洗质量好、清洗效率高、灵活性强等优点。以飞机表面除漆为例，由于飞机表面为大尺寸的复杂曲面，因此采用传统的机械清洗、化学清洗等方法除漆难度很大。而激光清洗技术可通过光纤远距离传输激光、机器人精确控制清洗轨迹便可批量化实现飞机表面漆层的彻底除掉，且不会损伤到金属基体。目前，激光清洗已在飞机表面除漆领域实现工业化应用，激光清洗除漆的效率可达到 36 $m^2$/h(漆厚 1 mm)，采用多个激光清洗设备同时工作，在两天之内便可完成波音 737、空客 A320 等飞机表面的除漆作业。

**2. 金属表面除锈**

钢铁、铜合金、青铜等金属零部件长期暴露在空气中会和空气发生氧化反应，在表面生成铁锈、铜锈等氧化物。对生锈的金属零部件进行激光再制造前，需要先进行表面除锈。采用刮刀、钢刷、砂纸、砂轮等工具进行人工除锈的效率极低，且耗时耗力；而机械刨磨、车削等方法很难用于复杂曲面、大型零部件的除锈；喷砂、喷丸、抛丸等除锈方法工况环境恶劣，除锈不均匀，无法用于精密零部件的除锈；利用酸液、除锈剂等化学方法清洗铁锈易造成环境污染。

由于锈层内部疏松，与金属基体结合性较差，因此激光清洗时的冲击波效应和光振动效应具有很好的除锈效果。图 4.31 所示为钢铁件表面局部激光清洗除漆后的形貌。钢铁表面红褐色铁锈被激光清洗后呈现光亮洁净表面，边缘整齐规则，说明激光清洗除锈效果良好。

**3. 金属表面除氧化膜**

铝合金、钛合金、镁合金等金属化学性质活泼，在自然条件下表面易与空气中的氧气发生化学反应，生成一层致密的氧化膜。钨、镍等金属在锻造、轧制等热加工状态下表面也可能产生氧化膜。表面氧化膜的熔点显著

图 4.31　钢铁件表面局部激光清洗除漆后的形貌

高于金属基体,氧化膜的存在会阻碍激光能量的传递,造成激光再制造过程的不稳定,还可能引起气孔、夹杂等缺陷。因此,激光再制造前需要去除金属表面的氧化膜。

氧化膜厚度极小,如铝合金表面氧化膜厚度只有几纳米到几十纳米,传统机械清洗方法很容易损伤金属基体。氧化膜与金属基体的结合性很好,超声清洗、高压水柱清洗等方法很难去除氧化膜,而化学清洗虽然去除氧化膜效果良好,但易造成环境污染。采用激光清洗去除金属表面的氧化膜具有特殊优势,脉冲激光的极高峰值能量能够实现高熔点氧化膜的快速烧蚀,极短的脉冲持续时间有利于减少金属基体的热损伤,脉冲激光的热膨胀效应、冲击波效应和热振动效应则有助于氧化膜和基体之间的分离。

对于氧化膜熔点高于基体,且导热性较好的金属,如铝合金、钛合金、镁合金,氧化膜极薄,脉冲激光烧蚀氧化膜的同时,能量会迅速传递到金属基体,导致金属基体发生局部烧损。因此,激光清洗这类金属表面的氧化膜时,很难实现金属基体的零损伤。为减小金属基体的损伤,在保证激光清洗效果的前提下,应尽量采用较低的激光能量密度和较大的清洗速度。采用不同激光清洗速度得到的铝合金表面 SEM 形貌图如图 4.32 所示,对比可发现:激光清洗速度较大时,铝合金基体烧蚀量较低,而激光清洗速度过小时,脉冲激光的线能量过高导致铝合金表面出现过烧,局部出现了深度较大的烧蚀坑。

对于氧化膜熔点低于基体的金属,如金属钨及其合金的熔点约为 3 410 ℃,而且表面氧化膜熔点和沸点仅 1 473 ℃和 1 837 ℃。激光清洗这类金属表面膜时,合理选择脉冲激光的能量密度,可以在实现氧化膜彻底去除的同时,几乎不损伤金属基体。图 4.33 为印度巴巴原子能研究中心 Kumar. A 等人对钨丝表面进行激光清洗后的 SEM 形貌。图 4.33 中,

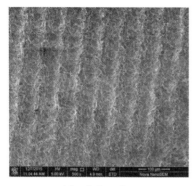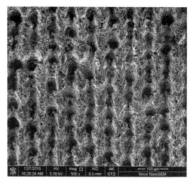

(a) v=0.5 mm/s          (b) v=0.1 mm/s

图 4.32　采用不同激光清洗速度得到的铝合金表面 SEM 形貌图

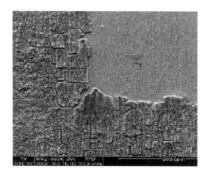

图 4.33　对钨丝表面进行局部激光清洗后的 SEM 形貌

激光直接辐照区域内的氧化膜被全部去除,钨基体未被激光烧损,而其周围区域的氧化膜破裂成许多细小的碎片。由此可见,激光清洗去除钨丝表面氧化膜效果良好。英国曼彻斯特大学 Li Lin 等人在激光焊接 5302 铝合金前,采用脉宽 100 ns 的 Nd:YAG 激光器对铝合金表面的氧化膜进行激光清洗(图 4.34),得到了成形良好的焊缝,而焊前未预处理得到焊缝的内部出现了大量气孔和裂纹缺陷,由此说明激光清洗去除铝合金氧化膜效果良好,可用于激光焊接铝合金前的表面预处理。

目前,激光再制造行业正朝着高效化、智能化、绿色化和经济化的方向发展,激光清洗作为一种绿色高效的新型表面清洗方法,用于激光再制造前期的表面清洗环节,符合激光再制造发展的方向。虽然激光清洗在当前激光再制造领域的应用还较少,但随着激光技术的不断完善、激光性能的不断提升和激光器价格的不断下降,激光清洗技术在激光再制造中具有广阔的应用前景。

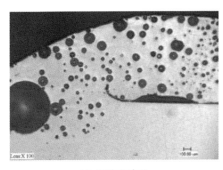 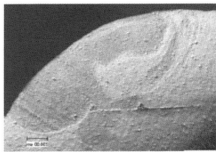

(a) 焊前未清洗　　　　　　　　　　(b) 焊前激光清洗

图 4.34　不同焊前预处理得到的焊缝形貌

# 本章参考文献

［1］TOYSERKANI E,KHAJEPOUR A,CORBIN S. Laser clading［M］. America：CRC PRESS,2005：26.

［2］田美玲.光内送粉多道搭接多层堆积实体成形及温度场模拟研究［D］. 苏州：苏州大学,2014.

［3］王晨.基于光内送粉激光熔覆扭曲薄壁件的成形研究［D］.苏州：苏州 大学,2012.

［4］姜付兵,石世宏,石拓,等.基于光内送粉技术的激光加工机器人曲面 熔覆实验研究［J］.中国激光,2015,42(8)：106-112.

［5］李洪远.激光光内同轴送丝熔覆快速制造技术研究［D］.苏州：苏州大 学,2012.

［6］孙进.侧向送丝激光熔覆成形技术的工艺研究及其数值模拟［D］.广 州：华南理工大学,2012.

［7］李凯斌,李东,刘东宇,等.光纤激光送丝熔覆修复工艺研究［J］.中国 激光,2014,41(11)：76-81.

［8］梁朝罡,邓琦林.激光熔覆制造致密金属零件送料方式的分析和比较 ［J］.电加工与模具,2003,5：26-28.

［9］SYED W U H,PINJERTON A J,LI L. A comparative study of wire feeding and powder feeding in direct diode laser deposition for rapid prototyping［J］. Applied Surface Science,2005,247(1)：268-276.

［10］SYED W U H,LI L. Effects of wire feeding direction and location in multiple layer diode laser direct metal deposition[J]. Applied Surface Science,2005,248(1): 518-524.

[11] ABIOYE T E,FOLKES J,CLARE A T. A parametric study of Inconel 625 wire laser deposition[J]. Journal of Materials Processing Technology,2013,213(12): 2145-2151.

[12] SUI HIM MOK,GUIJUN BI,JANET FOLKES,et al. Deposition of Ti—6Al—4V using a high power diode laser and wire,Part I: Investigation on the process characteristics[J]. Surface and Coatings Technology,2008,202: 3933-3939.

[13] MOURES F. Optimisation of refractory coatings realised with cored wire addition using a high-power diode laser[J]. Surface and Coatings Technology,2008,202: 3933-3939.

[14] KIM J D,YUN Peng. Plunging method for Nd: YAG laser cladding with wire feeding[J]. Optics and Lasers in Engineering, 2000, 33 (4): 299-309.

[15] KIM J D,YUN Peng. Melt pool shape and dilution of laser cladding with wire feeding[J]. Journal of Materials Processing Technology, 2000,104(3): 284-293.

[16] HUSSEIN N I S,SEGAL J,PASHBY I R,et al. Microstructure formation in Waspaloy multilayer builds following direct metal deposition with laser and wire[J]. Materials Science and Engineering A, 2008,497(1):260-269.

[17] BRANDL E,MICHAILOV V,VIEHWEGER B,et al. Deposition of Ti—6Al—4V using laser and wire,part Ⅱ: hardness and dimensions of single beads[J]. Surface and Coatings Technology,2011,206(6): 1130-1141.

[18] SYED W U H,PINKERTON A J,LIU Z,et al. Single-step laser deposition of functionally coating by dual ' Wire — Powder ' or 'Powder—Powder' feeding—a comparative study[J]. Applied Surface Science,2007,253(19): 7926-7931.

[19] SYED W U H,PINKERTON A J,LIU Z,et al. Coincident wire and powder deposition by laser to form compositionally graded material [J]. Surface and Coatings Technology,2007,201(16): 7083-7091.

[20] WANG F,MEI J,JIANG H,et al. Laser fabrication of Ti—6Al—

4V/TiC composites using simultaneous powder and wire feed[J].
Materials Science and Engineering A,2007,445(6)：461-466.

[21] WANG F,MEI J,WU X. Microstructure study of direct laser fabricated Ti alloys using powder and wire[J]. Applied Surface Science,
2006,253(3)：1424-1430.

[22] FARAYIBI P K,FOLKES J A,CLARE A T. Laser deposition of Ti
－6Al－4V wire with WC powder for functionally graded components[J]. Materials and Manufacturing Processes,2013,28(5)：514-
518.

[23] 李福泉,高振增,李俐群,等. TC4 表面丝粉同步激光熔覆制备复合材
料层微观组织及性能[J]. 稀有金属材料与工程,2017,46(1)：177-
182.

[24] LI Fuquan,GAO Zhenzeng,ZHANG Yang,et al. Alloying effect of
titanium on WC$_p$/Al composite fabricated by coincident wire-powder laser deposition[J]. Materials & Design,2016,93(3)：370-378.

[25] 施曙东,李伟,易三铭,等. 从激光清洗专利看激光清洗技术的发展
[J]. 清洗世界,2009,25(9)：26-33.

[26] 宋峰,刘淑静,牛孔贞,等. 激光清洗原理与应用研究[J]. 清洗世界,
2005,21(1)：1-6.

[27] 凌晨,季凌飞,李秋瑞,等. 正畸托槽底板残余黏结剂的激光清洗技术
研究[J]. 应用激光,2013,33(1)：40-43.

[28] LI R,YUE J,SHAO X,et al. A study of thick plate ultra-narrow-
gap multi-pass multi-layer laser welding technology combined with
laser cleaning[J]. International Journal of Advanced Manufacturing
Technology,2015,81(1-4)：113-127.

[29] KUMAR A,BHATT R B,BRHERE P G,et al. Laser-assisted surface cleaning of metallic components[J]. Pramana,2014,82(2)：
237-242.

[30] ALSHAER A W,LI L,MISTRY A. The effects of short pulse laser
surface cleaning on porosity formation and reduction in laser welding of aluminium alloy for automotive component manufacture[J].
Optics & Laser Technology,2014,64(4)：162-171.

# 第5章 激光增材再制造成形组织与缺陷控制

由于激光增材再制造成形中光束高能量密度、熔池极短的加热冷却过程、激光与材料作用面积小等特点,激光增材再制造成形熔池的加热和冷却速率都远远大于传统铸造、焊接过程。因此,激光增材再制造成形是一个更加不平衡和不充分的冶金过程;决定了液态熔池形成非平衡快速凝固的组织特征,导致最终凝固组织区别于传统铸造、焊接等组织,在晶粒尺寸、元素偏析程度、过渡层元素分布、气孔裂纹分布形式等方面均呈现出独特特征。

## 5.1 激光增材再制造成形金属的组织特征

激光增材再制造本质上就是叠层激光沉积(熔覆)。对于此过程来说,沉积材料成分决定了激光熔池内冶金反应元素的种类,即决定了沉积层的相组成。激光沉积工艺参数则决定了沉积材料的熔化和结晶特性。在激光沉积的过程中,加热和冷却速率极快(冷却速率在 $10^5 \sim 10^6$ K/s),沉积材料的熔化和凝固将偏离平衡状态。沉积层的结晶是在高冷速、大过冷的条件下进行的,因此,激光沉积层的一般组织特征是:组织细小,形成过饱和固溶体,甚至出现亚稳相和非晶相等。

沉积层一般分为熔覆区、基体结合区(过渡区)和热影响区 3 个区域。在不同的材料体系和工艺参数下,熔池结晶的形态是各不相同的,如平面晶、胞状树枝晶、树枝晶和柱状晶等。而且在同一激光熔池内,由于受结晶前沿液相成分和结晶参数变化的影响,沉积层组织特征也发生变化,随着沉积层与基体结合界面距离的增加,沉积层枝晶特征尺寸随之减小,即组织不均匀;同一高度下,不同部位的特征尺寸变化不大,即组织均匀。

激光加热熔池中存在对流,该区金属原子的迁移距离大,构成完全熔化区即熔覆区。在接近基体交界部位,对流搅拌作用较弱,金属原子的扩散距离短,大部分原子基本上仍留在原来固态晶体中的位置,此部位为不完全熔化区。熔池中凝固前沿的温度梯度与凝固速率之比决定了合金熔池中凝固前沿的成分过冷度。激光熔覆由于加热和冷却速率极快,在熔覆层和基材界面处的温度梯度最大,但此时熔池中的凝固速率最小,所以熔池金属以平面晶方式长大,形成一层很薄平面晶区,在光学显微镜下观察,看到一条很窄的白亮带;随着液固界面的推移,熔池中温度梯度逐渐减小,结晶速率逐渐增大,形成胞状晶;由于金属结晶是有选择的结晶,在结晶区前沿液相中产生成分过冷,结晶形态由胞状晶变为树枝晶。晶体生长的方向和散热的方向相反,在熔池底部,主要是通过未熔化的基体材料导热,故熔池底部结晶的方向一般垂直于熔合线;金属结晶在熔池中是择优生长的,即沿着温度梯度方向,以最快生长速度的晶轴方向长大。当其他方向的晶粒长大到一定程度后,就会遇到择优生长的晶粒阻碍而不能继续长大,只剩下晶轴垂直于界面、沿择优方向生长的晶粒能继续定向地向液体金属长大,从而获得定向凝固的柱状枝晶组织。随着液固界面的不断推进,液相中温度梯度不断降低,结晶速率越来越快,树枝晶在逐渐细化;在熔池上部,由于熔池中散热条件改变,既可以通过基体传导散热,又可以通过周围空气介质辐射和对流散热,此时熔池中成分过冷度很大,熔池处于深过冷状态,提高形核率,因此结晶晶粒更加细小。

## 5.1.1　单道成形组织

　　单道激光熔覆层是激光增材再制造成形结构的基本单元,激光面搭接成形和堆积成形均是以单道熔覆层逐道搭接、逐层叠加实现的,因此,单道熔覆层的内部组织特征直接决定着激光增材再制造成形结构的整体属性。

　　中锰铁基合金单道激光熔覆层的横截面形貌如图 5.1 所示,由图 5.1 可知,中锰铁基合金单道激光熔覆层呈现凸起形貌,涂层中未发现气孔、裂纹和夹杂等冶金缺陷,涂层组织致密。单道激光熔覆层的宽度大约为 2.5 mm,高度约为 0.5 mm。

图 5.1　中锰铁基合金单道激光熔覆层的横截面形貌

中锰铁基合金单道激光熔覆层显微组织照片如图 5.2 所示。由

图 5.2(a)可见,在熔覆层与基体界面处形成了约 1 μm 厚的"白亮带",它是以平面晶的生长形态沿热流方向生长出来的,"白亮带"的形成使得基体和熔覆层之间形成良好的冶金结合。在靠近熔池底部为垂直于界面生长的胞状晶和柱状晶;在熔覆层的中部为具有方向性的枝晶生长区,如图5.2(b)所示;在熔覆层的上部为等轴晶生长区,如图 5.2(c)所示。由熔覆层的组织观察可知,在熔覆层底部为平面晶,在熔覆层底部和中部存在具有方向性(由底部向顶部)生长的柱状晶和树枝晶,顶部的组织为等轴晶。这种现象可通过成分过冷理论来解释。

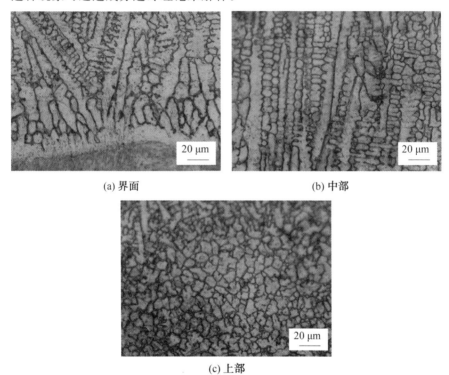

(a) 界面      (b) 中部

(c) 上部

图 5.2 中锰铁基合金单道激光熔覆层显微组织照片

由金属凝固理论可知,金属晶体的生长形态与结晶过程中固液界面前沿液体中的成分过冷有关。但成分过冷的概念是在凝固液体中只有扩散而无对流或搅拌的条件下提出的。由于在激光熔池中存在着强烈的对流运动,成分过冷理论不能够直接用于分析激光熔池的凝固过程。为此,董世运等提出了"熔体凝固边界层"的概念。在激光熔池凝固过程中,虽然激光熔池中存在强烈的对流运动,但在固液界面前沿存在一薄层区,该薄层区即为"熔体凝固边界层"。"熔体凝固边界层"概念提出的依据是液态金属的黏度随温度的降低而增大。金属凝固过程中,固液界面具有液相线的温度,其前沿熔体温度十分接近液相线温度。因此,凝固界面前沿熔体的黏度很大,这些熔体的流动需要较大的剪切力,同时固液界面前沿的熔体与已凝固的固相间具有较大的吸附力,这就是"熔体凝固边界层"存在的原因。有了"熔体凝固边界层"概念,就可以应用传统的成分过冷现象来解释激光熔覆层的结晶过程及组织特征。

产生成分过冷的条件是:界面液相一侧温度梯度必须小于熔体中液相线变化曲线在界面处的斜率(由于合金液相线温度随成分而变化,故界面前方溶质分布不均必将引起熔体各部分液相线温度的不同)。固液界面前方熔体液相线温度变化曲线可表示为

$$T_L(x) = T_0 + m_L C_0 \left[ 1 + \frac{1-k_0}{k_0} e^{-\frac{v}{D_L}x} \right] \tag{5.1}$$

该曲线在凝固界面处的斜率为

$$\left. \frac{dT_L(x)}{dx} \right|_{x=0} = -\frac{m_L C_0 (1-k_0)}{D_L k_0} v \tag{5.2}$$

所以,产生成分过冷条件可以表示为

$$\frac{G}{v} < \frac{m_L C_0 (k-1)}{D_L k} \tag{5.3}$$

式中,$T_0$ 为纯金属熔点;$m_L$ 为液相线斜率;$C_0$ 为合金原始成分,为溶质再分配系数;$k_0$ 为溶质原子液相扩散系数;$x$ 为以界面为原点沿其法线方向伸向熔体的纵坐标。

根据快速凝固理论,快速凝固形成的组织形态主要取决于温度梯度($G$)和凝固速率($R$),尤其是取决于二者的比值即参数 $G/R$。在激光熔覆过程中,热量的散失主要通过基体和周围环境。熔覆层组织结晶形态变化示意图如图 5.3 所示。凝固刚开始时,由于熔池与基体保持接触,基体与熔池的界面处熔体的凝固速率几乎为零,此时 $G/R$ 的值非常高(图 5.3 中高 $G/R$ 比值区),因此凝固开始时易形成平面晶。随着固液界面向熔液内部的推进和热量的累积,凝固速率快速增加,温度梯度降低,此时 $G/R$ 的值降低(图 5.3 中低 $G/R$ 比值区),从而导致胞状晶的形成。紧接着,胞状晶形成后熔覆层中出现树枝晶,树枝晶的区域相对较宽。胞状晶、树枝晶的生长均倾向于垂直于结合界面,这与热量的散失主要通过基体及垂直于结合界面方向的温度梯度和热流密度最大有关。还观察到,接近熔覆层顶部,树枝晶变得稍细且方向性不明显。这可能是由于此处熔覆层热量的散

失主要是通过周围环境造成的。

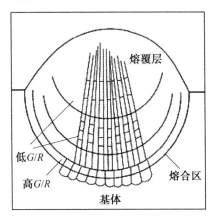

图 5.3  熔覆层结晶形态变化示意图

结合图 5.2 激光熔覆层组织形貌,可见在熔覆层和基体的界面处,温度梯度最大,凝固速率最小,所以成分过冷很小,此时晶体呈平面晶生长,从而形成"白亮带",如图 5.2(a)所示。随着结晶过程向涂层内部推进,固液界面前沿温度梯度减小,凝固速率 $R$ 逐渐增加,$G/R$ 逐渐减小,成分过冷逐渐增大,界面生长方式由平面晶逐渐过渡到胞状晶,当继续减小时,界面将以典型的树枝晶方式生长,如图 5.2(b)所示。随着 $G/R$ 的继续减小,界面前方熔体内成分过冷进一步加大,这时成分过冷度将大于熔体中均匀形核所需过冷度,在凝固界面以树枝晶方式生长的同时,界面前方熔体内发生新的形核,晶体在过冷熔体中自由生长而形成各向异性的等轴晶,如图 5.2(c)所示。

在 18Cr2Ni4WA 钢基体上成形的 Fe90 合金熔覆层截面显微组织如图 5.4 所示。

由图 5.4(a)可见,在熔覆层底部,熔覆层与基体形成良好的冶金结合,在结合界面处发生了一个清晰的组织转变,熔覆层与基体之间存在一层薄薄的平面晶过渡组织,随后熔覆层底部的柱状晶沿基体呈外延式生长,生长方向为逆向于热流方向向熔覆层内部延伸,随着生长距离的增加晶体粒度发生渐变,由单一粗大的柱状晶向相对细小的交叉树枝晶转变;在熔覆层中部,如图 5.4(b)所示,熔覆层主要由具有一定结晶取向的交叉树枝晶和更加细小的等轴晶组成;而在熔覆层顶部,组织则主要是由更加致密细小的等轴晶组成,如图 5.4(c)所示。纵观熔覆层从底部到顶部的组织变化,可看到熔覆层整体组织变化过渡均匀,组织相对致密细小,无异常

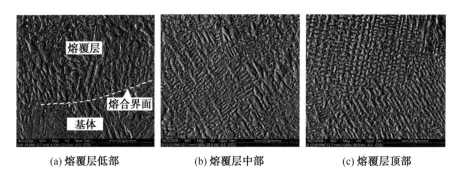

(a) 熔覆层低部　　　　　(b) 熔覆层中部　　　　　(c) 熔覆层顶部

图 5.4　Fe90 合金熔覆层截面显微组织

粗大或贯穿整个结晶区的晶体组织,由霍尔－佩奇关系式得

$$\delta_s = \delta_0 + \frac{1}{2} K d^{-\frac{1}{2}} \tag{5.4}$$

可知,熔覆层细小晶粒有利于提高熔覆层的延性和韧性,又有利于提高其强度。同时,熔覆层内部无微裂纹、气孔等缺陷,显现出良好的激光熔覆定向凝固组织特征和优异的成形质量。

Fe90 合金粉末激光熔覆层 XRD 图谱如图 5.5 所示,可见熔覆层相组成主要是原子数之比为 19∶1 的 Fe、Cr 马氏体组织,并存在少量 Fe、Cr、Mo 固溶体和 CrFeB、FeB 间隙化合物。马氏体的硬质相存在,同时 CrFeB、FeB 间隙化合物具有较高的硬度,这有利于提高熔覆层的耐磨性,而弥散分布的 Mo 元素由于具有减少网状化合物形成、降低熔覆层脆性的特点,因此可以减小熔覆层的开裂敏感性,对防止裂纹萌生起到积极作用。

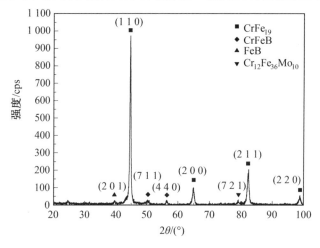

图 5.5　Fe90 合金粉末激光熔覆层 XRD 图谱

图 5.6 所示为在 HT250 基体上成形的 NiCu 合金单道熔覆层横截面显微组织形貌,由图 5.6(a)可见熔覆层与 HT250 基体形成良好的冶金结合,从基体组织变化来看,由于采用低功率成形,基体仅熔化较薄的一层,故基体热影响区范围较小,同时在结合界面处形成明显的白口组织。图 5.6(b)～(d)依次展现了熔覆层由底至顶的组织变化规律,即由底部垂直生长的粗大树枝晶逐渐变化到顶部的细小致密的交叉树枝晶,体现了典型的定向凝固组织特征。

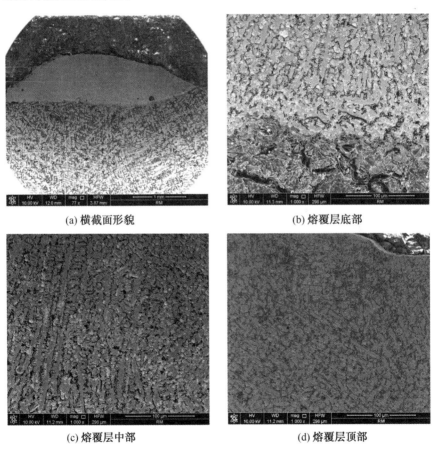

(a) 横截面形貌  (b) 熔覆层底部

(c) 熔覆层中部  (d) 熔覆层顶部

图 5.6 在 HT250 基体上成形的 NiCu 合金单道熔覆层横截面显微组织形貌

基体预热温度 30 ℃ 和 500 ℃ 成形的 NiCu 合金单道激光熔覆层显微组织分别如图 5.7 和图 5.8 所示。由图可知,在两种不同基体预热温度条件下成形的 NiCu 合金熔覆层结合界面处均出现了白口组织,基体预热温度为 30 ℃ 和 500 ℃ 时熔覆层白口组织宽度分别为 40 $\mu$m 和 50 $\mu$m。基体预热温度为 30 ℃的熔覆层白口组织沿界面连续分布,而基体预热温度为 500 ℃的熔覆层白口组织则呈现断续分布状,可见提高基体预热温度虽然也会出现白口组织,但避免了连续白口出现,从而有利于降低界面脆性,抑制熔覆层结合界面开裂倾向。由图 5.7(b)和图 5.8(b)可见,半熔化区的组织为白色片状的 $Fe_3C$、层片极细小致密的屈氏体组织和片状石墨组织。

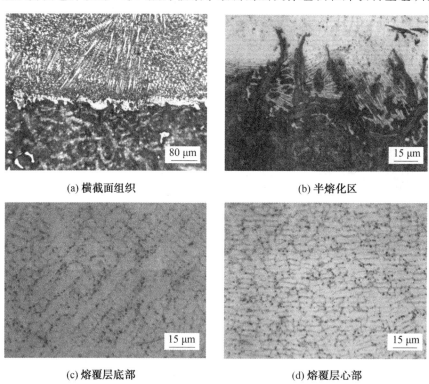

(a) 横截面组织　　　　　　　　　　　　　　(b) 半熔化区

(c) 熔覆层底部　　　　　　　　　　　　　　(d) 熔覆层心部

图 5.7　NiCu 合金激光熔覆层显微组织(基体预热温度 30 ℃)

其中,处于近熔池一端的石墨片已部分熔化,分解的小石墨片甚至随熔池对流运动漂移至熔池内部(图 5.7(b)),图 5.8(b)中半熔化区呈现更清晰的分解特征,近熔池一端呈现脱离基体状态,而熔池内部 Ni、Cu 等元素渗入基体分解的空隙,形成石墨、$Fe_3C$、基体淬硬组织和 NiCu 固溶体等组织互相融合的组织特征。观察熔覆层组织,由图 5.7(c)和图 5.8(c)可见,在底部熔覆层主要以相对粗大的树枝状枝晶为主,枝晶一次晶轴较长,有明显的二次晶轴枝晶,一次晶轴生长方向垂直于底部界面,与温度梯度方向相反,在二次枝晶间隙分布着最后凝固组织和黑色点状金属化合物。而在熔覆层心部,组织则出现差异,由图 5.7(d)可见,熔覆层组织主要以细小密布的胞状晶为主,少量分布着细小树枝晶,枝晶一次晶轴与二次晶轴长度接近。而由图 5.8(d)可见,主要以框架状枝晶为主,枝晶一次晶轴短,二次晶轴不明显,枝晶无规则排列。当基体预热温度为 30 ℃时,熔覆层凝固过冷度较大,导致框架状枝晶骨架间隙较小,间隙内分布着后凝固的网状组织和黑色点状金属化合物(图 5.7(d));而当基体预热温度为500 ℃时,熔覆层凝固过冷度减小,框架状枝晶骨架间隙变大,间隙内组织为数量增多的白色片状后凝固组织和黑色细片状金属化合物(图 5.8(d))。

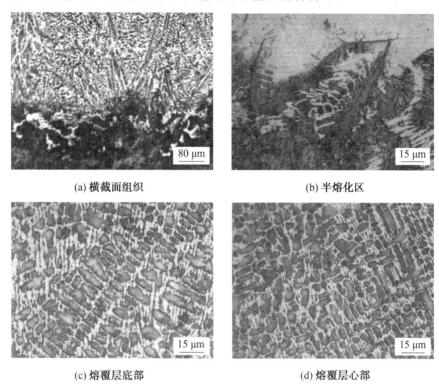

(a) 横截面组织　　　　　　　　　　(b) 半熔化区

(c) 熔覆层底部　　　　　　　　　　(d) 熔覆层心部

图 5.8　NiCu 合金单道激光熔覆层显微组织(基体预热温度 500 ℃)

由组织特征可见,基体预热温度为 30 ℃的熔覆层半熔化区和熔覆区晶粒尺寸相对于基体预热温度为 500 ℃的熔覆层小。产生这种晶体形式是不同基体温度的熔覆层凝固过程中的过冷度差异导致的,过冷度取决于熔覆层的冷却速率,冷却速率越大,过冷度越大,晶粒越细小。对于熔池凝固过程中的冷却速率的计算,由于激光在成形过程中的快速移动特性,因此,可采用快速移动热源的传热公式

$$T(r_0,t) = \frac{q}{2\pi\lambda vt}e^{-\frac{r_0^2}{4at}} \tag{5.5}$$

式中，$r_0$ 为熔覆层内某点距熔化边界的垂直距离；$q/v$ 为激光熔覆线能量；$t$ 为冷却时间；$\lambda$、$\alpha$ 为系数。

当 $r_0 = 0$ 时，此处为熔覆层内，将式（5.5）对 $t$ 进行微分，即得

$$\frac{dT}{dt} = -\frac{q}{2\pi\lambda vt^2} \tag{5.6}$$

将 $r_0 = 0$ 时的式（5.5）代入式（5.6）得出熔覆层凝固时的冷却速率为

$$\omega = \frac{dT}{dt} = -2\pi\lambda v\frac{(T - T_0)^2}{q} \tag{5.7}$$

式中，$T$ 为熔池温度；$v$ 为激光扫描速度；$T_0$ 为基体初始温度。

由式（5.7）可知，基体温度增加时，熔覆层凝固的冷却速率呈二次方衰减，根据冷却速率与晶粒尺寸关系，可以解释熔覆层基体预热温度为 30 ℃ 的熔覆层比基体预热温度为 500 ℃ 的熔覆层晶粒细小。也可推断出基体预热温度为 30 ℃ 的熔覆层强度性能将优于基体预热温度为 500 ℃ 的熔覆层。

NiCu 合金的 3 个主要元素为 Ni、Cu、Si，平衡态时三元合金相图如 5.9 所示，可见处于凝固后期 450 ℃ 的 Ni－Cu－Si 三元合金物相组成为 $(Ni,Cu) + Cu_3Ni_6Si_2 + Cu_6Si$，而对于非平衡凝固的 NiCu 合金激光熔覆层，采用 X 射线衍射方法绘制不同基体预热温度熔覆层 XRD 图谱，如图 5.10 所示，可见其组成相主要为 $(Ni,Cu)$ 固溶体和 Cu2.76Ni1.84Si0.4 金属间化合物，以及少量的 $(Cu0.2Ni0.8)O$ 金属氧化物，XRD 分析结果与合

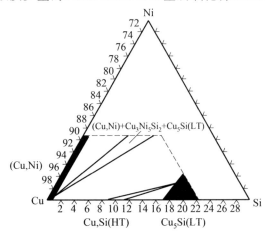

图 5.9　Ni－Cu－Si 三元合金相图

金的平衡态三元相图物相组成较为接近。因此,在图5.7和图5.8的熔覆层金相组织中,可以判断熔覆层内树枝晶为(Ni,Cu)固溶体,晶间断续分布的网状或片状组织为Cu2.76Ni1.84Si0.4金属间化合物,而弥散分布于晶间的黑色点状物为(Cu0.2Ni0.8)O金属氧化物。

图5.10所示为基体预热温度为30 ℃、300 ℃和500 ℃ 3种熔覆层XRD图谱,可见NiCu激光熔覆层物相主要为(Ni,Cu)固溶体、Cu2.76Ni1.84Si0.4金属间化合物和少量的(Cu0.2Ni0.8)O金属氧化物。随着基体预热温度升高,熔覆层主要物相(Ni,Cu)固溶体衍射峰强度降低,表明其含量呈减少趋势。随着熔覆层稀释率增大,大量的Si扩散进入熔覆层,在(Ni,Cu)固溶体间隙出现了Cu2.76Ni1.84Si0.4金属间化合物,温度越高,该相越多。而(Cu0.2Ni0.8)O金属氧化物在熔覆层内的含量则受基体预热温度变化的影响不大。

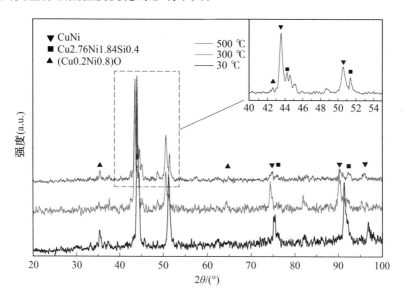

图5.10 不同基体预热温度熔覆层XRD图谱

NiCu合金熔覆层内透射电子显微镜(Transmission Electron Microscope,TEM)形貌及衍射花样如图5.11所示,可见熔覆层物相主要为CuNi固溶体(图5.11(a)、(e))、Cu2.76Ni1.84Si0.4化合物(图5.11(a)、(f))和晶间少量Ni₃Si化合物(图5.11(c)、(g))。CuNi固溶体为FCC结构,EDS测试显示成分为(质量分数):71.43% Ni,23.24% Cu,1.26% Fe,0.73% B,1.55% Si,1.80% C;该相为合金主体相,图5.11(a)中明场

像显示该相两种不同的黑白衬度,这是由于电子束穿过不同晶向的晶粒时发生了衍射所致。图 5.11(b)、(c)、(f)反映了 CuNi 固溶体晶粒内沿边界黑色点状颗粒相,衍射花样显示该颗粒相为 Cu2.76Ni1.84Si0.4 化合物,为 FCC 结构。成分测试显示元素成分为 67.22% Ni,21.11% Cu,0.90% Fe,1.16% O,4.55% Si,5.07% C;该相密布于晶粒边界处原因:分析认为 NiCu 合金凝固时,高熔点相 CuNi 固溶体首先形核、结晶、长大,而 Cu2.76Ni1.84Si0.4 化合物为低熔点相,固溶于 CuNi 固溶体内的 Si 元素随

(a) 熔覆层晶界处明场像

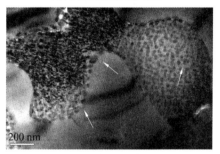

(b) 熔覆层晶界处形貌像

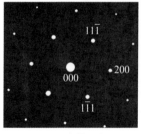

(c) 晶界处第二相形貌

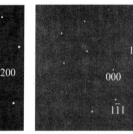

(d) 晶粒内部颗粒相形貌

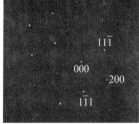

(e) NiCu 固溶体衍射花样

(f) 晶间Cu2.76Ni1.84Si0.4化合物[000]衍射花样

(g) 晶间Ni₃Si化合物[111]衍射花样

图 5.11　NiCu 合金熔覆层 TEM 形貌及衍射花样

着快速凝固过程进行,其在 CuNi 固溶体内固溶度下降,逐渐聚集在晶粒边界处,导致尺寸 Si 元素含量升高,从而与 Cu、Ni 结合,生成 Cu2.76Ni1.84Si0.4 新相,并以颗粒状析出于晶粒边界附近。

另一方面,激光熔覆的快速凝固特征,使熔覆层对合金元素的固溶度大幅提高,因此使更多 Fe、B 和 C 元素固溶于 CuNi 固溶体内,而不是以化合物形式析出于晶界处,从而使熔覆层晶界相减少,利于组织的纯净化。

晶界处另一析出相 $Ni_3Si$,结构为 FCC,元素成分为 78.57% Ni,2.88% P,0.55% O,12.64% Si,5.36% C;该金属化合物为硬质脆性相,分布于晶界处会降低熔覆层的塑性和韧性,提高熔覆层裂纹敏感性。但从形貌照片可见,仅偶尔观察到该相存在于晶界处,因此,其存在对于熔覆层塑性和韧性的影响相对较弱。

NiCu 合金激光熔覆层晶粒内部 TEM 形貌如图 5.12 所示,可见在熔覆层晶粒内部大量密布着黑色位错线,位错密度为 $3\times10^{13}\sim6\times10^{13}\ m^{-2}$,这些位错线伸展方向杂乱,且彼此呈网状缠结。位错的产生源自于激光熔覆快速凝固过程中的热应力,熔覆层过程中,熔池金属以 $10^3$ ℃/s 的速度迅速冷却至固相相变温度以下,熔覆层内部产生极大的热应力,导致凝固晶粒内部萌生大量位错。而 NiCu 合金物相组成主要是[Ni,Cu]固溶体,晶格结构为面心立方晶格,位错运动滑移面为 {111} 晶面,滑移方向为 ⟨110⟩ 晶向。因此,位错在热应力作用下,沿此滑移面和滑移方向快速滑移,晶粒内部晶格点阵分布方向并不完全相同,两个不同点阵方向的点阵区域存在交叉界面,当这两个区域内部的位错线沿滑移面运动至交叉界面时,便缠结、钉扎在一起,沿此界面形成带状位错墙,如图 5.12(b)所示。位错墙处聚集了大量位错,从而将一个晶粒在内部分成多个亚结构区域。当 NiCu 合金熔覆层发生塑性变形时,这些熔覆层凝固时就已形成亚结构

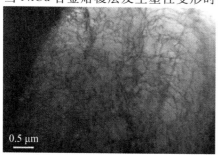

(a) 晶粒内部位错        (b) 位错墙

图 5.12　NiCu 合金激光熔覆层晶粒内部 TEM 形貌

将晶粒分成尺寸更小的细晶,其位错墙界面的存在将阻碍塑性变形时位错的运动,提高位错运动应变能。因此,将大幅提高 NiCu 合金熔覆层的抗拉强度。

### 5.1.2　薄壁成形组织

图 5.13(a)～(f)是依次拍摄到的靠近 Fe314 合金激光成形薄壁试件中部,层间过渡区,底部及基体的组织,从图中可以看出,成形薄壁试件主要由不同尺寸、不同生长位向的树枝晶组成,在薄壁件中部,如图 5.13(a)、(b)所示,在单层熔覆层内部,枝晶生长方向并不是垂直于搭接区域方向生长,而是总体沿 z 轴方向交叉生长,原因主要是受薄壁成形的温度场分布影响,薄壁件顶部、两侧都与空气接触,底部与基体接触,这使凝固、冷却时的热量沿多方向传导,而晶体的生长方向与导热方向息息相关,因此,不同方向的温度梯度分布扰动了枝晶生长方向,导致发生交叉式生长。

薄壁试件成形过程中对已沉积层不断进行热作用,因而在试件底部具有铸造组织的特征,即沿结合界面以柱状晶组织向试件内部外延生长,如图 5.13(e)所示。但由于成形冷却很快,组织较铸造组织细小得多,而且层与层之间结合的迹象不明显,部分区域甚至出现了跨界生长组织(图 5.13(c)、(d)),实现了堆积两层间平缓的组织过渡,保持了组织的连续性,这对降低相邻两堆积熔覆层间的组织应力大有裨益。

值得注意的是薄壁件的层间结合区,即图 5.13(c)中白色虚线所画区域,采用高倍 SEM 观察该微区组织,如图 5.13(d)所示,可见结合区主要

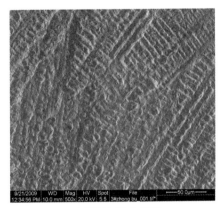

(a) 中部　　　　　　　　　　　(b) 中部TEM放大组织

图 5.13　Fe314 合金激光成形薄壁试件不同区域的组织

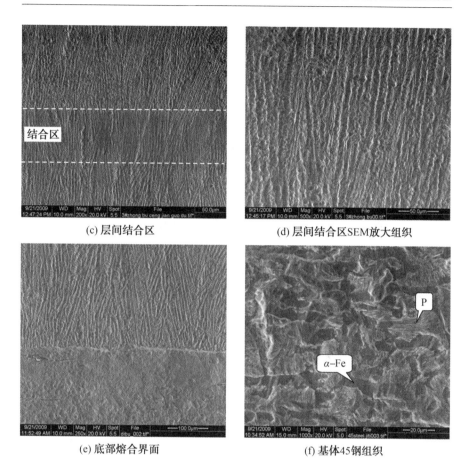

(c) 层间结合区

(d) 层间结合区SEM放大组织

(e) 底部熔合界面

(f) 基体45钢组织

续图 5.13

由细长的枝晶组成,且枝晶穿越了结合区域与两侧枝晶组织相衔接,在相邻两熔覆层之间实现跨界连续式生长,而且,结合区域的枝晶总体致密程度低于两侧的熔覆层组织,有利于降低相邻两熔覆层间的组织应力;对该区进行沿 $z$ 向的线扫描分析(EDS),如图 5.14 所示,Fe、Cr、Ni、Si 元素分布结果显示,在该区无合金元素的富集或贫缺,沿堆积方向呈均匀分布,保障了结合区良好的结合强度和韧性。而对于 45 钢基体组织,主要为先共析铁素体和层片状珠光体组织,具备典型的亚共析转变组织特征,如图5.13(f)所示。

Fe90 合金单道多层堆积试样横截面金相组织如图 5.15 所示。从图5.15(a)中可以看出,熔覆层与基体之间无裂纹、气孔等缺陷,界面处出现了大约 20 μm 厚的"白亮带",其是以平面晶的生长形态沿热流方向生长出

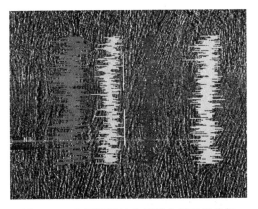

图 5.14　中部层间结合区域电镜扫描分析

来的,这是由于凝固过程中,熔池底部凝固速率趋近于 0,因此出现了平界面的生长形态,"白亮带"的形成使得基体和涂层之间形成良好的冶金结合。而在涂层内部则为细小的定向凝固柱状枝晶,如图 5.15(b)所示,由于铁基合金是面心立方结构,在正温度梯度下,与热流方向最为接近的〈100〉择优取向优先生长,并在后续沉积的过程中不断地外延生长,将在整个涂层中得到完全的细小定向凝固柱状枝晶。这种超细的定向凝固组织是由激光熔池中极高的温度梯度和大的冷却速率决定的。

　　从图 5.15(c)可以看出,成形层间以冶金结合的方式结合在一起,这不仅保证了层间的结合强度,还保证了外延组织在生长方向上的连续性,因此可以消除低强度界面对材料性能的不利影响。另外,由图 5.15(c)还可发现,多层熔覆层中前一层的组织发生了粗化,这是由于多层堆积过程中,

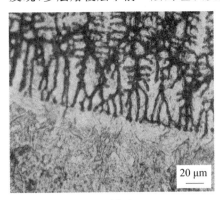

20 μm　　　　　　　　　　　20 μm

(a) 界面　　　　　　　　　　(b) 层内组织

图 5.15　Fe90 合金单道多层堆积试样横截面金相组织

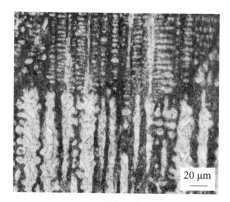
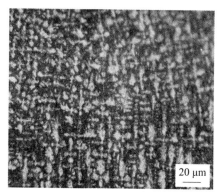

(c) 层间组织           (d) 顶部组织

续图 5.15

对已经熔覆的某一点而言,当熔池位于其正上方时,在正在进行加工的熔覆层上,热源距离该点处的距离最近,因此该点处出现温度的峰值;当熔池不在正上方时,该点的温度逐渐下降到最低。随着熔覆过程的不断进行,该点处温度呈振荡衰减变化。对于先前形成的组织,经历了足够多次较高温度的再热循环后,相当于进行了一段时间的时效、退火处理,进而发生组织的粗化。图 5.15(d) 为多层堆积熔覆层的顶部显微组织,从图中可以看出:熔覆层顶部组织与层内和底部组织不同,顶部出现细小的等轴晶。这是由于在熔池顶部,温度梯度 $G$ 减小,凝固速率 $R$ 增大,$G/R$ 比值减小,"成分过冷"增大,且在熔池顶部通过与气氛对流、辐射等方式冷却。前一层的部分晶粒重熔,形成新的晶核,落入熔池顶部未熔化的金属粉末也成为新的形核核心,因此在熔池顶部可形成一层等轴晶,在试样中部没有出现此种等轴晶组织是因为在逐层熔化沉积过程中的重熔作用。

### 5.1.3 多层堆积成形组织

单道激光熔覆层厚度有限,在实际应用中需要多层堆积才能够满足磨损零部件尺寸恢复的要求。多层堆积组织由于各单道激光成形层之间的相互热作用,成形结构表现出区别于单道熔覆层独特的组织分布特征。

Fe314 粉末激光沉积成形的立方体的内部结构如图 5.16 所示,激光快速成形体内部结构总体可分为底部区域(Ⅰ区)、中部区域(Ⅱ区)和顶部区域(Ⅲ区);而由于基体的熔化、相邻熔覆线的搭接及相邻熔覆层的叠加,成形体内部又存在不同的成形区域,主要有基体熔化区(1 区)、熔覆区(2 区)、一次重熔区(3 区,位于上下两层之间的过渡区域)和二次重熔区(4

区,在层间搭接区域呈"之"字形分布)。

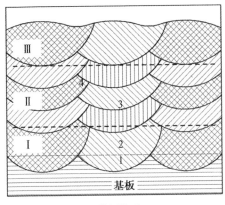 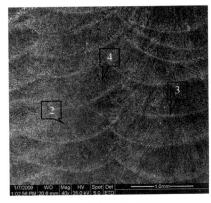

(a) 分析模型　　　　　　　　　(b) 成形体内部实际结构

图 5.16　Fe314 粉末激光沉积成形的立方体的内部结构

　　在单道搭接和多层叠加条件下,由于激光光束的作用,堆积过程中存在着对前道熔覆层的二次扫描,前道熔覆层有一部分熔化,一部分退火,一部分回火,即存在着二次熔化、二次热影响的现象,因此,组织变化更加复杂。以成形体中部区域为观察对象,在光镜下观察成形立方体从底部到顶部的显微组织(图 5.17)。如图 5.17(a)所示,立方体顶部组织主要以细小致密的等轴晶为主。随着距顶部距离的减小,晶体组织也越来越细化、致密。在底部主要由平面晶区、柱状晶和粗大树枝晶混合区组成。在熔覆层与基体结合界面处,由于存在较大的正温度梯度,随着熔池的凝固,最先出现了一层薄薄的平面晶,如图 5.17(b)所示;随后由于凝固时合金成分不一,一些熔点较高的溶质元素先凝固,而其他低熔点元素则富集在固液界

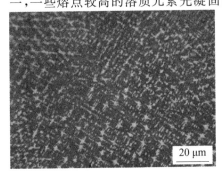 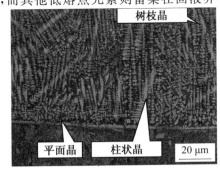

(a) Ⅲ区组织　　　　　　　　　(b) Ⅰ区组织

图 5.17　Fe314 粉末激光沉积成形的立方体截面组织

面前沿,形成成分过冷,导致晶体生长向粗大的柱状晶转变;随着距凝固界面距离的增加,成分过冷继续增大,其结晶条件与纯金属在负的温度梯度下的结晶条件相同,即出现粗大的树枝晶组织。

对于成形体中部组织,由于熔覆层搭接范围内的二次重熔区及其附近组织具有中部组织的典型特征,故以该区为观察对象。图 5.18(a)显示了二次重熔区(4 区)及其附近的组织分布;图 5.18(b)为二次重熔区组织,该区域介于相邻两层的二次重熔区之间,组织主要是细小的等轴晶,结晶方向为沿着温度梯度方向垂直于搭接界面。图 5.18(c)和(d)分别显示了二次重熔区左右两侧的熔覆层组织特征,左右两侧熔覆层的组织都是以具有一定结晶方向的细小等轴晶为主,一次重熔区主要以较大的树枝晶为主,但右侧的一次重熔区明显比左侧宽,并且树枝晶粒度也较左侧粗大;分析原因,主要是右侧为先成形熔覆层,左侧为搭接熔覆层,受到左侧熔覆层的热量传递和以后熔覆道次热量积累的影响,已凝固组织发生低温回火,右侧一次重熔区晶体组织得以继续长大,导致粗大树枝晶区变宽。而左侧一次重熔区由于在凝固时固液界面前沿存在较大成分过冷,因此结晶形核率

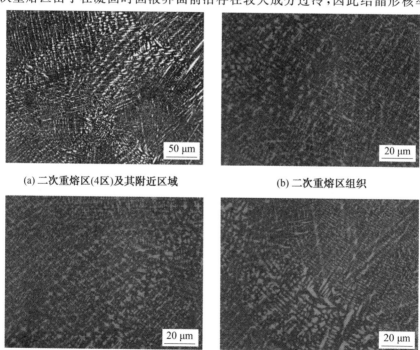

(a) 二次重熔区(4区)及其附近区域　　　　(b) 二次重熔区组织

(c) 二次重熔区左侧组织　　　　　　　　(d) 二次重熔区右侧组织

图 5.18　Fe314 粉末激光沉积成形的立方体中部微观组织

增多,细小的等轴晶区出现,阻碍粗大树枝晶向熔覆层内部长大。因此,左侧的一次重熔区宽度较窄。

对比立方体底部平面晶组织特征,在中部两熔覆层间搭接区域则没有出现连续的平面晶组织,代之以分散的树枝晶组织,分析其原因是,在基体上开始堆积时熔覆层与基体存在很大的温度梯度,满足平面晶的结晶条件,形成平面晶组织;而在立方体中部,由于堆积是在已成形的熔覆层上进行,已成形熔覆层较基体具有较高的温度,相当于进行了预热处理。因此,其凝固时的温度梯度较小,故一次重熔区无平面晶组织,熔覆层内部无粗大柱状晶组织,而是出现了树枝晶组织。

中锰铁基合金多层堆积激光熔覆层显微组织如图 5.19 所示。由图 5.19(a)可以看出,熔覆层与基体之间无裂纹、气孔等冶金缺陷,熔覆层与基体之间形成了良好的冶金结合;熔覆层层内组织为典型的定向凝固枝晶组织,如图 5.19(b)所示;层与层之间以冶金的方式结合在一起,这不仅保证了层间结合强度,还保证了外延组织在生长方向上的连续性,如图 5.19

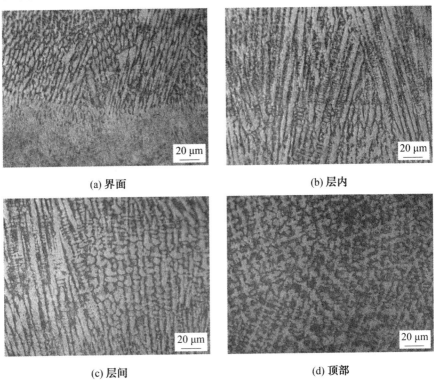

(a) 界面

(b) 层内

(c) 层间

(d) 顶部

图 5.19　中锰铁基合金多层堆积激光熔覆层显微组织

(c)所示;熔覆层顶部组织与层内组织和底部组织不同,顶部出现细小的转向晶,如图 5.19(d)所示。由图 5.19 还可以看出,从试样的底部到顶部,枝晶组织逐渐变大。出现这种现象主要是因为多层堆积激光能量会不断累积,后一层的温度梯度相比前一层有所下降,而枝晶间距与扫描速度和温度梯度之间存在 $\lambda \propto V^{-a} G^{-b}$($a$、$b$ 为与合金系相关的常数)的近似关系,从而导致上层熔覆层枝晶组织粗化。

由显微组织观察可知:中锰铁基合金多层堆积显微组织呈外延生长特征。这是因为激光熔覆过程中,基体作为冷端,沿着沉积方向形成了自上而下的正温度梯度,提供了获得定向凝固组织的外部条件。而且在激光熔池凝固过程中,相比于熔池中的均匀形核,熔池与基体界面处的非均匀形核所需过冷度更小,因此,激光熔池凝固是以基体为衬底的定向外延生长,如图 5.19(a)和 5.19(b)所示。在熔池顶部,热量除向基体散热外,还可以通过对流和辐射等方式散热,多方向散热导致温度梯度沿沉积高度方向的分量减小,沿水平方向的分量增加,因此在熔池顶部易于形成转向晶,如图 5.19(d)所示。转向晶的出现将改变凝固组织定向生长的方向性,影响凝固组织外延生长的连续性。因此必须控制重熔深度以保证转向晶被全部重熔掉,这样就可以在前一熔覆层枝晶生长区上继续外延生长,从而保证层间组织生长的连续性,如图 5.19(c)所示。

中锰铁基合金多层堆积激光熔覆层元素分布线扫描图如图 5.20 所示。从图中可以看出激光熔覆层层内元素分布较均匀,没有发生明显的偏析。研究表明激光熔池内存在对流现象,如图 5.21 所示。表面力和体积力是熔池流动的主要驱动力,表面力产生水平方向的流动,体积力产生竖

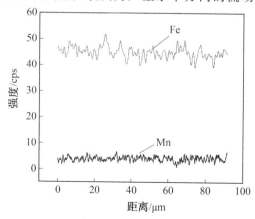

图 5.20　中锰铁基合金多层堆积激光熔覆层元素分布线扫描

直方向的流动,二者共同的作用,使熔池对流速度很快。熔体的最大流速可比激光扫描速度(5~10 mm/s)高出 1~2 个数量级,这样高的流速将会加速熔池的传质过程,有利于熔池合金元素分布的均匀性。另外,激光熔池凝固速率很快,凝固属于非平衡凝固,固液界面上的溶质原子来不及在液相中扩散便被高速移动的固液界面"淹没""捕获"而凝固,这样激光熔池中溶质的非平衡分配系数趋于 1。因此,元素分布的均匀性主要与熔池中存在的对流及激光熔池形成的非平衡凝固有关。熔池的对流可以使合金元素在熔池内分布均匀,非平衡凝固降低了元素的偏析,因此激光熔覆层内元素分布比较均匀。

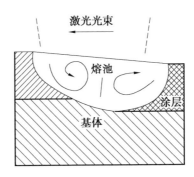

图 5.21　纵向激光熔池的对流情况

　　灰铸铁基体上堆积成形的 NiCu 合金激光熔覆层内部显微组织如图 5.22 所示,图 5.22(a)为熔覆层与基体结合界面处组织,可见界面处组织过渡良好,无气孔、微裂纹等缺陷,但在界面处形成了较薄的白亮层(厚度≤10 μm),图 5.23 中高倍照片显示该组织呈层片状,各薄片间近似相互平行。对薄片的能谱分析图 5.23(b)显示质量分数为:Si 1.15%,Mn 1.02%,Fe 75.46%,Ni 2.91%,余量 19.46%。元素组成主要为 Fe,同时还含有少量的 Ni、Mn、Si 及其他轻质元素。根据铸铁基体成分可知,该处轻质元素应为 C,因此,可推断该白亮层为 $Fe_3C$ 白口组织。

　　图 5.22(b)为打底层内部组织,主要为粗大的树枝晶组织;图 5.22(c)为堆积第二层与第一层的过渡组织,可发现明显形态差异,上部为交叉树枝晶,晶体尺寸较第一层的枝晶小,下部为细小致密的胞状晶,组织过渡连续;图 5.22(d)为堆积熔覆层顶部组织,可见相邻横向搭接熔覆层组织也存在差异,左侧为先成形熔覆层的边部组织,受较大温度梯度影响,冷却速率较大,过冷度较大,因此,晶粒较小,以胞状晶为主,而与其搭接的熔覆层由于界面处温度梯度相对较小,晶体以树枝晶形式快速向熔覆层内部生

(a) 结合界面　　　　　　　　　　　　(b) 熔覆层内部

(c) 层间过渡区域　　　　　　　　　　(d) 堆积熔覆层顶部

图 5.22　灰铸铁基体上堆积成形的 NiCu 合金激光熔覆层内部显微组织

长,即形成了上述横向搭接的过渡区组织特征。

　　铸铁基体元素对熔覆层存在一定稀释作用,沿熔覆层与基体结合界面垂直方向进行成分线扫描的结果如图 5.24 所示。可见两种主要元素 Fe、Ni 在界面两侧变化较显著,Fe 在熔覆层 200 $\mu$m 范围内分布较多,且呈递减趋势,这主要是熔池的对流作用使得基体稀释的 Fe 元素扩散至熔覆层内部一定深度,而 Ni 元素在界面处基体一侧含量极少,并未扩散入基体,这是由于熔覆时的能量输入较少,基体熔化较少,Ni 元素分布至熔池的固液界面前沿,并未进入基体,因此,在界面处分布存在一个突变,而在熔覆层内部 Ni 元素分布较为均匀。综合表明,该工艺条件下熔覆层堆积的稀释影响较小。

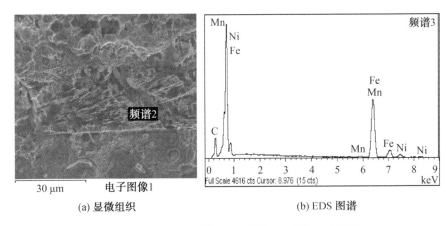

(a) 显微组织　　　　　　　　　　　(b) EDS 图谱

图 5.23　堆积熔覆层结合界面处组织成分 EDS 图谱

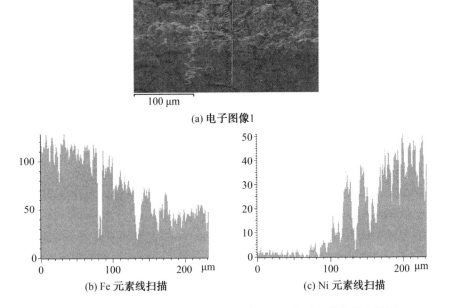

(a) 电子图像1

(b) Fe 元素线扫描　　　　　　　　　(c) Ni 元素线扫描

图 5.24　沿熔覆层与基体结合界面垂直方向进行成分线扫描的结果

分析相邻两堆积熔覆层过渡区域元素成分的变化规律,线扫描方向为由第二层向第一层进行,如图 5.25 所示,可见跨越上下熔覆界面,Ni 元素分布较为均匀,而 Fe 元素分布发生较大变化,即第一层 Fe 元素含量较多, 而第二层较少,分析原因是第一层 Fe 元素来自于基体的稀释侵入,而第二 层仅熔化少量的第一层熔覆层,故 Fe 元素扩散至第二层的含量更少,因此 产生上述成分变化。说明良好的堆积工艺可有效削弱基体元素对熔覆层 成分的扰动影响,进而保证熔覆层优异性能的发挥。

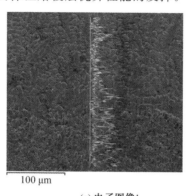

(a) 电子图像1

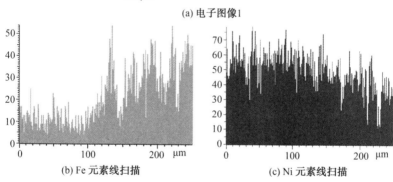

(b) Fe 元素线扫描　　　　　　　　　　(c) Ni 元素线扫描

图 5.25　堆积熔覆层过渡区域元素成分线扫描的结果

## 5.2　激光增材再制造成形零部件结合界面特征

熔覆层与基体的结合状态、稀释程度、应力分布、开裂倾向、组织和性 能的关系等都与界面行为有关。当熔覆层与基体材料之间界面结合是通 过处于熔融状态的熔覆材料沿处于半熔化状态下的固态基体表面向外凝 固结晶而形成时,覆层与基体之间的结合就是冶金结合,形成的界面称为 冶金结合界面。冶金结合的实质是金属键结合,结合强度很高。熔覆层与 基体间形成良好的冶金结合是熔覆工艺的特点和保证良好质量涂层必不 可少的重要条件。

### 5.2.1　结合界面元素分布特征

激光增材再制造成形时,激光的辐照基体发生熔化,导致基体元素不可避免地扩散进入合金熔池,此稀释作用影响熔覆材料合金元素优良性能的发挥。同时,熔覆材料元素也扩散进入基体熔化区域内,形成两种材料的互扩散效应,而在结合界面附近元素的分布可很好地反映这种互扩散效应。

基体预热温度为 30 ℃和 500 ℃时的 NiCu 合金激光熔覆层在底部 HT250 基体结合界面附近的元素的 EDS 线扫描结果,如图 5.26 所示。测试元素为 O、Fe、Ni 和 Cu,测试部位及分析结果如图 5.26(a)所示,可见结合界面两侧元素含量波动较为剧烈的是 Fe、Ni、Cu,尤其在半熔化区,Fe 在半熔化区含量较高,然后呈递减趋势扩散进入熔覆层;熔覆层内 Ni 也大

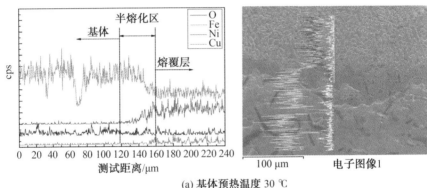

(a) 基体预热温度 30 ℃

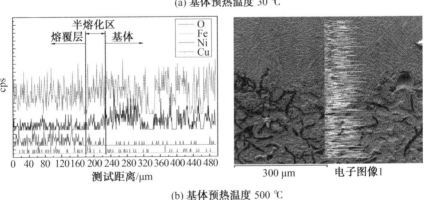

(b) 基体预热温度 500 ℃

图 5.26　NiCu 合金激光熔覆层在底部 HT250 基体结合界面附近的元素的 EDS 线
　　　　扫描结果

量渗入半熔化区,而 Cu 在半熔化区分布较少,证明 Cu 向基体扩散能力相对较弱。界面两侧的 O 含量变化幅度较小。由图 5.26(b)可见,由于预热温度的升高,各元素在半熔化区内变化幅度较小,基体中 Fe 大量扩散进入熔覆层,在界面两侧 240 μm 范围内含量差异较小;而 Ni、Cu 扩散进入半熔化区的含量相对于图 5.26(a)较少,O 元素在基体中较多,熔覆层内较少。

分析界面元素分布变化原因,基体的稀释率波动是主要因素;温度越高,稀释率越大,进入熔池内部的基体元素越多。另一方面,基体进入熔池内部的 Fe 元素越过界面一侧后立即呈现均匀分布,显然在熔覆层极大的冷却速率下除了元素的扩散作用外,熔池界面附近还存在着强烈的熔液对流传质运动,使进入熔池的基体元素迅速均匀化,综合作用下形成了该界面元素的分布特征。

### 5.2.2 结合界面组织特征

图 5.27 为灰铸铁激光熔覆时熔覆层结合界面组织特征。可见微小片状石墨形式进入 NiCu 合金熔覆层,熔覆层底部分布着熔池对流运动卷入的细小石墨片。另外,结合界面处还分布着 $Fe_3C$。由于 Ni、Cu 属于强石墨化元素,其与 C 完全不互溶,因此,将熔覆过程中基体稀释的 C 阻截在半熔化区处,但由于熔池极大的冷却速率,石墨熔解的 C 与 Fe 形成亚稳定相 $Fe_3C$,在该处不可避免地出现了宽度较小的白口组织。

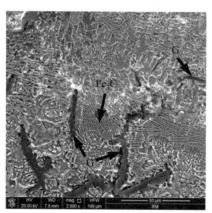

图 5.27 HT250 灰铸铁激光熔覆时熔覆层结合
界面组织特征

观察半熔化区碳元素的存在形式,并分析其转变机理。结合界面处碳

结构 TEM 形貌图和 EDS 谱图如图 5.28 所示,可见白色条带状区域 EDS
图谱显示主体成分为 Fe 和 C,成分比近似于 3∶1,可判断该相为 $Fe_3C$ 渗
碳体。该相的成因是,底部半熔化区在极大的冷却速率作用下,碳元素与
铁形成了不稳定的 $Fe_3C$ 白口组织,该组织为长条状分布于熔覆层底部。

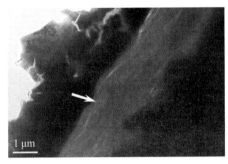

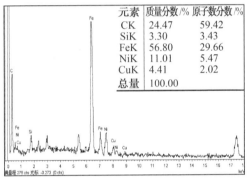

| 元素 | 质量分数 /% | 原子数分数 /% |
|------|------------|--------------|
| CK | 24.47 | 59.42 |
| SiK | 3.30 | 3.43 |
| FeK | 56.80 | 29.66 |
| NiK | 11.01 | 5.47 |
| CuK | 4.41 | 2.02 |
| 总量 | 100.00 | |

图 5.28　结合界面处碳结构 TEM 形貌图和 EDS 谱图

在半熔化区还发现了直径 1 mm 的"牛眼"状晶体结构,结合界面处石
墨 G 形态及其放大形貌图如图 5.29 所示。白色球状核心的衍射花样显示
该相为 Cu2.76Ni1.84Si0.4 化合物(图 5.30),该相与熔覆层内部晶粒边
界处颗粒相相同,成分如图 5.31(a)所示。而对白色球状区域 EDS 测试可
见,元素主要为 C,质量分数达到 71.98%,因此,可以判断此处碳为游离态
微晶石墨。图 5.29(b)还可观察到石墨球内部层状排列结构,各层以核心
为中心,逐层向外扩展。可以看出,石墨在半熔化区的形核和生长方式,其
形核为依附于先结晶的 Cu2.76Ni1.84Si0.4 化合物晶核表面,以非均匀形
核方式萌生第一层石墨片,然后沿径向逐层生长,石墨球增厚,最终形成石
墨包覆 Cu2.76Ni1.84Si0.4 化合物核心的石墨球晶体特征。

产生此种石墨形态的原因,从冶金角度分析,激光熔覆熔池底部半熔

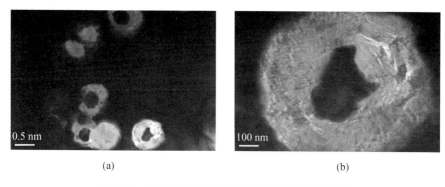

(a)
(b)

图 5.29 结合界面处石墨 G 形态及其放大形貌图

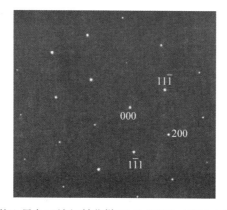

图 5.30 石墨球核心黑色区域衍射花样(Cu2.76Ni1.84Si0.4 晶带轴指数[000])

化区,熔覆合金 Cu、Ni 元素,基体扩散的 Si 元素聚集于此,这些元素均为石墨化元素,不与 C 形成化合物,因此,在凝固过程中,强烈促进了 C 向石墨态转变,避免了亚稳态的 $Fe_3C$ 白口组织出现,该过程充分体现了 NiCu 合金对 C 扩散的堵截作用。另外,由于快速凝固时半熔化区的凝固时间极短,此处的石墨化过程不能持续进行,石墨球直径不能继续增大,而是以细小、团聚状形式存在,甚至部分出现了 $Fe_3C$ 白口组织。该转变过程受快速凝固影响不可避免。

激光熔覆层凝固组织由于其快速加热和冷却特性,表现出典型的外延式生长特征。外延生长是界面组织生长的一种特殊现象,生长的晶体和基体之间存在着一定的结晶学取向关系。Fe314 合金激光快速成形立方体截面组织如图 5.32 所示。不同的组织预示着不同的凝固状态,熔覆组织取决于熔池前沿的凝固速率 $R$ 和温度梯度 $G$。在激光熔覆成形时,熔覆层通过基体来散热,由于激光能量密度极高,熔覆层和基体间形成较大的温

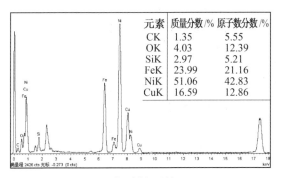

| 元素 | 质量分数/% | 原子数分数/% |
|------|------------|--------------|
| CK | 1.35 | 5.55 |
| OK | 4.03 | 12.39 |
| SiK | 2.97 | 5.21 |
| FeK | 23.99 | 21.16 |
| NiK | 51.06 | 42.83 |
| CuK | 16.59 | 12.86 |

(a) 球心黑色区域EDS

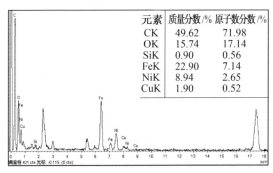

| 元素 | 质量分数/% | 原子数分数/% |
|------|------------|--------------|
| CK | 49.62 | 71.98 |
| OK | 15.74 | 17.14 |
| SiK | 0.90 | 0.56 |
| FeK | 22.90 | 7.14 |
| NiK | 8.94 | 2.65 |
| CuK | 1.90 | 0.52 |

(b) 球白色区域EDS

图 5.31 图 5.29 中球心黑色区域 EDS 球白色区域 EDS

度梯度,胞枝状树枝晶沿热流的负方向呈外延方式生长,生长的树枝晶基本垂直于固液界面,如图 5.32(a)所示。组织特征还和形核率 $N_0$ 与过冷度 $\Delta T$ 相关,随着固液界面的推进、热的累积和传质的进行,熔覆层温度越

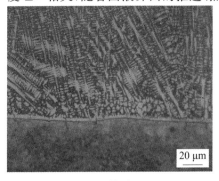

(a) 界面

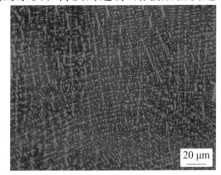

(b) 顶部

图 5.32 Fe314 合金激光快速成形立方体截面组织

来越高,先前层的部分晶粒重熔,形成新的晶核,落入熔池顶部未熔化的金属粉末也成为新的形核核心,枝晶变短,通过基体和熔覆层的热传导变得愈加困难,外延生长的优势逐渐减弱,零部件通过周围环境及熔覆层散热,$N_0$ 增加,$\Delta T$ 减小,树枝晶向等轴晶转变,如图 5.32(b)所示。

# 5.3 激光增材再制造成形缺陷特征及其形成机理

对失效零部件的激光增材再制造成形过程中,加热和冷却的速度极快(达 $10^5 \sim 10^6$ K/s)。由于熔覆层和基体材料的温度梯度和热膨胀系数的差异,可能在熔覆层中产生多种缺陷,主要包括气孔、裂纹、夹杂、变形及组织缺陷等。

## 5.3.1 气孔

### 1. 气孔类型

气孔是激光增材再制造成形覆层中最常见的一种缺陷,它的存在减少了熔覆层的有效截面积,形成应力集中,破坏了熔覆层的致密性。形成气孔的气体有氢气、氮气、一氧化碳、水蒸气及成形时卷入熔池的环境气氛等。

低碳钢和低合金钢激光熔覆层中,氢气孔多出现在熔覆层表面,呈喇叭口状,气孔四周有光滑内壁。对于铝镁合金激光增材再制造成形,氢气孔现象极为普遍,且多出现在熔覆层内部。

氮气孔形成过程一般认为与氢气孔相似,这种气孔也分布在熔覆层表层,多数成堆出现,呈蜂窝状。熔覆层表层氮气孔形貌如图 5.33 所示。断口分析发现,气孔内表面呈凹凸状形貌。但在正常的激光熔覆层中很少出现氮气孔,只有熔池保护不好时才会出现。

激光熔覆层中一氧化碳气孔主要是 FeO 和其他氧化物与 C 在高温时反应产生的。反应如下:

$$[C]+[O]=\!\!=\!\!CO$$
$$[FeO]+[C]=\!\!=\!\!CO+Fe$$
$$[MnO]+[C]=\!\!=\!\!CO+Mn$$
$$[SiO_2]+2[C]=\!\!=\!\!2CO+Si$$

一氧化碳气孔是在冶金反应后期生成的,随着结晶的进行,生成的 CO 达到一定数量。凝固结晶过程中,由于温度的降低,液体黏度不断增加,此时生成的 CO 不易逸出熔池,而被围困在树枝晶粒间。同时生成 CO 的反

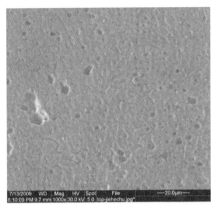

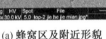

(a) 蜂窝区及附近形貌            (b) 蜂窝区高倍形貌

图 5.33　熔覆层表层氮气孔形貌

应是吸热反应,激光熔覆的高温度梯度等因素决定熔池凝固速率快,生成的 CO 来不及逸出熔池。由于 CO 气泡逸出的速度比氢气泡慢,因此多形成于熔覆层内部,呈条虫状,且内壁有氧化颜色。

　　激光光束横向扫描成形的 NiCuFeBSi 熔覆层纵截面形貌如图 5.34 所示,沿激光扫描方向,在 45 钢基体上成形的熔覆层内部均无气孔产生(虚线所画区域),而在 HT250 基体上方及后面的 45 钢上方均出现了散状分布的气孔。说明气孔产生来源于 HT250 基体,HT250 与 45 钢成分上的最大区别是,HT250 内含有大量游离态的碳(石墨),因此,可初步判断熔覆层气孔成分主要源自于 HT250 基体中石墨的熔解、燃烧反应生成的 CO 气体。而根据气孔形貌和熔覆条件,粉末充分烘干,且氢气孔多呈螺钉状,具有明亮的内壁,与该熔覆层内气孔特征不符,因此可排除氢气孔的可能性;而氮气孔多为蜂窝状分布,气孔尺寸较小,该熔覆过程采用了高纯

图 5.34　激光光束横向扫描成形的 NiCuFeBSi 熔覆层纵截面形貌(扫描速度 200 mm/min)

氩气保护,因此可排除熔覆层内氮气孔的可能性。图 5.35 所示为熔覆层底部气孔形貌,可见气孔产生于伸入熔池内的石墨片处,为石墨反应产物,且形状不规则、具有棱角,气孔内壁附着黑色氧化物,这都与一氧化碳气孔特征相符,进一步证明熔覆层内气孔类型为一氧化碳气孔。另外,在后成形的 45 钢基体上方,发现了微气孔,可以判断 HT250 基体上先出现的熔池内部存在剧烈对流运动,将气孔搅动至临近的 45 钢基体上,也伴随着HT250 基体稀释元素向周围熔覆层的扩散。

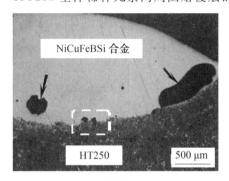

(a) 熔覆层横截面　　　　　　(b) 结合界面附近气孔

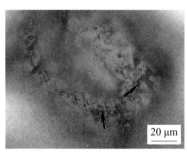

(c) 气孔内壁

图 5.35　熔覆层底部气孔形貌

　　另外,失效零部件基体残存渗透的油、锈、污垢或者粉末受潮等,以及熔覆工艺不当,造成送粉载气侵入、气体来不及浮出等,也是熔覆层气孔产生的原因。应当指出,各种气泡中的气体并不是单一的,而是几种气体同时存在的。可以认为在一定条件下,其中一种气体对气孔的形成起主导作用,而在各种气体共同作用下,气泡得以迅速生长。

**2. 气孔形成机理**

　　液态金属中存在过饱和的气体是形成气孔的重要物质条件,如铝合金激光表面熔覆时,熔池金属有可能获得过饱和气体的条件。例如,保护气体流量不适、黏结剂及合金粉末中残存的水分都会为气孔的形成提供条件。

根据经典的气孔形成理论可知,激光熔覆层中气孔都是在熔池内部形成气泡,在一定条件下发生聚集而形成气泡,气泡长大到一定程度便会上浮,如果气泡受到熔池内部结晶的阻碍,就可能在熔覆层内形成气孔。因此,气泡的形成过程是由气泡的生核、长大和气泡的上浮所组成。这其中每个过程都要消耗一定的能量,并且都有一个热力学和动力学的平衡过程。

气泡生核首先应有核心。气泡生核必须具备液态金属中有过饱和的气体和形核所需要的最低能量。气泡的生核方式与金属结晶过程一样,有自发生核和非自发生核。由于新相形成时表面自由能增大而需要更多的能量,在非自发形核过程中,形成表面可以缩小相界面积,从而减少所需增加的表面自由能,形核概率比自发形核时高得多。因此,气泡的生核主要以非自发晶核为主。形核必须大于临界的形核尺寸才能长大,对于自发和非自发晶核在条件一定时要求的临界尺寸是一样的。但有现成表面存在,曲率半径相同时,新相的体积却可以大大减小,因此,所需的能量也低很多,形成临界尺寸的核心更容易。熔池中有大量的现成表面,如分布不均匀的溶质质点、熔渣与液态金属的接触表面,还有枝晶晶粒。H、N、C 和 O 都是表面活化元素,易吸附在现成表面上,于是这些元素的体积分数在局部增高,并使 $2[H] \rightarrow H_2$,$[C]+[O] \rightarrow CO$,$2[N] \rightarrow N_2$ 向右进行,很容易使气泡核心发展到临界尺寸。

发展到临界尺寸的气泡核心,长大的首要条件是内部压力 $p$ 足以克服阻碍气泡长大的外部压力,即

$$p \geqslant p_0 + \frac{2\sigma}{r} \tag{5.8}$$

式中,$\sigma$ 为液体金属与气体界面的表面张力,N/m;$p_0$ 为大气压力,$10^5$ Pa;$r$ 为气泡半径,cm。

由式(5.8)可知,气泡长大取决于气泡的半径 $r$,$r$ 越小,$p$ 越大,如果 $r$ 过小则附加压力值很高,气泡长大极困难。若气泡依附基体表面形核,气泡的圆形变为椭圆形,则增大了曲率半径,从而降低了附加压力,有利于气泡长大。

熔覆层内气孔分布位置取决于气泡的上浮效果。而气泡浮出的速度则由熔池在液态停留的时间决定。气泡上浮首先要脱离现成表面,脱离难易程度与气、液、固三相的接触角有关,如图 5.36 所示。当 $\theta < 90°$ 时,气泡

在较小尺寸,即可完全脱离现成表面上浮,不会形成熔覆层气孔;当 $\theta > 90°$ 时,气泡长大经历"颈缩"过程,在气泡长大到一定尺寸脱离现成表面后,仍会凝固留下气泡核,成为新的气泡核心,从而形成熔覆层内部气孔。

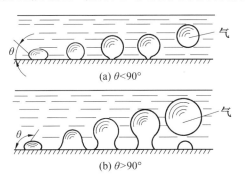

图 5.36  气泡脱离基体表面上浮过程示意图

　　影响气孔形成的重要因素较多,其中气体在液态金属中的扩散系数及其在液态金属中的浓度对于熔覆层气孔的形成影响最为显著。气体在液态金属中的浓度越高,扩散系数越大,则气泡由形核长大到最小临界上浮半径所需时间就越短,单位时间内形成的气泡越多。同时气泡的半径越大,由熔池浮出的速度也越快,因此在气泡开始成长阶段,浮出是比较困难的。通常气体的密度比液态金属的密度要小得多,因此气泡的逸出速度主要取决于液态金属的密度。另外,对气泡浮出速度影响最大的还有液态金属的黏度和液态金属存在的时间。当液态金属开始结晶时,黏度急剧增大,气泡的逸出速度大为减慢。

## 5.3.2 裂纹

　　裂纹是激光增材再制造成形技术中最棘手的问题。激光增材再制造成形覆层裂纹按其裂纹源萌发位置及扩展走向可分为 4 类,即熔覆层顶部扩展裂纹(图 5.37)、熔覆层结合界面扩展裂纹(图 5.38)、熔覆层内部微裂纹(图 5.39)及基体热影响区裂纹(图 5.40)。

　　熔覆层顶部、中部裂纹主要产生于熔池凝固过程中,在熔覆层的表面、内部形成并向周围基体界面处扩展。而熔覆层基体界面处裂纹主要产生于熔覆层与基体界面处、基体熔化区域及热影响区内。多以马氏体淬硬组织区、孔洞、石墨等起源并向熔覆层内扩展,有时穿过熔覆层而发展成宏观裂纹,如基体的热影响区发生马氏体相变导致比容增大的会加剧此类裂纹的生成。

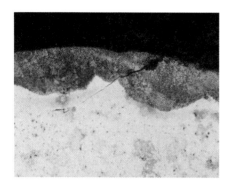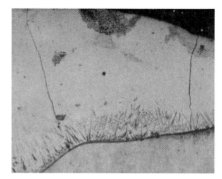

图 5.37　中锰合金激光熔覆层顶部裂纹形貌

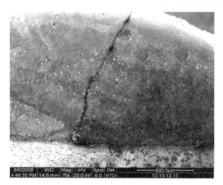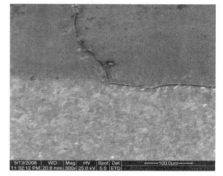

图 5.38　中锰合金激光熔覆层界面裂纹形貌

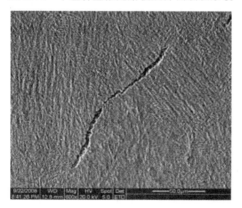

图 5.39　激光熔覆 Fe90 成形体内部微裂纹

　　激光增材再制造成形熔覆层裂纹的产生主要取决于熔覆层组织及其熔覆层内的残余应力分布情况。其中熔覆层及基体组织因素具体主要包括:熔覆层、基体热影响区出现大范围马氏体淬硬组织,熔覆层－基体结合界面白口组织,熔覆层晶间沉淀析出硬质颗粒相,熔覆层内冶金反应脱氧造渣形成的夹杂相及熔覆层组织间密布气孔导致的结构疏松等因素。

　　图 5.40 所示激光增材再制造成形的 Fe314 合金方体件底部与 45 钢基体结合处发生撕裂形貌,该裂纹萌生于成形体与基体结合的边角处,沿结合界面向内部扩展,由于界面两侧的材料在强度、韧性及抗开裂敏感性上的差异,Fe314 合金均优于淬火态的基体 45 钢,裂纹在沿界面扩展的同时,又部分进入了基体热影响区。

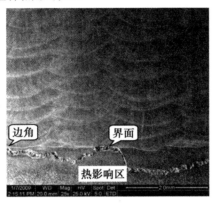

图 5.40　激光增材再制造 Fe314 合金成形体底部与基体熔合处裂纹形貌

　　图 5.40 中裂纹形成的原因主要是元素成分分布的变化。由图 5.41 可见,熔合界面两侧 Cr、Ni、Si 元素成分差异发生了波动,其中,Cr 波动幅度最大,Ni 次之,Si 最小,并且波动范围都在界面附近极短的距离之内;对熔覆界面(图 5.41 中白线)进行定点成分扫描,各合金元素质量分数如图 5.42 所示。由图可看出,在熔化界面处,Cr 的质量分数为 9.57%,远低于 Fe314 合金的 Cr 的质量分数 15%,而且 Cr 元素与 B、C 等元素形成了大量

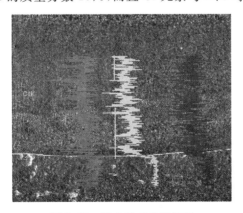

图 5.41　熔合处成分线扫描

$Cr_2B$、$(FeCr)_nC$ 等金属间化合物组织,在熔化区形成了贫铬区,如图5.43 所示。

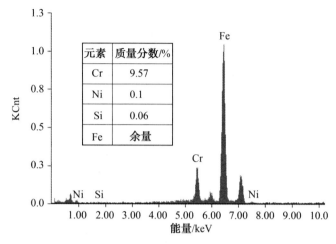

图 5.42　底部结合处平面晶能谱分析

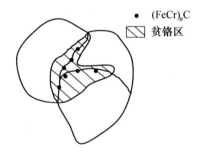

图 5.43　奥氏体晶界上铬析出示意图

　　形成贫铬区的原因是:激光快速成形体凝固冷却时,碳在不锈钢晶粒内部的扩散速度大于铬的扩散速度。室温时碳在奥氏体中的溶解度很小,为 $0.02\%\sim0.03\%$,而一般奥氏体不锈钢中的含碳量均超过此值,多余的碳不断地向奥氏体晶粒边界扩散,并和铬化合,在晶间形成碳化铬($(FeCr)_nC$)的化合物。铬沿晶界扩散的活化能为 $162\sim252\ kJ/mol$,而铬在晶粒内扩散的活化能约为 $540\ kJ/mol$。铬在晶粒内的扩散速度比铬沿晶界的扩散速度小,内部的铬来不及向晶界扩散,所以在晶间所形成的碳化铬所需的铬主要不是来自奥氏体晶粒内部,而是来自晶界附近,结果就使晶界附近的含铬量大为减少,当晶界的铬的质量分数小于 $12\%$ 时,就形成所谓的"贫铬区"。贫铬区的形成降低了 Cr 元素在晶界处的固溶强化作用,同时 $Cr_2B$、$(FeCr)_nC$ 等硬质相的脆化作用,更加降低了晶粒间的结合强度,导致金属的机械强度和晶粒间结合力显著减弱,力学性能恶化。当受到成形体内部较大残余应力作用后,发生沿晶界断裂,强度几乎完全消失。根据界面处成分分布及成形体物相组成结果,可推断该激光快速成形体熔合界面处裂纹萌生正是该种机制。

Ni35 合金激光熔覆层截面部位的缺陷形貌如图 5.44 所示,可见气孔大量分布于熔覆层内部,且依据气泡大小分布于距离界面不同的位置。较小气泡临近界面,较大气泡稍向熔池顶部浮起,凝固后即形成图 5.44(a)所示形貌。图 5.44(b)为熔覆层的裂纹形貌,裂纹贯穿熔覆层并深入到基体内部,裂纹尖端穿越基体热影响区止于基体原始组织。由图 5.44(c)可见,裂纹在气孔存在部位萌发或扩展,上下两处气孔在竖直方向上临近分布时,受应力集中作用影响,两气孔发生连接断裂,形成裂纹,裂纹向两端扩展即会贯穿熔覆层与基体组织,产生图示形貌。因此,控制熔覆层内气孔的产生可以有效防止裂纹的萌发与扩展。

| (a) 气孔 | (b) 裂纹 | (c) 裂纹 |

图 5.44 Ni35 合金激光熔覆层截面部位的缺陷形貌(×50)

上述裂纹产生的原因是熔覆层界面处产生白口组织(主要是渗碳体),该白口组织的形成与化学成分和冷却速率有关。由于促进石墨化元素较少或冷却速率太快,因此石墨化过程不能充分进行时就有可能产生白硬组织甚至裂纹。另外,基体表面内存有气孔、夹杂及硫、磷等有害元素的局部偏析,也是影响裂纹产生的因素之一。

熔覆层内残余应力情况对于裂纹产生倾向具有显著影响。激光光束的快速加热,使得熔覆层完全熔化而基体微熔,熔覆层和基体材料间产生很大的温度梯度,在随后的快速凝固过程中,形成的温度梯度和热膨胀系数的差异造成熔覆层与基体体积收缩不一致,而且熔覆层的收缩率一般都大于基体材料,熔覆层受到周围环境(处于冷态的基体)的约束,因此在熔覆层中形成极大的残余拉应力。当局部拉应力超过材料的强度极限时,就会产生裂纹。实际上固态金属在冷却的过程中还受到基体材料中马氏体相变而引起的组织应力的影响。在快速凝固过程中,由于各处的体积收缩存在极大的不同时性,因此热应力的影响占主导地位。

Fe314 合金激光熔覆层表面平行和垂直激光扫描熔覆方向应力分布分别如图 5.45 和图 5.46 所示。由图 5.45 可知,熔覆层表面主要受拉应力,平行激光熔覆方向拉应力最大值出现在熔覆层边缘,约为 290 MPa;由图 5.46 可知,垂直激光扫描方向拉应力最大值出现在熔覆层中心,约为 230 MPa。基体主要受压应力,最大值出现在熔覆层与基体的交界处。结合图 5.39 和图 5.44 可知,平行激光熔覆方向拉应力在熔覆层边缘相对较大,垂直激光扫描方向应力由熔覆层至基体逐渐由拉应力转变为压应力,并且压应力逐渐减小,表面同一位置 $x$ 方向应力稍大于 $y$ 方向应力。

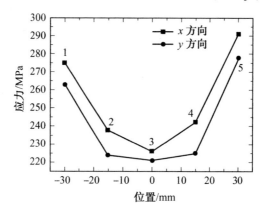

图 5.45　Fe314 合金激光熔覆层表面平行激光扫描熔覆方向应力分布

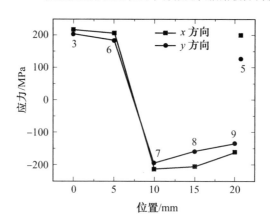

图 5.46　Fe314 合金激光熔覆层表面垂直激光扫描熔覆方向应力分布

熔覆层深度方向应力分布如图 5.47 所示,由图 5.47 可以看出,熔覆层的不同深度位置上,平行激光熔覆方向应力表现为拉应力,当熔覆层达到一定深度时,随着熔覆层深度的继续增加,拉应力值从相对稳定转为开始上升;垂直激光熔覆方向应力也表现为拉应力,并且随着熔覆层深度的不断增加,拉应力值也在不断增大,并且增长速度加快。产生上述现象的主要原因是:激光熔覆是一个局部受热的熔化过程,这一过程熔覆层基体受热极不均匀,熔池部位被急剧加热,迅速膨胀,产生非平衡温度场。而后熔池经凝固、收缩及冷却,产生收缩变形,而基体相对收缩较小,并且熔覆层与基体之间为冶金结合,因而熔覆层表面将受到基体拉应力作用,相应的反作用力作用于基体,表现为压应力。

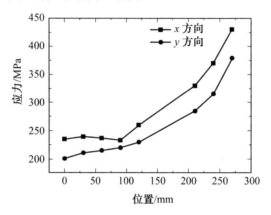

图 5.47　熔覆层深度方向应力分布

在靠近熔覆层表面的不同深度位置上,平行激光熔覆方向应力随着深度的增加先上升一定数值而后保持相对平稳,这可能是由以下原因引起:Fe314 属塑性材料,在熔覆层的不同深度上,熔覆层内部应力可能超过材料的屈服强度,产生塑性变形使得部分应力被释放;此外,激光熔覆过程中,激光在基体上反复运动使得已熔覆层出现热量积累,降低熔覆层与基体的温度梯度,对于后续熔覆层具有预热的作用,具有降低残余应力的效果。测试结果表明,随熔覆层深度的增加,平行激光熔覆方向的应力在深度方向上经初步判断为先趋于平稳后不断上升,垂直激光熔覆方向应力在深度方向上表现为不断上升。

### 5.3.3　夹杂

夹杂是激光增材再制造熔覆层成形中常见缺陷。区别于普通铸造、焊接技术,单道熔覆层尺寸较为细小,组织较为致密,决定了在熔覆层的堆积叠加成形过程中熔覆层内夹杂尺寸大小也受到限制。激光熔覆层内夹杂远小于普通铸造、焊接材料内部夹杂缺陷。熔覆层内夹杂缺陷不仅降低材料韧性，同时增加了裂纹产生的倾向性。

激光增材再制造成形时，液态熔池保护不好，会导致金属与环境气氛发生氧化还原反应，生成夹杂相弥散分布于熔覆层内，如铁基合金熔覆材料极易与 O 反应生成 FeO 化合物，随熔池搅动进入熔池内部，凝固后形成 FeO 夹杂；钛合金激光熔覆时若保护不好，在熔覆层内极易形成 Ti 的氮化物与氧化物夹杂。同样，对于自熔型激光熔覆材料而言，作为自熔元素，Si 和 B 元素的合理搭配对熔覆层的脱氧造渣性能有重要影响。例如，激光熔覆铁基锰合金材料时，合金中若没有 Si、B 等自熔元素，熔池中参与脱氧反应的元素将主要是 C 和 Mn，反应形成的 CO 导致熔覆层产生大量气孔，同时因脱氧不足而形成 MnO 和 FeO 等夹杂。MnO 熔点高，增加了熔池液态金属的黏度，降低了其流动性，从而使熔池的脱氧不完全而有较多的 FeO 存在。FeO 表面张力小，温度降低时易在熔池的表面或边缘富集析出而形成夹杂。FeO 与 $\alpha-Fe$ 的晶格接近，在熔池底部的 FeO 与基体结合，使液态金属在有氧化物的基体上难以铺展而不易与基体形成良好的结合；在熔池表面的 FeO 则因与铁水的良好结合，造成脱渣性差，而使熔覆层表面不光洁。

单独添加硅的合金粉所形成的渣属于 $FeO-SiO_2-MnO$ 系，该渣系以硅酸盐为主，渣中的 $SiO_2$ 在凝固过程中存在 4 个相变过程，其体积变化使熔覆层表面脱渣变得容易，但由于硅酸盐的黏度较大，不利于渣的上浮，熔覆层易形成夹杂。因此，硅的存在虽有利于熔覆层表面成形性的改善，但易使熔覆层形成夹杂；单独添加硼的合金粉所形成的渣属于 $FeOB_2O_3-MnO$ 系，这种渣系脱氧生成的 $B_2O_3$ 熔点低、密度小、铁水流动性好，利于渣的浮出，使熔覆层的夹杂很少，但 $B_2O_3$ 的表面张力很低，熔池表面的渣易流动，所以熔池表面在冷却过程中自保护不好，表面易氧化形成 FeO，导致脱渣困难。可见，合理配比自熔剂合金材料中 B、Si 元素比例，对于提高熔覆层脱氧造渣能力、预防杂质相形成具有重要作用。

熔覆层内的夹杂及其边界处的微裂纹如图 5.48 所示，可见在夹杂边界处出现了微裂纹，显示杂质缺陷对熔覆层的开裂敏感性具有重要影响。激光加热冷却速率极快，熔池存在的时间极短，使得熔覆层中存在的氧化物、硫化物和其他杂质来不及释放出来，很容易形成裂纹源；熔覆层在瞬间凝固结晶，晶界位错、空位增多，原子排列极不规则，凝固组织的缺陷增多，同时热脆性增大，塑韧性下降，开裂敏感性增大。熔覆层越厚，开裂敏感性越大。自熔性合金元素 B 和 Si 易生成硼硅酸盐等硬质相，使熔覆层脆化，硬质相含量越大,形成裂纹的倾向越严重。此外,B 在 Fe 及 Ni 中的溶解度均为零,因此夹杂析出物聚集于晶界易引起裂纹。

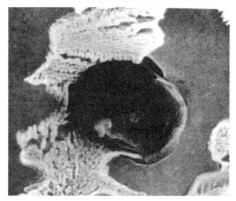

图 5.48　熔覆层内的夹杂及其边界处的微裂纹

一般而言,熔覆层中的微观缺陷(显微缩孔、夹杂物等)都是裂纹源。裂纹在夹杂位置起源后的扩展形貌如图 5.49 所示。观察发现,裂纹最初在熔覆层的第一道外侧形成,该处明显存在夹杂。EDS 分析证实,起裂点处杂质含量很高,而且,此处基体材料合金元素含量较高,涂层的稀释率高;夹杂物中包含大量杂质元素(表 5.1)。

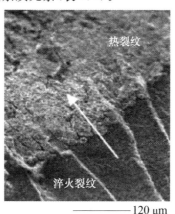

图 5.49　裂纹在夹杂位置起源后的扩展形貌

表 5.1　裂纹面上起裂点处各种元素的质量分数　　　　　　　　　%

| 位置 | Mg | Al | Si | Ca | Ti | Cr | Fe | Ni | Cu |
|------|------|-------|-------|-------|------|------|-------|-------|-------|
| 夹杂 | 5.1 | 13.58 | 22.87 | 26.85 | 2.97 | 8.86 | 4.77 | 15.87 | — |
| 孔洞 | — | — | 5.43 | — | — | 2.27 | 9.42 | 71.86 | 11.02 |

　　裂纹形成与偏析、夹杂物的关系如图 5.50 所示。由图可见,偏析是裂纹形成的前因,裂缝形成后,部分偏析成分形成夹杂物并聚集于裂缝之中。在裂缝扩展受阻改变方向后,裂纹沿产生偏析的方向萌生;在裂缝中,偏析成分形成球形夹杂物进入缝隙。在尚未形成裂缝的区域,偏析聚集形成带状。裂缝中间含有球形和具有光滑表面的夹杂物,说明该裂纹是偏析成分在高温下形成液膜,冷却过程中液膜与两侧晶粒分离而导致的液化热裂纹。

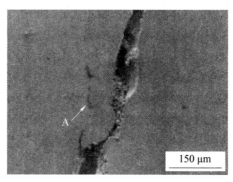

图 5.50　裂纹形成与偏析、夹杂物的关系

## 5.3.4　变形

　　在激光增材再制造成形过程中,堆积熔覆层内经常发生的整体尺寸缺陷就是变形,对于尺寸较薄的平板件而言,激光增材再制造后零部件变形形式为翘曲;而轴类件激光增材再制造后零部件变形形式表现为零部件旋转出现较大轴向跳动误差。

　　大量研究表明,熔覆层内存在的拉应力是导致熔覆层与基体变形的根本原因。在这种熔覆层拉应力作用下,基体会向熔覆面弯曲,直至与基材的弯曲抗力相平衡为止。但当熔覆层内累积的残余拉应力大于基体或熔覆层抗拉强度时,则会在二者强度最弱处发生开裂。平面堆积成形的熔覆层边界翘曲撕裂形貌图和叶片表面激光增材再制造成形覆层变形特征分别如图 5.51 和图 5.52 所示,可见当翘曲现象严重时在熔合边界处均出现了撕裂纹,将熔覆层与基体剥离。熔覆层拉应力达到极限时,变形导致的堆积熔覆层龟裂形貌如图 5.53 所示,可见熔覆层发生了横断开裂以释放内部累积的残余拉应力。

图 5.51 平面堆积成形的熔覆层边界翘曲撕裂形貌图

图 5.52 叶片表面激光增材再制造成形覆层变形特征

图 5.53 变形导致的堆积熔覆层龟裂形貌

## 5.4 激光增材再制造缺陷的控制方法

对于激光增材再制造成形覆层中的气孔、裂纹、夹杂和变形缺陷的控制措施,目前的研究很多,主要围绕两个大方面开展,即合理的成形材料选择和优化的成形工艺调配。

为获得优异成形质量的激光熔覆层,在选材方面,应综合考虑熔覆层的使用性能要求,同时还应考虑熔覆层材料的熔覆特性及与基体在热物理参数(如热膨胀系数、熔点等)方面的良好匹配关系。应综合以下几个方面设计和选择熔覆材料:

(1)根据特定工作条件,选择的涂层材料应满足所需要的特殊使用性能,如耐磨、耐蚀、耐高温和抗氧化等。

(2)激光熔覆层材料与基体材料的界面结合应具有良好的匹配关系。如熔覆层与基材的热膨胀系数会影响熔覆的结合强度、熔覆材料与基体的润湿性、基体和熔覆层之间的抗开裂能力及熔覆层材料在熔覆过程中本身的抗开裂能力等方面。

(3)在同步送粉式激光熔覆过程中,应保证合金粉末固态流动性良好。粉末的形状、粒度分布、表面状态及粉末的湿度等因素均对粉末的流动性有影响。粒度范围为 $50\sim200~\mu m$ 的普通粒度粉末或粗粉末在激光熔覆时一般均可使用,以圆球颗粒为最佳,圆球形颗粒的流动性较好。熔覆粉末的颗粒度过大,熔覆过程中会导致粉末颗粒不能完全被加热熔化,易造成熔覆层微观组织、性能的不均匀。熔覆粉末的颗粒度过小,送粉时送粉嘴又容易被堵塞,会使熔覆过程受到影响,不能稳定进行,从而导致熔覆层表面质量极差。

(4)熔覆材料与基体之间应具有良好的湿润性,以得到平整光滑的熔覆层。

(5)为了防止产生夹渣、气孔、氧化等缺陷,应有良好的去渣、除气和隔气性能。

(6)应尽量选择能够相互发生化学反应、具有良好相容性(如相似的晶体结构,相近的晶格常数等)的陶瓷与黏结金属材料;为了避免凝固后形成的陶瓷与金属基体界面不匹配,降低形成裂纹的倾向,选择时应尽量减小陶瓷与基体金属材料的热膨胀系数和比容的差异。

(7)熔覆材料的选择主要根据工件的使用性能、物理性能、化学性能或其他特殊性能要求来进行,有时还需考虑熔覆层的可加工性。

### 5.4.1　气孔控制

激光增材再制造成形覆层中的气孔抑制措施包括以下几方面:

(1)激光成形前烘粉。

增材制造的熔覆粉末在熔覆时如果未进行烘干,尤其是雾化方法制备的粉末,成形熔池飞溅严重,极易出现气孔,气孔成因是粉末所含水分蒸发或反应后凝固于熔覆层内,形成包覆气孔,气孔类型包括氢气孔、水蒸气孔等。因此,采取熔覆前预热粉末的方法,将粉末放入真空烘干箱内加热至 $100\sim200\ ℃$ 温度区间,保温时间大于 30 min,基本可消除粉末内水分,避免此类熔覆层气孔形成。

(2)合理调整保护气及送粉载气流量。

当保护气和送粉载气流量过大时,部分气体会侵入液态熔池内,熔池凝固后形成侵入性气孔,这种气孔随熔池对流运动分布于熔覆层各处,分布位置较分散;而保护气流量过小时则会导致熔池保护效果不好,熔池易氧化。合理的保护气流量特征为气体慢速徐徐地覆盖熔池,此时熔池保护效果最佳。一般高纯氩气的保护效果最佳。

(3)失效零部件激光增材再制造前去除表面油污等杂质。

对于长期与油液接触的报废零部件,零部件表层长期附着油脂,部分渗入至零部件亚表层,如铸铁缸体、缸盖等。由于铸铁表面组织较为疏松,分布着石墨凹坑及铸造气孔,油脂沿此孔洞部位渗入铸铁内部,因此铸铁表面一定深度内富含油污,熔覆时如果不加以去除将导致其燃烧,烧蚀气体进入熔池形成气孔缺陷。必要时可对零部件表层进行机加工,去除表面铁锈及油污层,避免油污形成熔覆层气孔。

(4)避免 C 与氧气反应生成碳气孔。

对于铸铁类零部件而言,在高功率密度激光光束的作用下铸铁基体熔化,暴露于试样表面的片状石墨随熔池内对流作用卷入熔池内部,在熔池气体保护不充分的条件下,石墨与氧气发生反应生成 $CO$、$CO_2$ 气体。当熔池黏度较大、气体上浮速度较小时,气泡来不及浮出熔池表面即凝固成孔洞,形成熔覆层内部的气孔缺陷。激光增材再制造成形时应尽量降低基体稀释率,减少基体 C 扩散进入熔池的含量,可有效避免熔覆层碳气孔生成。

(5)选择熔池流动性较好的激光成形粉末。

激光成形粉末熔化时流动性对气泡的上浮影响较大,通过调整成形材料元素成分,提高成形材料熔化后熔池脱氧造渣能力,降低熔池黏度,在熔池内部对流搅动作用下,可有效保证气泡的上浮,从而达到消除气孔的目的。

基于以上抑制气孔的措施,下面以 HT250 基体材料为例,分别从工艺角度与材料角度,具体阐述此类失效零部件激光增材再制造成形时气孔的防止措施。

**1. 工艺方面**

采用低功率、大送粉量、慢扫描速度进行熔覆。低功率可减小基体熔化深度，从而减少石墨进入熔池的量；大送粉量可增加粉末对激光能量的吸收量，减少基体熔化深度，从而减少石墨进入熔池的量。其中，改变激光扫描速度对于气孔控制效果明显。

固定其他工艺参数，在基体未进行预热的情况下，将激光扫描速度由 200 mm/min 提高至 600 mm/min 时的熔覆层气孔分布形貌如图 5.54 所示。由图 5.54 可知，提高扫描速度，熔覆层气孔率和气孔尺寸均增大；气孔在熔覆层内部浮起的距离减小，其分布接近结合界面。其中，激光扫描速度为 200 mm/min 时熔覆层气孔率最低。原因主要是低扫描速度可保持熔池液态时间，从而大于熔池内形成气泡上浮至表面所需的临界时间，使凝固后熔覆层组织致密，进而消除气孔影响。由此可见，激光熔覆中降低激光扫描速度可有效抑制或减弱气孔缺陷的产生。激光功率由 800 W 提高至 1 200 W 时的熔覆层气孔分布形貌，如图 5.55 所示。可见升高激光功率，熔覆层气孔率变大，而 800 W 时的气孔率与尺寸均远小于 1 000 W 和 1 200 W 时。分析图 5.54 和图 5.55 中的气孔分布，降低激光功率，使作用于铸铁基体上的激光能量减少，从而削弱基体对熔覆层的稀释作用，进入熔池的 C 元素减少，使反应生成的 CO 气体量减少，降低了气孔率。因此，采用低功率、慢扫描速度进行激光熔覆，可有效抑制或减弱气孔缺陷的产生。

(a) 200 mm/min　　　　　(b) 400 mm/min　　　　　(c) 600 mm/min

图 5.54　不同扫描速度的熔覆层气孔分布形貌（功率 1 200 W，送粉电压 11 V）

基体不同预热温度时的熔覆层气孔分布形貌，如图 5.56 所示，可见随着基体温度由 20 ℃增至 500 ℃，熔覆层内气孔数量降低，尺寸减小。3 种不同基体预热温度条件下的熔覆层稀释率及孔隙率，如图 5.57 所示。其中，采用气孔面积与熔覆层界面面积比例关系表征孔隙率。可见随着基体温度升高，熔覆层稀释率增大，而孔隙率则下降。可见熔覆过程中，对基体适当进行预热，可大幅降低熔覆层气孔率。由于基体预热后的液态熔池凝

(a) 800 W　　　　　　(b) 1 000 W　　　　　　(c) 1 200 W

图 5.55　不同激光功率的熔覆层气孔分布形貌(扫描速度 200 mm/min,送粉
　　　　　电压 11 V)

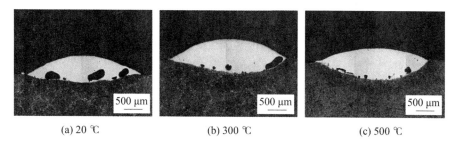

(a) 20 ℃　　　　　　(b) 300 ℃　　　　　　(c) 500 ℃

图 5.56　基体不同预热温度时的气孔分布形貌(功率 1 200 W,扫描速度
　　　　　400 mm/min,送粉电压 11 V)

固温度梯度降低,液态保持时间延长,因此熔覆层内产生的气孔有时间浮
出熔池表面,从而提高熔覆层结构致密性。但增大的稀释率将降低熔覆层
中 Ni、Cu、B、Si 等合金元素的冶金作用,导致更多的 C 进入熔覆层,降低
Ni、Cu、Si 对白口化的抑制作用,出现界面白口组织,使熔覆层脆性增加。

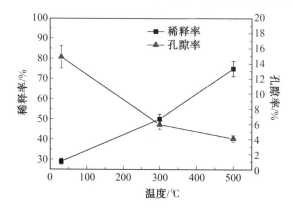

图 5.57　3 种不同基体预热温度条件下的熔覆层稀释率及孔隙率

**2. 材料方面**

粉末是激光增材再制造的基础材料,不同的粉末成分及粉末特性会导致其气孔倾向的变化。以采用雾化法制备纯镍粉作为熔覆打底层材料及镍基自熔剂合金为例。研究发现,镍基自熔粉末的气孔倾向要显著高于纯镍粉。镍基自熔剂合金属于喷涂材料,具有较宽的凝固温度区间,同时自熔剂合金内部的硼元素反应形成硼酸盐,该化合物较黏稠,不易上浮,导致粉末的液态熔池流动性较差,熔池凝固时呈"糊状"凝固特征。当激光熔覆过程中熔池中产生气泡时,其凝固特征导致气泡上浮速度较小,甚至来不及浮至熔池表面而释放,导致其凝固在熔覆层内部形成气孔,熔覆层的致密度低。相对而言,纯镍粉不具备这种"糊状"凝固特征,气泡上浮速度较大。选用合适的工艺参数时,气泡会完全浮出熔池表面或存在于亚表层,避免气孔的生成,从而提高熔覆层的致密度。

## 5.4.2 裂纹控制

无论是热裂纹还是冷裂纹,成形过程中不均匀受热所导致的热应力是裂纹产生的决定条件。因此,对于熔覆层开裂控制措施,可从降低甚至消除瞬时应力应变场及残余应力的角度进行控制。现阶段,对于改善激光熔覆层的应力状态和消除裂纹,主要的方法包括熔覆材料成分组织的合理设计,以及激光熔覆工艺方法及其参数的合理选择两类。

(1)按照强韧化原理,合理地设计熔覆材料的成分和组织。根据熔覆层要求的使用性能和工艺条件,遵循改善熔覆合金对基材润湿能力,降低覆层的热膨胀系数,减小熔覆合金的熔化温度区间,控制结晶方向,提高韧性相含量的原则去选择熔覆材料。通过提高材料本身韧性达到松弛内部累积应力的效果。

(2)合理地选择工艺方法和参数。对于预置法,由于其特殊的加热和传热过程,影响熔覆过程的因素复杂,在实际选取工艺参数时,根据熔覆层的几何尺寸和使用性能的要求,通过调整激光功率、光斑的形状和尺寸、扫描速度等来控制输入激光熔池的能量和激光辐照的时间,以达到最佳的熔覆层质量。另外一个最简单的方法是预热。基体加热至 $300\sim500$ ℃,可以有效减小激光作用过程中的热应力作用;同时,采用缓冷降温也可以有效避免堆积成形熔覆层开裂。

对铸铁零部件激光增材再制造成形而言,铸铁激光熔覆时极易产生裂纹缺陷。裂纹包含热裂纹和冷裂纹两种。

**1. 热裂纹产生的原因及防止措施**

当熔覆层为铸铁组织时,则不易产生热裂纹。热裂纹大多产生在非铸铁熔覆层中,这是由于铸铁激光熔覆时基体中大量的 S 和 P 等进入熔覆层后会与 Ni 等元素形成低熔点共晶组织,这些低熔点共晶组织在晶粒间呈连续分布,在熔覆层应力的作用下,这些低熔点共晶组织薄层就被拉裂纹,从而产生热裂纹。由于热裂纹的产生与熔池金属中的 S、P 等杂质的含量有关,因此为了防止热裂纹的产生,必须控制铸铁基材的稀释率,防止熔覆层成分受到严重污染。显然,稀释率越低,涂层成分污染越小,热裂倾向越小。调整熔覆层成分,加入稀土等元素增强熔池脱硫、脱磷等冶金反应;加入适量的细化晶粒元素,使熔覆层晶粒细化等措施均可降低热裂倾向。

**2. 冷裂纹产生的原因及防止措施**

铸铁激光熔覆裂纹多是冷裂纹,它一般是由形成的硬脆组织和熔覆层应力共同作用而产生的,冷裂纹主要产生在熔覆层和热影响区内。铸铁激光熔覆时熔覆层极易产生马氏体等脆硬组织,这是由于基体熔化过渡到熔覆层中的 C 含量较高,在快速冷却过程中极易形成马氏体等脆硬组织,在熔覆层应力的作用下极易产生裂纹。铸铁激光熔覆时在半熔化区内容易形成高硬脆的渗碳体组织,即白口组织,而在热影响区内石墨中的碳会向周围奥氏体扩散,使奥氏体含碳量增加,奥氏体容易形成高碳马氏体。白口组织性能硬脆,白口铸铁的收缩率比灰口铸铁大,易形成较大的残余拉应力,开裂敏感性极高。高碳马氏体在形成过程中以极快的速度生长而相互撞击,因而易形成微裂纹,在熔覆层应力的作用下,裂纹会快速扩展,形成宏观裂纹。另外,由于半熔合区的白口组织收缩率(1.6%～2.3%)比奥氏体区灰口铁的收缩率(0.9%～1.3%)大很多,因此,当熔合线附近存在白口组织时,熔合线和奥氏体区之间将产生很大的剪切应力,这种应力将使基材沿这两个区域的交界产生纵向裂纹,严重时将整个熔覆层从基材上剥离下来。由冷裂纹的形成原因分析可知:防止熔覆层和热影响区产生白口组织和淬硬组织,提高熔覆层的塑性、韧性以增强熔覆层的抗开裂能力和尽量降低熔覆层应力等措施是防止冷裂纹的有效手段。

**3. 铸铁激光熔覆裂纹的控制措施**

防止铸铁熔覆层开裂的关键在于防止白口和马氏体等硬脆组织的形成。由于基材的化学成分无法调整,因此只能通过调节熔覆层的化学成分来改善组织和性能。半熔化区与熔覆层紧密相连,高温时半熔化区与激光熔池元素间能相互扩散。因此,熔覆层的化学成分对半熔化区白口层的形成有较大影响。增加熔池中石墨化元素的含量,将有助于减少或消除白口组织,反之将加剧半熔合区中白口组织的形成。首先,Ni 是促进石墨化的元素,在高温时其扩散能力在液态时很强,提高熔覆层中的 Ni 含量,半熔合区的 Ni 含量也会相应提高,因此可减弱半熔化区白口倾向。

两种镍合金熔覆层金相组织如图 5.58 所示。由图可见,对比镍铬合金粉末的白口组织特征,采用纯镍粉打底,熔覆层与基体在熔合区附近未产生白口组织。说明采用纯镍粉可有效防止基体中 C 元素的扩散,防止其进入熔池与 Fe 元素形成 $Fe_3C$ 白口组织,抑制效果明显。

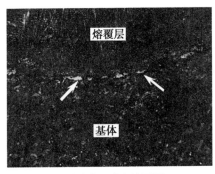
(a) 镍铬合金激光熔覆层

(b) 纯镍激光熔覆层

图 5.58　两种镍合金熔覆层金相组织

其次,Ni 是一种石墨化元素,可以降低碳化物的稳定性,并削弱碳化物形成元素对碳的结合力,在高温时 Ni 本身对碳又有较大的溶解度。因此,提高熔覆层中的 Ni 含量,可以抑制或减少碳的扩散。所以,可采用镍基材料进行过渡来阻止碳的迁移,防止铸铁熔覆层裂纹。另外,高的含镍量还可以降低熔覆层金属的热膨胀系数,从而减小热应力,降低裂纹敏感性。综上所述,在铸铁基体和熔覆层之间制备一层纯镍过渡层可有效防止熔覆层裂纹的产生。

而在工艺方面,可采用如下措施进行铸铁基体激光成形合金涂层的裂纹控制:

对于激光熔覆,熔覆层的极冷极热是其温度变化特征,在较大的冷却速率下,必将导致凝固的熔覆层具有较大的热应力,应力过大时将导致熔覆层与基体结合撕裂或熔覆层开裂。因此,控制熔覆层和基体的热输入成为工艺控制的重点,基本思路是铸铁不预热熔覆时,采用较小的激光功率,尽量减小熔覆层稀释率,减小基体熔化深度。经大量实验总结发现,对于镍基合金激光成形层而言,在最优工艺参数条件下(激光功率为 900 W,扫描速度为 200 mm/min,送粉电压为 11 V,光斑直径为 3.5 mm,载气流量

为 $150\sim200$ L/h),熔覆层不存在裂纹,成形质量较好。最优化工艺下镍基合金激光堆积层形貌如图 5.59 所示。

图 5.59　最优化工艺下镍基合金激光堆积层形貌

### 5.4.3　夹杂控制

**1. 对熔池充分进行惰性气体保护**

为避免熔池表面氧化生成氧化物卷入熔池内部,激光增材再制造成形必须对熔池进行惰性气体保护,一般高纯氩气的保护效果最佳,保护气流量应适中,即以慢速徐徐输出的方式覆盖熔池。

空气环境与氩气环境两种气氛中,激光立体成形 Inconel718 合金的宏观组织形貌如图 5.60 所示。可见,两种气氛中成形试样的组织中均含有一定量的氧化物夹杂。图 5.60(a)显示氩气环境中成形试样中的夹杂较少,视野范围仅在箭头所示位置发现夹杂。相比之下,图 5.59(b)所示的空气环境中成形试样中的夹杂数量较多,且发现有约为 $500~\mu m$ 的大尺寸夹杂。可见采用惰性气体氩气进行熔池保护可大幅降低夹杂含量。

**2. 合理调整自熔剂合金元素比例**

对于自熔剂合金而言,自熔剂元素 Si 和 B 是设计自强化铁基中锰合金材料成分中的重要组成元素。研究表明,同时添加适量的 Si 和 B 元素,在有效抑制碳脱氧避免气孔形成的同时,其脱氧造渣作用将明显增强。熔池反应形成的硼硅酸盐熔点低、密度小,易聚集长大上浮至熔池表面形成保护,使得熔池表面氧化膜形成,降低渣的活性,可改善熔覆层的脱渣性,利于熔覆层的成形。另外,硼硅酸盐表面张力低,还可增加熔池金属的流动性,使液态金属易于在基体表面上湿润铺开,可有效地防止熔覆层的夹杂和裂纹形成。

因此,在合金粉中同时加入脱氧造渣元素 Si 和 B,对提高熔覆层表面

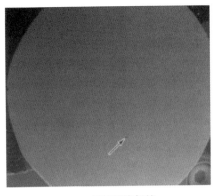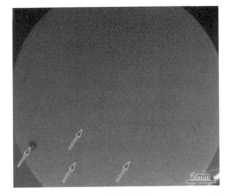

(a) 氩气环境保护          (b) 空气环境

图 5.60 激光立体成形 Inconel718 合金的宏观组织形貌

成形性、减少熔覆层夹杂和防止熔覆层裂纹都是有利的。但随着 B、Si 含量的增加,熔覆层内硬度高的碳硼化物和脆性氧化硅酸盐含量增多,使涂层的塑性、韧性下降,脆性增加,裂纹倾向增大,因此硅、硼含量应控制在适当范围内。

**3. 及时清理飞溅物,避免夹杂**

激光增材再制造成形时,由于激光、粉末、基材、载气的交互作用,因此熔池不可避免地发生飞溅,部分飞溅物以颗粒状氧化产物形式分布于已成形的熔覆层表面,当后继熔覆层堆积至此位置时,极易将此氧化产物包覆于熔池内进而形成夹杂。因此,在工艺方面,每层成形完毕后,及时清理熔覆层表面飞溅物,可有效避免此类夹杂缺陷。

## 5.4.4 变形控制

一般而言,熔覆层体厚度越厚,熔化所需输入的激光能量也就越多,引起的成形结构热变形量也就越大。预热和后热处理可有效地减少激光熔覆层的热应力,从而减小基体的变形量。减小激光成形结构变形的措施包括:

(1)减小收缩。严格控制收缩可以减小制件的变形,一般而言,通过以下方法可减小熔覆层的收缩:①采用体积收缩率小的材料;②增加粉末原始密度,即在粉末铺设时铺粉滚筒应将粉末压实。

(2)对基体进行预热缓冷处理,尽量削弱成形过程中堆积结构各处的温度不均匀分布趋势。基体预热 200 ℃石棉毯包覆缓冷处理的激光堆积成形结构形貌如图 5.61 所示,可见结构整体无变形。

图 5.61　基体预热 200 ℃石棉毯包覆缓冷处理的激光堆积成形结构形貌

（3）选取合适的工艺参数。对于不同粉末材料的成形，其最优加工参数是不尽相同的，应选取较小成形结构残余应力的激光成形工艺参数。

（4）选取适当的激光成形路径规划。路径规划将直接影响加工面上的温度场分布，导致每层内部和层间的内应力不同。短边扫描中相邻两次扫描的间隔时间短，相邻扫描线间的温差较小，而且前一次扫描的熔覆层对后一次扫描的熔覆层进行了预热，降低了温度梯度。而长边扫描中，激光扫描后，熔覆层立即冷却凝固引起收缩，在收缩率相同时，长线段的收缩量比短线段大，长边扫描比短边扫描更容易产生翘曲变形。

## 5.5　激光增材再制造的后处理控形控性

### 5.5.1　激光增材再制造后热处理对组织性能的影响

对于金属构件的激光增材再制造，激光的快速加热及冷却决定其基本过程的非平衡性。这种非平衡过程会导致 3 个主要问题：

（1）增材再制造本身逐层累加的特点决定了其需要经历复杂的热循环。其呈现出的组织特征与常见的铸态、锻态、焊态金属存在一定的差异，且多数情况下对金属材料是不利的。增材制造状态下得到的是非平衡组织，并或多或少地伴有晶粒粗大、晶粒定向生长、成分偏析的现象。

（2）增材再制造激光与基材和粉末材料的相互作用过程中，熔覆层及基材受一个极不均匀的快热快冷作用，熔池及其附近部位以远高于周围区域的速度被急剧加热并局部熔化，熔覆层与基材间产生了很大的温度梯度。在随后凝固和冷却过程中，这种大的温度梯度造成熔覆层的收缩变形将受到周围较冷区域约束，使得两者的体积膨胀和收缩不一致，相互牵制，

191

结果在熔覆层中形成内应力。残余应力对材料性能有很大影响,此外还影响构件微观组织稳定性和尺寸稳定性。

(3)在高功率激光光束长期循环往复"逐点扫描熔化—逐线扫描搭接—逐层凝固堆积"的大型金属构件激光熔化沉积增材再制造过程中,主要工艺参数、外部环境、熔池熔体状态的波动和变化、扫描填充轨迹的变换等不连续和不稳定,都可能在零部件内部沉积层与沉积层之间、沉积道与沉积道之间、单一沉积层内部等局部区域产生各种特殊的内部冶金缺陷(如层间及道间局部未融合、气隙、卷入性和析出性气孔、微细陶瓷夹杂物、内部特殊裂纹等)。

在组织、残余应力和冶金缺陷等因素的共同作用下,增材再制造的金属材料在性能上的表现常不能达到要求,而且在当今工程领域对结构的服役性能要求日益严苛。所以,对增材再制造金属材料的后处理工艺进行研究显得尤为重要。

钛合金的增材制造及其相应的后热处理研究开展较充分。张小红等研究了激光增材制造 TA15 钛合金沉积态、退火态、固溶时效态及双固溶时效态 4 种状态的组织及力学性能。激光增材制造的 TA15 沉积态组织为相互交叉的发达的魏氏 $\alpha+\beta$ 板条,其拉伸性能存在各向异性,其纵向(沉积高度方向)塑性高于横向,但强度略低于横向;退火态微观组织没有明显变化,与沉积态相似,只是部分 $\alpha$ 板条粗化和等轴化,在强度降低不多的情况下塑性得到了提高,具有良好的综合拉伸性能,达到了锻件退火态的拉伸性能标准,硬度比沉积态略低;固溶时效处理后得到了粗化的 $\alpha$ 初 $+\alpha'$ 组织,强度也得到了很大的提高,但塑性明显降低,特别是断面收缩率显著减小,马氏体的出现使硬度明显提高;双固溶时效处理后可得到 $\alpha$ 初 $+$ 细化 $\alpha$ 初 $+\alpha'$ 组织,性能与退火态类似。张霜银等用小孔释放法对激光增材制造 TC4 钛合金沉积态和热处理态的残余应力进行了测试。研究发现激光增材制造 TC4 合金的残余应力较小,沿激光扫描方向的残余应力 $\sigma_y$ 和垂直于激光扫描力方向的残余应力 $\sigma_z$ 分布规律类似。与沉积态试样相比,去应力退火后 $\sigma_y$ 和 $\sigma_z$ 分别平均降低 59.8% 和 72.3%,固溶时效处理后分别平均降低 64.7% 和 67.8%。热处理后残余应力分布趋于平缓,可有效地消除和调整激光增材制造过程产生的残余应力。

黄瑜等对 TC11 钛合金激光增材制造件沉积态和热处理态组织进行了对比研究。研究结果表明,TC11 钛合金的沉积态组织由贯穿多个熔覆层粗大柱状晶和粗大等轴晶组成,原始柱状 $\beta-Ti$ 晶内的微观组织是由条状 $\alpha$ 和残余 $\beta$ 相组成。沉积态试样在 950 ℃热处理后组织转变为等轴 $\alpha$、

条状 α 和 β 转变基体组成的近三态组织,晶界 α 大部分破碎球化消失,部分未破碎的晶界上镶嵌有 α 集束。粗大 β 晶内等轴 α 的产生与亚晶有关。在 970 ℃ 热处理后为网篮组织,等轴 α 较少,α 板条有粗化趋势;在 1 030 ℃ 再结晶后经 950 ℃ 热处理的组织是由粗大 α 板条组成的魏氏组织,在 α 边界和 α 内部残留有大量细小 β,晶界 α 基本没有破碎消失。

蒋师等人利用激光增材制造技术成形 Ti60 合金,研究热等静压一双重退火对激光增材制造 Ti60 合金缺陷、组织及拉伸性能的影响。研究发现激光增材制造 Ti60 合金存在气孔和未熔合两种缺陷,经热等静压处理后,气孔和尺寸较小的未熔合缺陷消除;沉积态试样底部和中部为柱状晶,顶部为等轴晶,微观组织为魏氏组织,由板条 α 和板条间 β 组成;经热等静压一双重退火处理后,晶界 α 消融,大部分原始 β 晶界消失,α 板条粗化,长宽比减小,微观组织变为网篮组织;与锻件相比,沉积态试样拉伸强度较高,塑性较低,经热等静压一双重退火处理后,其塑性达到了锻件标准。

杨帆等人针对电子束增材制造技术成形的 AerMet100 钢,研究了热等静压和均匀化退火工艺对拉伸性能的影响。研究发现均匀化退火与热等静压对电子束成形 AerMet100 钢的室温抗拉强度有明显改善;930 ℃ 热处理后试样的抗拉强度高于 1 000 ℃ 热处理后试样的抗拉强度,但屈服强度略低;均匀化退火与热等静压处理对材料塑性的改善不明显,但可降低成形件拉伸性能的各向异性。

仲崇亮等人研究了热处理工艺对激光增材制造 Inconel718 组织和性能的影响。其参照铸造工艺加工的 Inconel718 材料的热处理工艺,对高沉积速率激光增材制造 Inconel718 材料先后进行了均质化热处理、固溶热处理及双时效热处理,并分析了热处理态材料的微观结构特性和相析出特性。研究发现,经热处理后,材料各个方向具有类似的微观结构,各个方向观察到的晶粒粒度类似,推断出沉积态 Inconel718 材料发生了重结晶,之前的柱状晶结构经过热处理转变为等轴晶。且在热处理后析出了强化相 $\gamma'$ 和 $\gamma''$ 相,同时未观察到 Laves 相。热处理态材料的硬度、抗拉强度和屈服强度都有所提高,延展性下降了约 18%,但仍高于 AMS 对铸造工艺和锻造工艺加工的 Inconel718 材料的相应标准。Y. D. Wang 等人研究了热处理对激光增材制造马氏体不锈钢 1Cr12Ni2WMoVNb 组织与力学性能的影响。材料分别在 1 050 ℃、1 100 ℃、1 150 ℃、1 200 ℃ 的温度下固溶处理 30 min 后在油中淬火,再对 1 150 ℃ 固溶处理的样品进行调质处理(加热至 580 ℃ 回火后在空气中冷却)。实验结果表明,经 1 150 ℃ 固溶处理后通过相变有效地将柱状晶转变为等轴晶,枝间相得到溶解,并且消除了层间的热影响区与显微偏析的现象,而在 1 050 ℃的固溶处理并不能很好地消除各向异性。热处理前后材料的室温力学性能见表 5.2。固溶后再经调质处理可使材料的抗拉强度与断后伸长率超过锻件,达到较为理想的结果。但处理后的材料冲击韧性略低于锻件,且冲击韧性值较为分散,这可能是沉积钢中存在孔隙的原因。

表 5.2　热处理前后材料的室温力学性能

| 材料 | 抗拉强度 $R_m$/MPa | 断后延伸率 $A$/% | 冲击功 $\alpha_{KU}$/(kJ·m$^{-2}$) |
|---|---|---|---|
| 沉积态 | 1 223±20.8 | 7.7±0.58 | — |
| 固溶+调质热处理 | 1 303±20.8 | 13.8±1.26 | 1 223±20.8 |
| 锻造材料 | 1 264 | 17.0 | 1 140 |

美国学者 William E. Lueck 等人研究了去应力退火对激光增材制造 UNS S17400 马氏体不锈钢力学性能的影响,发现在 650 ℃下去应力退火 1 h 使屈服强度降低,但提高了抗拉强度。另外,热处理使得原本在试样各部位均匀分布的硬度数据出现波动,并且这种不稳定性与测试点的位置之间几乎没有关联。

张立波等对 T250 马氏体时效钢激光增材制造件进行了固溶和时效热处理工艺的研究,对与基材连接处进行了组织观察和力学性能的测试,同时对成形件中的缺陷进行了分析。采用优化的后热处理工艺,既通过高温均匀化处理改善了沉积态组织中的成分偏析,又通过循环相变工艺细化了晶粒,解决了高温均匀化过程造成的晶粒粗大问题,使热处理后的成形件保持了较好的强度、硬度、塑性和韧性。

Y. Liu 等人使用激光增材制造工艺制造了 AISI 431 不锈钢板,并且研究在沉积过程中的微观结构演变,在不同热处理条件下的相变及微观结构对钢的拉伸性能的影响。研究结果表明,激光增材制造的 AISI 431 钢具有精细的定向微结构,其由树枝状铁素体相、枝晶间铁素体相和(Cr、Fe)$_{23}$C$_6$ 碳化物组成。由于铁素体和碳化物之间的结合力较低,裂纹容易产生并沿着界面传播,脆性较大,机械性能较差。在 1 000~1 100 ℃的温度下进行固溶处理后,钢的中间层热影响区被消除,当固溶温度升高时,碳化物逐渐溶解。在 1 100 ℃以下进行热处理时,铁素体的量没有变化,并且在 1 050 ℃固溶热处理之后,钢具有最佳的机械性能,强度达到 1 283 MPa。

### 5.5.2 激光增材再制造的其他后处理技术

增材再制造部件分别有表面质量、内部缺陷及微观结构和组织上的问题,需要采用不同的后处理手段来解决相应的问题。后热处理用于消除应力,改善组织,且由于其有大量的实验数据可供借鉴,目前研究得较多。同样,针对激光增材再制造的表面质量的后处理主要由激光抛光、喷丸、电解抛光和等离子喷涂等;对内部缺陷消除的研究主要集中在热等静压方法上。

**1. 表面后处理**

目前对增材制造部件表面后处理的研究主要集中在激光抛光上,激光抛光原理如图 5.62 所示。激光抛光是有足够能量密度的激光光束照射到材料表面后,材料表面迅速熔化,形成熔池,熔池由于表面张力和重力的作

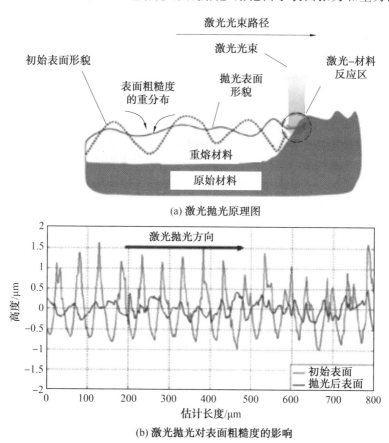

(a) 激光抛光原理图

(b) **激光抛光对表面粗糙度的影响**

图 5.62 激光抛光原理图及激光抛光对表面粗糙度的影响

用,液体材料重新分布到相同的水平面。激光光束离开后,该区域的温度迅速下降,熔池凝固,表面粗糙度大大减小。与传统的机械抛光方法相比,激光抛光比较环保,且自动化程度高。

Debajyoti Bhaduri 等人研究了激光抛光参数及工艺环境对增材制造不锈钢表面完整性的影响。激光能量密度和沿扫描方向的脉冲激光的重叠程度是影响改善表面质量最重要的因素。能量密度低会导致熔化不足,超过最佳值则会导致材料烧蚀和表面过度熔化。在最优参数下,表面粗糙度最大降低了 94% 以上。激光抛光的有效性很大程度上取决于初始表面粗糙度,初始表面粗糙度越大,激光抛光的表面粗糙度减少量越大。激光抛光后表面的颜色与表面氧化的量/深度直接有关,使用氩气屏蔽则显著地减少了氧化现象。

C. P. Ma 等人研究了增材制造钛合金的激光抛光工艺。研究发现,采用激光抛光工艺可以将钛合金表面粗糙度由 5 $\mu m$ 以上下降到 1 $\mu m$ 以下。XRD 结果表明,沉积态的 TC4 和 TC11 合金主要由 α 和 β 相组成,而激光抛光的表面主要由 α′ 马氏体组成,无 β 相。由于在表面上形成 α′ 马氏体相,因此硬度比初始材料增加 32% 和 42%。由于表面 α′ 马氏体相的形成,因此表面的耐磨性也大大提高。

S. Marimuthu 等人研究了激光选区熔化 Ti6Al4V 的激光抛光工艺。研究发现,激光功率范围为 150～180 W,扫描速度范围为 500～1 000 mm/min,合理的轨迹宽度为 0.41 mm,此时得到的表面较为光滑。低于 150 W 的激光功率或大于 1 000 mm/min 的扫描速度,无法产生合理的熔池宽度。高于 180 W 的功率或低于 500 mm/min 的扫描速度会产生明显的表面涟漪,会增加表面粗糙度。激光功率为 160 W,扫描速度为 750 mm/min,光束偏移量为 0.35 mm,可获得 $Ra$ 为 2.4 $\mu m$ 的最小表面粗糙度。激光抛光过程过多的热输入会导致表面氧化和碳化。

Tian Yingtao 等人研究了增材制造 Ti6Al4V 在激光抛光过程中的材料相互作用。研究发现,激光抛光使得材料表面粗糙度降低 75% 以上,抛光后的表面粗糙度仅为 0.51 $\mu m$,同时激光抛光在不损伤材料的前提下还消除了材料表面的应力集中。激光抛光过程形成的表面层相对于原材料表现出不同的晶粒结构和重新取向的织构,这可能与光束扫描方向与原 AM 构造方向不同有关。同时发现,激光抛光导致组件表面高水平(高达 580 MPa)的残余拉应力,其随深度迅速衰减。但是,通过标准的应力消除热处理,残余应力可以完全消除。

F. Calignano 等人研究了工艺参数对激光直接烧结铝合金表面粗糙度

的影响。研究发现,扫描速度对表面粗糙度的影响最大,得到表面粗糙度最小的实验参数为:扫描速度 900 mm/s,激光功率 120 W,孵化距离0.1 mm。喷丸硬化的表面粗糙度大大降低了,而且随着压力的增加,其表面粗糙度也有所提高。但是,喷丸无法除去由于工艺参数而形成的"丘陵"。

此外,Alberto 采用滚磨加工方法对增材制造成形件进行后处理,提出了表面粗糙度与层厚、滚磨时间等参数有关系的结论,并做了大量的实验研究,取得了较好的效果;Pandey 利用热切割加工技术处理增材制造成形件,提高了成形件表面粗糙度;还有学者采用喷砂机对 FDM 成形件进行后处理,采用专用喷砂机使得成形件表面变得光滑。

以上后处理方法多是针对表面粗糙度进行的,通过减小表面粗糙度可以有效地改善部件的疲劳性能,但如果对材料的其他表面性能如表面硬度有进一步的要求,则需要进行其他后处理。例如,通过渗碳、渗氮处理,可以显著提高材料表面的硬度,以及部件的耐磨性和抗疲劳性能。

**2. 内部缺陷的后处理**

增材制造部件内部缺陷的存在会导致承载面积的减小,从而降低材料的强度。同时,缺陷被称为裂纹萌生及扩展的起点,导致延伸率及疲劳性能的降低。目前减少内部缺陷比较有效的后处理方法是热等静压。热等静压(HIP)是通过较高的温度和恒定的气体压力来降低材料孔隙率和增加材料致密度的一种加工方法。

Alena Kreitcberg 等人研究了热等静压和热处理激光增材制造 625 镍基合金微观结构和机械性能的影响。研究发现,热等静压处理加速了再结晶和晶粒长大的现象:平均晶粒尺寸增加到 $40\sim50~\mu m$,晶粒转变为等轴晶,晶粒尺寸在 $10\sim300~\mu m$ 之间变化。等轴晶的形成,HIP 处理使得机械性能对取向的依赖性降低到 3%。同时 HIP 处理后的试样延伸率最高,而屈服强度和抗拉强度最低。

Hiroshige Masuo 等人研究了缺陷、表面粗糙度和热等静压工艺对增材制造 Ti6Al4V 合金疲劳性能的影响。激光增材制造部件的 $S-N$ 循环曲线如图 5.63 所示,研究发现,增材制造 Ti6Al4V 合金主要缺陷是气孔和未熔合。HIP 处理后,试样表面附近的许多孔隙得到了消除,但表面缺陷无法消除。表面粗糙度对疲劳强度也有较大的不利影响,通过表面抛光可以大大改善试样的表面粗糙度。对疲劳性能研究发现疲劳极限有以下规律:沉积态 < HIP 处理后 < 表面抛光处理后 < HIP 处理后再表面抛光。沉积态试样的疲劳极限仅为预期的 27%,而 HIP 处理后再表面抛光的试

样疲劳极限接近预期的疲劳极限。

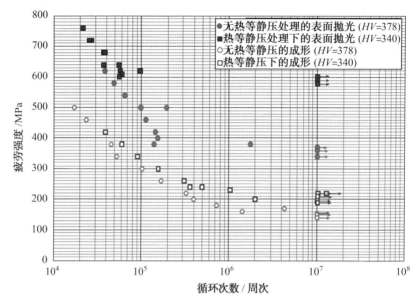

图 5.63 激光增材制造部件的 $S-N$ 循环曲线

可见,通过以上 3 种后处理手段的综合运用,可以有效地提高材料的综合力学性能,满足各个场合的使用。通过表面后处理可以提高材料的表面性能,如降低表面粗糙度,提高耐磨性、硬度等,进而获得较好的抗疲劳性能;通过热等静压处理可以有效减少材料的内部缺陷,从而提高材料的力学性能;后热处理更是可以方便地细化晶粒、消除偏析、降低内应力,使组织和性能更加均匀,进一步提高材料的力学性能。

# 本章参考文献

[1] 朱祖芳. 有色金属的耐腐蚀性及其应用[M]. 北京:化学工业出版社,1995.

[2] 左铁钏. 高强铝合金的激光加工[M]. 北京:国防工业出版社,2002.

[3] 王彦芳,李刚,武同霞. ZL101 铝合金表面激光熔覆 Fe-Al 金属间化合物涂层[J]. 中国激光,2009,36(6):1581-1584.

[4] 王德福,胡乾午,曾晓雁. HS320 活塞环槽两岸激光表面强化的研究[J]. 应用激光,2004,24(2):77-80.

[5] 董世运,韩志才. 铝合金表面激光熔覆现状与展望[J]. 汽车工艺与材

料,1999(3):4-7.

[6] DURANDEL Y,BRANDT M,LIU Q. Challenges of laser cladding Al 7075 alloy with Al 7075 alloy with Al-12Si alloy power[J]. Materials Forum,2005,29:136-142.

[7] 薛蕾,黄一雄,卢鹏,等.激光成形修复 ZL104 合金的组织与性能研究 [J].中国表面工程,2010,(23):97-100.

[8] 钦兰云.钛合金激光沉积修复关键技术[D].沈阳:沈阳工业大学, 2014.

[9] 宫新勇.激光熔覆沉积修复 TC11 钛合金叶片的基础问题研究[D].北京:北京有色金属研究总院,2014.

[10] 林鑫,薛蕾,陈静,等.钛合金零件的激光成形修复[J].快速制造技术,2010(8):54-58.

[11] 王华明,张述泉,王向明.大型钛合金结构件激光直接制造的进展与挑战[J].中国激光,2009,32:3204-3209.

[12] 于新年,孙福权,刘新宇,等.钛合金表面缺陷的激光熔覆修复研究 [J].测试与机理分析,2011(16):116-118.

[13] 张小红,林鑫,陈静,等.热处理对激光立体成形 TA15 合金组织及力学性能的影响[J].稀有金属工程与材料,2011,40(1):142-147.

[14] 张霜银,林鑫,陈静,等.热处理对激光立体成形 TC4 残余应力的影响 [J].稀有金属工程与材料,2009,38(1):774-778.

[15] 黄瑜,陈静,林鑫,等.热处理对激光立体成形 TC11 钛合金组织的影响[J].稀有金属材料与工程,2009,38(12):2146-2150.

[16] 蒋帅,李怀学,石志强,等.热等静压对激光直接沉积 Ti60 合金组织与拉伸性能的影响[J].红外与激光工程,2015,44(1):107-111.

[17] 杨帆,巩水利,锁红波,等.热等静压对电子束成形 AerMetl100 钢性能的影响[J].特种加工,2015(15):90-93.

[18] 仲崇亮.基于 Inconel1718 的高沉积速率激光金属沉积增材制造技术研究[D].北京:中国科学院大学,2015:137-143.

[19] WANG Y D,TANG H B,FANG Y L,et al. Effect of heat treatment on microstructure and mechanical properties of laser melting deposited 1Cr12Ni2WMoVNb steel[J]. Materials Science and Engineering A,2010,528:474-479.

[20] LUECKE W E,SLOTWINSK J A. Mechanical properties of austenitic stainless steel made by additive manufacturing[J]. Journal of

Research of the National Institute of Standards and Technology, 2014,119：398-418.

[21] 张立波.激光快速成形 T250 马氏体时效钢组织性能的研究[D]. 西安：航天动力技术研究院,2016：42-63.

[22] LIU Y,ZHANG S Q,WANG H M,et al. Effects of heat treatment on microstructure and tensile properties of laser melting deposited AISI 431 martensitic stainless steel[J]. Materials Science and Engineering A,2016：27-33.

[23] BHADURI D,PENCHEV P,BATAL A,et al. Laser polishing of 3D printed mesoscale components[J]. Applied Surface Science,2017, 405：29-46.

[24] MA C P,GUAN Y C,ZHOU W. Laser polishing of additive manufactured Ti alloys[J]. Optics and Lasers in Engineering,2017,93：171-177.

[25] MARIMUTHU S,TRIANTAPHYLLOU A,ANTAR M,et al. Laser polishing of selective laser melted components[J]. International Journal of Machine Tools and Manufacture,2015,95：97-104.

[26] TIAN Yingtao,WOJCIECH S G B,ALDARA P C B,et al. Material interactions in laser polishing powder bed additive manufactured Ti6Al4V components[J]. Additive Manufacturing,2018,20：11-22.

[27] TAMMAS-WILLIAMS S,WITHERS P J,Todd I,et al. Porosity regrowth during heat treatment of hot isostatically pressed additively manufactured titanium components[J]. Scripta Materialia, 2016, 122：72-76.

[28] BOSCHETTO A,BOTTINI L. Roughness prediction in coupled operations of fused deposition modeling and barrel finishing[J]. Journal of Materials Processing Tech,2015,219：181-192.

[29] MASUO H,TANAKA Y,MOROKOSHI S,et al. Effects of defects,surface roughness and hip on fatigue strength of Ti−6Al−4V manufactured by additive manufacturing[J]. Procedia Structural Integrity,2017,7：19-26.

# 第6章　激光增材再制造成形控制

激光增材再制造成形金属结构的原理和快速成形相类似,是基于"离散、堆积"的分层成形堆积方法。一个预期形状的三维立体结构被离散成不同局部,即通常所说的分层,然后每一层又被分解成不同的激光成形路径轨迹组合。一条成形路径轨迹可看作是不同位置的激光熔池的叠加。如果要实现对零部件损伤部位的快速高精度尺寸形状恢复,就需要控制成形路径的位置精度,以及成形结构局部的形状。被离散分解的各成形结构局部的几何特征决定了成形结构整体的形状,因此,展开对这些局部结构包括激光熔池、熔覆线、搭接熔覆面和局部立体结构的几何特征研究是控制成形结构精度的重要途径。

本章通过对熔覆点、熔覆线、熔覆面和立体成形结构的局部组织和结构的非均匀几何特性研究,发现了在金属激光增材再制造成形过程中存在广泛的局部结构形状不均匀现象。而熔池能量输入、粉末材料输入和物理约束界面形状的不均匀是造成结构形状不均匀的主要原因。基于对成形结构形状不均匀的局部进行特殊工艺处理的方法,提出在成形中采用变工艺参数方法和辅助工艺措施解决结构非均匀问题,而工艺参数的调整量与结构尺寸变化量的定量关系是该方法的关键依据。通过局部定量控制工艺参数可以实现成形结构形状控制。建立了熔覆线形状预测模型,提出了控形策略。然后,将加入控形措施的熔覆线通过不同路径组合成搭接面、薄壁结构和立体结构,并进行这3种结构的成形精度验证。

装备零部件的损伤形式大多数是表面、薄壁结构和局部三维立体结构的损伤,而采用激光增材再制造成形这3种形状类型的结构又比其他成形修复技术具有明显优势,如热影响区小、成形结构力学性能好等,因此,研究这3种形状类型结构的激光增材再制造成形形状控制方法十分必要。而且,零部件薄壁结构破损和局部三维立体结构缺损的修复一直是装备零部件维修保障的难题,通常的维修方法只能是换件维修,而激光增材再制造成形技术能攻克这一难题。控制激光增材再制造成形结构的形状精度,实现预期形状结构成形,对损伤装备零部件进行高精度的形状尺寸恢复,是激光增材再制造成形技术应用的基础和关键步骤。

# 6.1　激光增材再制造成形规律和特征

## 6.1.1　再制造零部件成形规律

**1. 线状损伤激光增材再制造成形规律**

线状损伤主要包括零部件表面的划伤、小裂纹、细长接触面的磨损等。此类失效部位深度及宽度均较小,且在单道激光熔覆线的尺寸范围之内。因此,对该类缺陷可采用线状的激光熔覆成形结构进行修复,即熔覆线成形。熔覆线成形一般只关注其工艺参数,如激光功率、熔覆速度、送粉量等,但是针对装备零部件的再制造技术而言,还需要特别研究其始末端的组织和形状、不等厚熔覆线、不等宽熔覆线和不同结合界面形状的熔覆线成形等问题。

零部件会出现的常见的线状损伤情形包括:配合旋转面夹杂后形成磨痕和划伤;接触配合面本身形状为线状且容易磨损的零部件,如气门、密封环等;裂纹尤其是表面的小裂纹也是线状损伤,多发生在具有摩擦面的零部件和薄壁结构件上。

对于简单形状的线状损伤,如绕轴面的划痕和气门等小配合面的线状磨损,采用常规的熔覆线成形工艺都可以解决。而在技术应用研究中发现,熔覆线的成形应用也可以是多种多样的,其形状与通常意义的熔覆线有一定差别。例如,图 6.1 所示为线状损伤零部件,是某装备零部件的键齿端面倒角处的磨损。磨损后其倒角形状发生了较大变化,与磨损前结构形状比较,其表面不但下沉,前端磨损严重,而且还发生表面扭转。熔覆线成形的应用研究问题主要集中关注其结构形状研究和预期形状的成形。

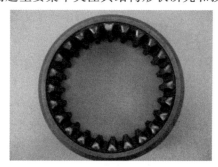

图 6.1　线状损伤零部件

### 2. 表面损伤与搭接熔覆面成形再制造

表面损伤,即在零部件表面发生的、在长度和宽度方向都有一定尺寸但深度很小的损伤。表面损伤零部件的结构类型很多,也是激光表面熔覆技术应用于零部件修复的主要对象。结合激光熔覆技术的特点,表面损伤零部件修复的主要零部件结构类型是轴的表面磨损,目前,主要是对轴类零部件的表面损伤,如表面磨损进行修复。某装备轴表面损伤的中间轴零部件如图 6.2 所示。

图 6.2　某装备轴表面损伤的中间轴零部件

由图 6.2 可知,该轴面不但在圆周运动方向有严重磨损,表面还沿轴向具有周期性的磨痕。因此,单纯采用熔覆线进行圆周磨痕的修复是不够的,需要采用熔覆线的搭接技术成形出熔覆面,来进行一定形状面积的表面损伤修复。

常规的搭接熔覆面的成形研究集中在熔覆层的路径规划和搭接率研究。其成形的工艺参数一般是参考熔覆线成形优化后的参数。成形的熔覆面一般是形状和厚度都较均匀的几何面。但是,在装备零部件中广泛采用了合金材料且很多零部件为复杂结构,以适应恶劣环境和实现特殊功能。这些零部件的磨损面形状比较少见,磨损深度也不一致。某装备弹丸槽曲面不等厚磨损的离合器固定盘如图 6.3 所示,其损伤主要有两个:一是弹丸槽磨损严重,形成了前深后浅的曲面磨损痕迹;二是压紧面的磨损造成配合间隙大。结合激光熔覆的特点可知,采用普通的激光表面熔覆方法对该种零部件进行修复的难度较大。采用手工示教编程保持激光焦点光斑在这种不等厚磨损表面运动不太可行,并且误差太大,从而导致熔覆过程不能连续,并且熔覆层几何形状也不可控。另外,应用搭接熔覆面修复零部件表面损伤时还会遇到不等厚熔覆层的应用情况,如轴的偏磨。常规的解决方法是将偏磨的轴进行机械加工,使待修复表面具有规则的形状厚度。但是,对某些特殊的装备零部件,机械加工后可能会降低其使用性

图 6.3　某装备弹丸槽曲面不等厚磨损的离合器固定盘

能,加工后需要熔覆堆积更多的合金材料,无论从修复时间和成本上都是一个权宜之策。对于不规则形状的搭接熔覆层成形,常规方法是分 2～3层成形,每层具有不同的形状大小。如果能在其磨损表面直接熔覆成形出具有适应磨损层厚度的搭接熔覆层,则能解决该问题。

**3. 薄壁结构损伤和立面薄壁墙激光增材再制造成形**

现代装备零部件越来越多地采用薄壁结构,其损伤类型一般是开裂,或局部腐蚀和断裂,造成局部结构缺失。图 6.4 所示为局部断裂的某风机叶片,对其修复的前提主要是:在保持基体机械性能的基础上,保证修复结构与基体结合良好及修复后的机械性能不低于甚至超过原来材料的性能。激光成形薄壁结构具有很多优点,其突出的优点是热输入量少,从而使得薄壁基体在修复过程中不会发生明显变形,并且能保证修复结构与基体具有良好的冶金结合。

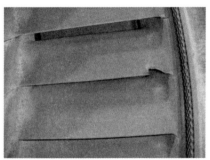

图 6.4　局部断裂的某风机叶片

由图 6.4 可知,该叶片的损伤形式不规则,针对这一问题,目前主要是在修复前采用机械加工的方法去除断裂部位的缺陷组织结构,使待成形的修复结构具有较规则的几何形状和良好的结合界面。

立面薄壁结构的激光成形主要是控制其堆积层的高度,在成形系统中是控制下一层激光加工头的抬升高度,一般令其与上一层搭接熔覆层的厚度相等。在少数应用情况下,需要研究堆积出高度变化的薄壁墙,以达到对缺失结构仿形修复的目的。其核心是通过工艺参数和熔覆线几何尺寸的关系,控制熔覆线的厚度按预期规律变化。

**4.三维结构缺失与激光立体再制造成形**

装备零部件在苛刻的应用场合与重载条件下,会出现由于断裂或磨损造成局部三维结构缺失的情况。其特点是缺损部分加工后待成形部分是需要多层堆积且层数较多、每层形状变化多的几何体。本书将这种几何体的激光成形称为激光立体结构成形。

零部件出现深度裂纹也需要进行立体结构成形修复。深度裂纹是区别于表面裂纹的一种开裂现象,即裂纹已经扩展到了零部件结构的内部。一般的处理方式是逐步打磨,将裂纹与周围组织结构逐层清除,再进行成形修复。如果能用一些检测方法使裂纹的形状大小已知,也可以用机械加工方法去除裂纹,使待成形的立体结构具有较规则的形状和结合界面。

某装备齿轮零部件在使用中发生断齿(图 6.5),则经过机械加工后待激光成形修复的结构为一梯形体,成形出梯形体毛坯结构后再经过后加工,能恢复齿轮断齿的原始结构形状。

图 6.5　三维结构缺失的齿轮

对零部件进行激光增材再制造成形与激光快速成形具有一定差别。快速成形中一般较少考虑基体,且成形的界面一般是单一平面。但是,零部件的激光立体结构再制造成形要充分考虑加工过程对基体的影响,否则即使在结构尺寸上恢复了损伤前的形貌,其再次使用的性能也会大大下降。其次,激光立体结构成形的结合界面往往不是单一平面,有可能待成形的立体结构与基体具有多面结合,或结合界面是曲面及多面组合。对于再制造的这些应用场合,还需对激光立体结构成形的结合界面、成形主体和结构表面进行研究。

### 6.1.2　再制造成形结构形状及尺寸不均匀特征

**1. 点状熔覆成形特征**

在激光熔覆时激光光束与基体没有相对移动,且熔覆时间按焦点光斑直径与常用的激光扫描速度的比值来设定,将这种点状成形结构定义为熔覆点。

研究单点熔覆几何特征,了解位置固定的熔池的形成和凝固过程是研究其他结构成形规律的基础。单点的熔覆实验的目的是通过比较分析某一点不同工艺参数熔覆后的结构形状、组织和缺陷,以及前后熔覆点的相互影响,得出线、面、体成形中熔池形状变化的一些规律,以及如何控制其形状变化趋势。熔覆点的几何形状分析方法通常是取其对称截面进行结构和形貌分析。

单点熔覆实验中熔覆粉末材料为 Fe314 粉末,基体材料为 45 钢板,激光光斑直径为 2 mm。采用侧向送粉,送粉方向垂直于熔覆方向,且与激光光束成 45°角。调整激光光束的焦点光斑位于基体表面。按设定的熔覆工艺参数进行熔覆,熔覆时间通过控制激光光闸开关时间来调整。主要工艺参数为:激光功率为 1 000 W,送粉量为 3.8 g/min,载气流量为 200 L/h。

为了研究熔覆点的几何特征,进行了两组实验。一是不送粉和送粉时单点熔覆结果比较。控制激光辐照时间为 0.4 s,该值根据光斑直径与常用扫描速度 5 mm/s 的比值求得。二是连续熔覆与间断熔覆结果比较,连续熔覆的激光辐照时间为 1.2 s,间断熔覆分 3 次,每次激光辐照时间为 0.4 s。

图 6.6 所示为点状熔覆截面形貌。由图 6.6(a)可以发现,不送粉时基体平面基本保持不变,其熔化区和热影响区呈现球体状。送粉熔覆时熔覆点结构形状为飞碟状,中间最高,边缘与基体呈现光滑连接。随着熔覆时间增加,其熔池厚度向上下两方向增加。在基体材料飞溅很少的情况下,通常认为的基体平面以下稀释区的凝固材料大部分为粉末材料是不恰当的。

点状连续与间断熔覆截面形貌如图 6.7 所示。图 6.7(a)为连续熔覆 1.2 s 的结构;图 6.7(b)为 3 层点状堆积,每层 0.4 s 熔覆时间。由此可知,间断熔覆比连续熔覆的成形效率更高,稀释区更小。随着时间增加,熔池溶液向下流淌,使熔覆结构直径明显大于光斑直径,边缘部分未达基体已经凝固,形成翘曲缝隙。在已有的熔覆结构上再熔覆时没有分界现象,结构是连续的。

 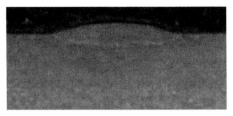

(a) 不送粉情形          (b) 送粉情形

图 6.6　点状熔覆截面形貌

(a) 连续熔覆情形          (b) 间断熔覆情形

图 6.7　点状连续与间断熔覆截面形貌

通过对图 6.7 的形貌分析发现,点状熔覆结构的几何特征不均匀表现在截面轮廓复杂,结构形状为飞碟状,其边缘与基体的结合部位具有部分非冶金结合带;图 6.7(b) 中上部还存在气孔,对其成形组织进行进一步放大观察,发现熔覆点的微观组织从上至下到达基体熔合线都呈现非均匀性。点状熔覆截面基体表面附近组织 SEM 形貌如图 6.8 所示。由图 6.8 可知,熔池的凝固组织呈现较明显的层状结构,上部的组织细小致密,基体表面附近的组织粗大,稀释区的组织又变得细密。该组织的不均匀性会对熔覆层不同部位的应力状态、力学性能和形状变化带来很大影响。总体来看,点状熔覆成形容易在基体结合处形成开裂,容易产生气孔,外形基本对称,但成形结构微观组织存在几何不均匀性。

**2. 线熔覆成形几何特征**

熔覆线是激光成形结构的基本组成单元,其几何特征决定了所成形结构的形状。众多研究者展开了对熔覆线几何特征的研究。但是,在熔覆线的始末端点、外侧边缘、拐角和运动装置加减速点存在几何特征不均匀现象,而这些部位在其他成形结构形状研究中往往被忽视。研究发现,正是这些局部结构形状不均匀的部位,决定了成形金属结构的形状误差,甚至

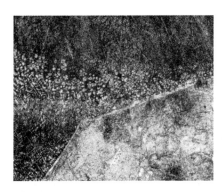

图 6.8　点状熔覆截面基体表面附近组织 SEM 形貌(200×)

导致成形过程终止,有必要对熔覆线的几何特征进行研究。

　　单道熔覆线的三维形状决定了搭接熔覆层的形状,进而又对多层堆积熔覆体的几何形状产生重要影响。单道熔覆始末端点俯视轮廓如图 6.9 所示。为了便于起始端和结束端的形状比较,对其按实际比例进行尺寸标注,图中为两条熔覆线按相反的方向进行熔覆,其始末端点的横坐标相同。

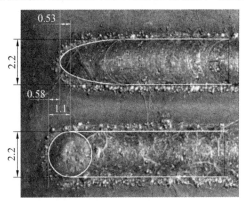

图 6.9　单道熔覆始末端点俯视轮廓(单位:mm)

　　由图 6.9 可知,熔覆线的起始端呈椭圆形,熔宽逐渐增大。进入稳定熔覆阶段,熔宽基本保持不变。在熔覆线末端呈圆形,且其高度比熔覆线中间稍高。始末端点虽然横坐标相同,但其结构尺寸存在明显差异。分析其原因,认为熔覆起始点的基体温度低,激光迅速扫过使得熔池来不及吸收更多能量,导致熔池偏小。随后基体温度迅速升高,熔池得以扩大到与光斑相当的大小,能量吸收和散发达到平衡,故熔宽保持一致。在熔覆末端,热量累积和停光后送粉喷嘴的余粉进入熔池,导致其结构尺寸增大。

　　单道熔覆横截面形貌如图 6.10 所示。图中竖直的虚线表示激光光束中心线,水平虚线表示基体表面。由图 6.10 可知,在熔覆基体表面以上的熔覆金属结构轮廓为一圆弧,且其形状关于光束中心线基本对称。而在基体表面以下的凝固组织其熔深是不均匀的,光束中心线靠右的熔化范围大且熔深更深。结合实验的过程分析,发现该现象由侧向送粉导致。在图 6.10 中,载气粉末流为左上往右下,与光束呈 45°送入熔池,导致熔池左侧遮挡的激光能量较多,且气流压力和粉末粒子的动能使熔液更容易向熔池右侧流动,导致横截面熔深的不均匀现象。

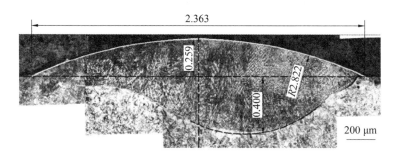

图 6.10 单道熔覆横截面形貌(单位:mm)

单道熔覆起始段和末段纵截面形貌分别如图 6.11 和图 6.12 所示。由图 6.11 可知,在熔覆线起始端,熔高和熔深都是逐渐增长的。经过熔覆一定距离,熔高基本保持一致。熔深沿着熔覆方向是不均匀的。由图6.12可知,末端的熔深最深,且熔高比中段熔覆线要稍高。在图 6.12 中标示出了熔池的纵截面轮廓,可以发现其在熔覆方向上前低后高,呈倾斜的飞碟状。而在熔覆起点,基体表面是平的,熔池后沿也是平的。所以,熔池在熔覆线中不同位置的液固界面的形状不同也是导致熔覆线整体形状不均匀的原因之一。

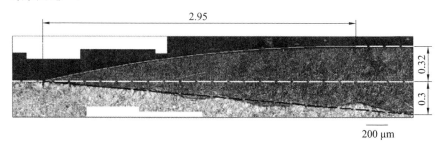

图 6.11 单道熔覆起始段纵截面形貌(单位:mm)

由图 6.11 和图 6.12 可见,熔覆线稀释区的大小和深度沿扫描方向是不断变化的。其原因是激光输出功率的不稳定。取样分析的横截面不同,

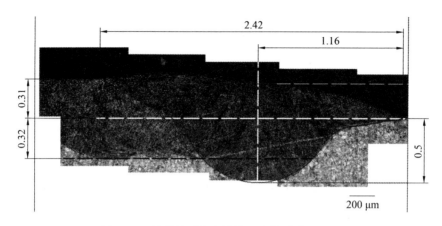

图 6.12 单道熔覆末段纵截面形貌（单位：mm）

则得到的轮廓会不同。但是基体上熔覆结构的一致性较好，只是在熔覆线末尾有一小突起，这是由激光停止照射后粉末仍喷射，熔池多吸收了部分粉末再凝固造成的。

**3. 面搭接熔覆层成形特征**

数条熔覆线按一定路径和搭接率进行组合而成形的熔覆层，本书称之为搭接熔覆层。在激光表面熔覆应用中，通常只要求熔覆层是连续的且厚度基本一致即可。搭接熔覆层的固有结构形状特点对其表面熔覆应用一般不会造成太大影响，导致对于熔覆层几何特征研究开展较少。实际上，对于搭接熔覆层的堆积成形，其每层的局部形状不均匀部位会产生相互影响，导致成形整体的结构形状发生较大变化。

平面搭接熔覆层形貌如图 6.13 所示。由图 6.13 可知，搭接熔覆层整体平整一致，结构连续，没有开裂，与基体结合良好。但是，在图中熔覆层的左右两侧，具有局部锯齿状的几何特征。在熔覆线的搭接路径拐角处，存在节瘤状突起。搭接熔覆层的外侧边缘普遍存在斜坡现象。所谓斜坡，实际上是指熔覆线的固有几何特征，即熔覆线两侧的柱面斜面。进一步测量发现，搭接熔覆层第一道的高度要比整体层厚度小，而熔覆线的厚度呈现先增加后降低的趋势，尽管在单层熔覆时这种趋势并不明显。

上述成形特征产生的原因是，在熔覆层搭接路径的拐角处，机器人运动机构并不能保持匀速移动，随着运动方向在很短距离内发生两次改变，其加速和减速的加速度受到限制，故扫描熔覆路径以弧线过渡。在这些减速点，熔覆堆积时间增加，故结构厚度增加形成节瘤。而两侧锯齿状形成是"弓"字形路径导致，两个路径转折点之间部分面积的基体不能被激光光

图 6.13 平面搭接熔覆层形貌

束辐照,所以没有粉末的熔覆。可见,搭接熔覆层在第一道熔覆线、熔覆层边缘和路径转折点处存在局部结构不均匀现象。

**4. 薄壁成形几何特征**

单道熔覆线按一定路径进行堆积成形的结构,本书中称之为薄壁墙结构。薄壁墙的成形研究是激光增材再制造成形薄壁零部件和结构的基础。如果在熔覆线堆积成形过程中始终保持工艺参数不变,会在局部区域产生严重的变形,使成形过程不能连续。如果成形路径较复杂,具有尖锐拐角,甚至路径交叉,则在上述部位易呈局部结构几何特征不均匀的现象。

图 6.14 所示是堆积成形的三角形薄壁墙。薄壁墙结构形状整体比较均匀,墙体高度基本一致,表面状况良好。但是,在 3 个拐角位置都存在结构增大和突起现象。如果继续增加堆积层数,则这些局部位置会产生形状误差累积,使局部结构形状变得更加不可控,导致成形过程中断。其次,对成形后的薄壁墙进行几何尺寸测量,结果发现墙体的厚度呈现下宽上窄的现象,在局部位置有厚度突然增加的结瘤。

图 6.14 堆积成形的三角形薄壁墙

基于对成形过程的分析,在拐角处的结构体积增大现象是局部热积累效应导致的。这些部位的热积累是激光扫描速度受到运动机构加速度限制而在此部位减速造成的。在其他热成形设备的应用中也会出现类似现象。加工头的运动精度一般随运动执行机构的不同而有一些差异,但是总体来看,运动机构的加速度不可能设置得很大,如果过大则可能损坏机构,在拐角处由于运动方向的突变,机构运动速度必须调整,一般是经历先减速再加速的过程。对于机器人的运动,其到达指定位置点的过程比普通平移运动机构更复杂,一般存在点附近圆滑过渡和精确到点两种运动求解方式。所以,对于其他路径的薄壁墙堆积成形,会出现其他的实际工艺参数和设定工艺参数不一致导致的局部结构形状不均匀的问题。

墙体的厚度呈现上窄下宽是由熔覆中熔池物理约束基面形状变化导致的。在平板上熔覆第一层时,其熔池基面是平面,而到第二层堆积熔覆时,其基面是第一层熔覆线上表面,一般为圆柱面。继续堆积第三层时,第二层的上表面与第一层的不会完全一致,其有效熔覆宽度会稍微减小,导致第三层的熔覆基面进一步减小。继续堆积的结果是熔池基面形状发生变化,成形墙体的厚度逐渐减小。当熔覆层上表面的形状变化越来越小时,堆积墙体的厚度变化趋于平缓。厚度突变的原因是送粉量突然增大。在不开激光时观察送粉喷嘴的出粉情况,偶尔能看到粉末在喷嘴结构内局部聚集到一定程度,然后随载气粉末流一起喷射出喷嘴的情况。

由于实际堆积成形的工艺参数和设定的工艺参数有时并不完全一致,因此在激光成形薄壁墙结构时会出现局部结构形状不均匀现象。这些局部位置多出现在熔覆路径的拐角、路径交叉和不同路径太接近导致热量过多累积的部位。

**5. 立体成形几何特征**

相同或不同形状的搭接熔覆层按一定高度进行堆积成形的三维结构,本书称之为立体成形结构。立体成形结构的几何特点是在长、宽和高度方向都具有显著尺寸,且不限于简单几何体,也可是基本几何体的组合。立体成形结构在装备零部件的再制造中应用广泛,通常能解决其他修复技术无法实现的局部成形问题。与薄壁墙的成形类似,如果在立体结构成形过程中设定工艺参数不变,会在成形体的某些局部区域产生严重的变形,使成形过程不能连续。

图 6.15 所示为方块体成形结构形貌。由图 6.15 可知,其成形形状良好,熔覆层表面平整一致,与基体结合良好,基本实现了预期形状的毛坯块体成形。经过成形后毛坯的几何尺寸测量,表明其经过机械加工后完全可以实现预期的方块体结构形状。但是,仔细观察方块体的局部,能发现一些局部结构存在几何特征不均匀的部位。这些局部不均匀会严重影响后

续在已成形的块体上堆积多层熔覆层的几何成形。

图 6.15    方块体成形结构形貌

这些局部部位包括块体两侧每层搭接熔覆层路径转折处、块体边缘、起始和结束段熔覆线、熔覆结束点等。以成形得到的方块体一侧的路径转折点为例,其几何特征如图 6.16 所示。由图 6.16 可知,熔覆线的转折点结构体积增大,两个转折点之间存在缝隙状材料缺失,且侧面边缘整体呈现斜坡状。图 6.17 所示是方块体起始段熔覆线堆积的侧面形貌。图 6.17中每层熔覆层第一道熔覆线基本都呈现一个高度不均匀的现象。堆积的结果是块体侧面结构高度为起伏不平,熔覆起始点高,熔覆线中间高度逐渐降低,到熔覆线末端高度又逐渐升高,最后呈现圆滑下降,结构形状出现明显塌陷。同时可以发现,方块体边缘斜坡结构形状明显。

图 6.16    方块体成形结构路径转折点侧面形貌

图 6.17    方块体起始段熔覆线堆积的侧面形貌

形成激光成形立体结构局部结构几何特征不均匀现象的原因是多方面的。由于激光熔覆的固有特点,其熔覆线的几何特征决定了搭接熔覆面的几何特征,进而又影响了堆积立体的局部几何形貌。成形过程中采用均匀一致的工艺参数本来是为了获得均匀一致的结构,但是实际情况并非如此。在不同位置和不同时刻,熔池的激光能量吸收、粉末材料输入和熔池基面形状是不一样的,与设定的工艺参数存在差别。正是熔池激光能量吸收、粉末材料输入和熔池基面形状这 3 个本质方面的不均匀,造成了成形结构的局部几何成形不均匀。

在熔覆路径转折点处,运动机构的加减速造成熔覆时长延长,形成局部热量积累,使得局部结构体积增大。两转折点之间由于光束运动是圆滑过渡,激光照射范围和时间都受限制,故粉末吸收和熔化较少,形成缝隙。第一道熔覆线的基面是平板,造成熔覆高度比熔覆层整体高度稍低。而起始点的激光能量散失最快,其熔覆结构高度逐步增加,但是到熔覆线中段,基体环境温度上升,熔池熔液流淌明显,结果是熔宽增加而熔高降低。在熔覆线末段,基体温度更高,熔池面积和体积增加,能吸纳更多的粉末。而粉末材料熔化量增多,相应的加热基体的能量减少,导致的成形结果是熔覆线高度增加。在熔覆线末端,其结构形状塌陷是由于每层熔覆线的端点斜坡形状累积,因此较明显的熔池基面高度与光斑焦点位置不匹配,熔覆不能连续进行,结构高度进一步降低。

由此可见,按常规的激光快速成形方法在成形路径不同位置处采用相同的工艺参数得到的结构几何形状精度不高,需要在激光增材再制造成形中对工艺参数进行定量控制以改善局部结构几何特征的不均匀性。

# 6.2　激光增材再制造成形金属结构的形状预测与控制

## 6.2.1　激光成形过程的闭环控制

由于激光成形过程中的不确定因素较多,而且建立工艺参数和成形结构形状的定量对应关系较难,因此其他研究者多采用实时检测系统对成形结构的某一参量进行监测,期望建立被监测量和被控制参数之间的反馈控制关系。美国密歇根大学的 Mazumder 等人采用沉积高度实时监测闭环控制系统进行成形薄壁圆筒的控制,Dongming Hu 等人采用沉积宽度实时监测闭环控制系统成形薄壁墙,D. P. Hand 等人采用熔池温度实时监测闭环控制系统成形薄壁墙。上述研究结果表明,采用激光加工实时监测闭环控制系统,能够实现成形结构几何特征的控制,并提高其成形形状精度。

随着激光成形技术的广泛应用和设备系统的发展,激光快速成形实时监测闭环控制技术已经取得了一系列的成果。其中,Mazumder 所带领的研究小组在沉积层几何参数控制方面所做的工作比较突出,他们研发的闭环 DMD 技术是激光、传感器、计算机数控平台、CAD/CAM 软件和熔覆冶金学等多种技术的融合。密歇根大学同时开发了零部件尺寸精度监测系统。该系统采用了计算机控制的 5 轴工作平台,平台上集成有激光加工装置及视觉传感装置,可以成形出多种形状的零部件。在闭环 DMD 技术中,视觉传感器是比较常见的用于实时获得沉积层几何参数信息的工具。沉积高度的控制传感器既可以采用单个也可以采用多个。采用单个传感器主要是为了降低成本,而采用多传感器可以提高闭环控制精度。国内也有众多研究者和团队进行了激光成形过程的闭环控制研究。如清华大学、西北工业大学、华中科技大学等研究者采用了具有瞄准功能的红外探测头、光学照相机等来实现闭环控制。

用 3 个 CCD 摄像机对激光立体成形过程的熔池进行监控并通过反馈控制成形过程,如图 6.18 所示。采用 CCD 直接拍摄熔池的图像以获取有关熔池的直接信息。由于熔池往往被等离子体所围绕,为了更好地拍摄到熔池的图像,可以通过在 CCD 前增加合适的滤光片来剔除干扰光。在获得熔池的图像后,再对图像进行处理,进而得到有关加工质量的相关信息,如熔池的长、宽和面积,熔池的形状、亮度及其分布特点等。如图 6.18(a)所示,3 个摄像机成 120 ℃均匀分布,同时采集熔池的形状信息。由于激光立体成形过程中的熔池是一个三维形状的熔池,因此单独用一个摄像机是无法获得全部熔池的几何形状信息的。这样,通过将 3 路信号进行耦合分析后,可以得到熔池几何形状较为准确的信息,再通过一定的控制算法求出工艺参数的调整量,将对工艺参数的调控量输出到执行机构(如激光器、数控机床、送粉器等)以实现对工艺参数的实时反馈控制。从图 6.18(d)的实例中可以看出,在没有进行反馈控制时,成形零部件会出现形如右半部分所显示的缺陷形状,而加入反馈控制后,成形件的形状控制得到了明显的改善。

除了采用光学传感器等对激光成形结构的高度进行监测和控制,有些研究者还对送粉式激光成形中的粉末输送量进行监测和控制,进而实现对成形结构的形状进行控制。在激光成形中,粉末流速的微小变动会对沉积结构的几何形状和微组织结构产生较大的影响。然而大多数用于激光熔覆成形的粉末供给系统都是开环的,不能监测粉末的输送量和流动速度。因而,对于不同的送粉系统,其粉末粒子流的特性参数是不同的。如何控

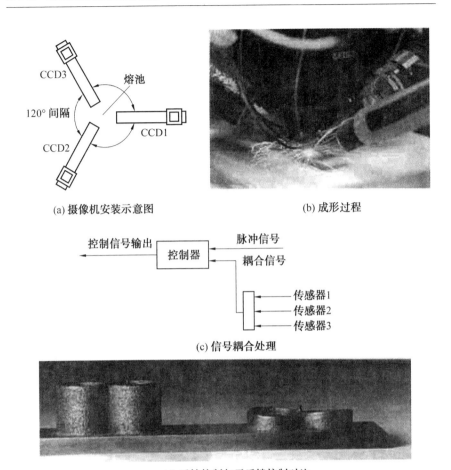

(a) 摄像机安装示意图　　　　　　　　(b) 成形过程

(c) 信号耦合处理

(d) 反馈控制与无反馈控制对比

图 6.18　采用 CCD 摄像机对成形过程进行反馈控制

制粉末材料的输送参数,来满足应用要求就显得非常重要。德国 B. Grünenwald 等建立了一套送粉控制系统,采用直流发动机环行滑道的旋转圆盘式送粉器,使用贴有感量 20 100 mg 应变规的天平称量送粉量。其电信号经放大器处理后由 A/D 卡传输到个人计算机,由专用处理软件控制送粉率,并事先测出每种熔覆粉末的标定因子,进而获得送粉率和发动机转速的关系。有无控制送粉率的激光熔覆过程的波动情况如图 6.19 所示。由图 6.19 可知,采用该技术控制的送粉率脉动量都在允许值(5%)之内,而没有控制的则超过允许值。将送粉系统集成在激光处理机的 CNC 系统中,即可实现高度自动化的激光快速成形送粉控制。

激光熔池的温度监测和控制也是常见的一种闭环控制方法。激光熔

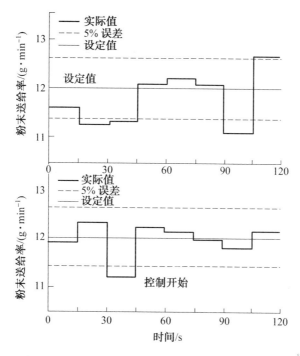

图 6.19 有无控制送粉率的激光熔覆过程的波动情况

池的温度决定了熔池的尺寸和稀释率,即如果温度过低,熔池尺寸减小甚至不能形成熔池,不能吸纳足够的粉末;如果温度太高,就会出现过熔现象,稀释率增加。通过测温装置对熔池下方定点进行实时温度检测,根据温度变化调整激光能量的输出,从而达到成形过程熔池附近温度的基本稳定,即达到了对成形过程的激光熔池进行控制的目的。这方面有代表性的研究如 B. Grünenwald 等人采用高温计实时检测激光快速成形熔池表面温度实现闭环控制。用 5 kW $CO_2$ 激光器,对 $50\%NiCrBSi +50\%TiC$ 复合粉末在 16MnCr55 钢基体上进行熔覆,在送粉率为 50 g/min 条件下,熔池表面温度的闭环控制效果如图 6.20 所示。熔覆成形过程中激光功率自动适时调整以保持熔池温度稳定。

## 6.2.2 激光成形结构形状控制的关键

实现激光成形过程的闭环反馈控制虽然是控制成形结构形状的解决方法之一,但是这些技术还处在发展和逐步完善阶段,并且建立一套高精度反馈控制系统需要投入大量资金和精力。相关研究表明,闭环反馈控制的实质还是被监测参量和被控制参量之间的函数对应关系,通过成形过程

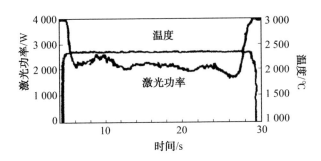

图 6.20　熔池表面温度的闭环控制效果

的理论分析建立这种函数对应关系,是实现激光成形过程反馈控制的基础。

激光快速成形过程中材料的逐层成形和堆积实际上主要是激光光束、粉末材料和基材三者相互作用的结果。在实际的成形过程中,许多工艺参数将发生非人为干扰的变化并引起成形过程的波动,而且这种波动几乎是不可避免的。所以在一定程度上,激光快速成形过程具有一定的不可预知性。同时,激光快速成形是多参数复合影响的复杂的材料熔凝成形过程,因此,成形工艺的稳定性也是过程控制的对象。

从激光成形过程的闭环控制技术发展可以看出,无论这些方法监测的是何参数,其目的都是希望成形过程中这些参数保持恒定,并尽量与设定的参数保持一致,换言之,控制的目的是希望成形过程稳定,结构均匀。监测激光熔池温度的前提是认为熔池温度保持恒定后,其成形过程是稳定的,所成形的结构几何特征也是均匀的。但理论分析表明,该方法控制精度并不高,因为熔池的温度即使保持恒定,其形状大小也不一定是恒定的,只能说该方法可以避免不同位置熔池过热和温度过低,从而使成形过程能连续进行。

通过精确控制送粉量来控形的方法其本质还是希望进入熔池的粉末量是恒定的或可控的。通过视觉传感器进行成形高度的在线监测控制,其实质是改变熔池基面位置,对成形过程中的形状误差进行补偿。

由上可见,激光成形结构形状控制的关键要从熔池能量输入、粉末材料输入和熔池基面形状三方面进行控制。根据不同工况和参数下,所成形结构的几何特征与工艺参数的对应函数关系,适时对成形过程中的工艺参数进行调整,来控制成形局部结构的几何形状。所以,对激光成形结构形状进行控制的核心技术是建立成形工艺参数和成形结构几何特征之间的定量对应关系,即建立成形结构的形状预测模型。

## 6.2.3 成形结构形状预测模型

激光增材再制造成形过程中,熔池的形状变化过程可分为 3 个阶段:第一阶段是激光照射基体,在基体表面及表面下组织中形成一个球体状熔池;第二阶段是粉末粒子被吸纳,熔池扩大到基体表面以上,熔液流动并吸纳更多粉末进一步增大体积;第三阶段是随着激光光束和基体的相对移动,熔池后沿抬起并凝固,而熔池前沿向前倾斜并熔化基体形成新的熔池前沿。

几何形状预测模型的建立首先从熔池的能量输入及能量守恒原理开始,建立第一阶段熔池形状大小和工艺参数关系的模型,然后从熔池的粉末材料输入和粉末材料质量守恒原理出发,建立第二阶段熔宽、熔高及熔覆线截面轮廓与工艺参数的函数关系,然后综合考虑激光光束、熔池和粉末流三者的相互作用及影响,建立熔覆层的几何形状预测模型。

首先是能量输入模型,考察其能量利用率系数,从材料比热容计算半球体熔池的体积,然后通过实验确定不同参数下其熔宽变化,并模拟建立熔宽和工艺参数的函数关系,其算法采用普通的多项式拟合。然后通过实验确定不同参数下熔覆线截面形状轮廓,提出上轮廓线为圆弧,这样,如果已知截面面积和熔宽,可以推算出熔高。最后根据熔池粉末输入量来确定单位时间内熔覆层的体积,推算出熔覆线截面面积。根据基体上部熔覆层体积和吸收的能量,计算到达基体表面以下的能量,并建立熔深和工艺参数的关系,预测基体表面下熔池的形状大小。

**1. 熔池能量输入与其直径关系模型**

研究中采用的激光光束通过光纤传输到达基体表面后为圆形光斑,因此,按照点热源进行假设,其在基体表面会形成半球体状的熔池。而实际上,在光斑内激光的光强分布是不均匀的,且存在明显的二维尺寸,所以一般的模拟中假设其为点热源是与实际情况差别较大的。研究发现,虽然基体受激光光束辐照形成熔池不是点热源条件下的半球体状,其形状还近似为一部分球面体,即在激光能量输入和热传导下,基体熔化区域与未熔区域的界面为球面的一小部分。本书假设熔池形状为部分球面体。

熔池的能量输入与输出遵守能量守恒定律。对于设定功率的激光输出,其能量满足下式:

$$E_{out} = E_w + E_p + E_{re} + E_{he} + E_m \qquad (6.1)$$

式中,$E_{out}$ 为激光头输出的能量;$E_w$ 为激光透过光纤和镜片组的损耗能量;$E_p$ 为激光光束穿过粉末流损耗的能量;$E_{re}$ 为材料反射损失的能量;$E_{he}$ 为基体热传导升温需要的能量；$E_m$ 为熔池材料吸收的能量。

　　通过仪器设备测量激光加工头的输出功率及激光光束经过粉末流的衰减率，并以实验方法测量估计熔池对激光的有效能量吸收率，将除了熔池材料熔化所吸收能量之外的能量损耗效果综合到有效能量吸收率内，则熔池的能量输入 $E_m$ 可以表示为

$$E_m = P_{ac}(1-\lambda)t \cdot \eta \tag{6.2}$$

式中，$P_{ac}$ 为激光加工头实测功率；$\lambda$ 为实验测得的选定粉末和工艺参数下的粉末流对激光光束能量衰减率；$t$ 为时间；$\eta$ 为熔池对激光的有效能量吸收率。$\eta$ 与常规意义上的材料激光吸收率有所不同，即通常所说的材料激光吸收率是连同热传导的能量一起参与计算的，而本书中提出的熔池激光有效能量吸收率只包含熔化熔池内材料及熔化潜热所需要的能量，可通过实验方法建立熔池大小和输出能量多少的关系，求得其量值。

　　熔池一般分为两部分，一部分位于基体表面以下，假设其全部为基体材料。另一部分位于基体表面以上，假设其全部为粉末材料。虽然在液态熔池中合金元素的扩散和溶液流动肯定存在，但这种假设对熔池能量计算的影响很小，因而可以忽略。假设熔池吸收的有效能量（不含热传导损耗能）全部用于熔化材料和熔池温升，则有以下能量守恒表达式：

$$P_{ac}(1-\lambda)t \cdot \eta = \rho_p A_1 v \cdot t \cdot (c_p \cdot \Delta T_p + \Delta H_{fp}) + \rho_s A_2 v t(c_s \cdot \Delta T_s + \Delta H_{fs}) \tag{6.3}$$

式中，$\rho_p$、$c_p$、$\Delta T_p$、$\Delta H_{fp}$ 分别为粉末材料的密度、比热容、溶液温度与初始环境温度差、熔化潜热；$\rho_s$、$c_s$、$\Delta T_s$、$\Delta H_{fs}$ 分别为基体材料的密度、比热容、溶液温度与初始环境温度差、熔化潜热；$A_1$、$A_2$ 分别为基体表面以上和以下的熔覆层横截面面积；$v$ 为激光扫描速度。

　　对凝固后的熔池尺寸测量结果发现，其表面圆形熔化区的直径和光斑直径相当，随工艺参数的变化呈现一定规律性变化，故可以认为熔池的表面直径是光斑直径和工艺参数的函数关系，与熔池的能量输入密切相关。

　　为了验证这一猜测，进行了相关的工艺实验研究。工艺参数与熔覆线宽度关系测试试样板如图 6.21 所示。采用单道熔覆线工艺实验的方法来测量工艺参数与熔覆线宽度的关系。在熔覆线形状尺寸均匀稳定的部位进行线切割制样，以备分析所用。

　　熔覆线宽度的测量采取了截面几何形貌模拟测量的方法。截面几何形貌模拟的主要目的是对结构形状的表征和尺寸的测量。采用 AutoCAD 软件用直线模拟基体表面，用圆弧模拟截面上部和底部轮廓线，可以直接

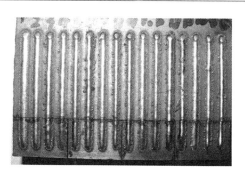

图 6.21 工艺参数与熔覆线宽度关系测试试样板

标注结构的主要尺寸参数。

具体步骤如下:首先,通过光学显微镜获得熔覆线截面的几何形貌图像,将熔覆截面图像以光栅图像格式导入 AutoCAD 软件,然后将光栅图像置于底层,放大光栅图像在新建图层上标模拟点,并在基体平面、上下轮廓线位置标出 3~5 个清晰的轮廓点;其次,用作图法模拟出基体平面直线和上下两段圆弧线;最后,根据光学显微镜比例尺和导入 AutoCAD 后的测量数据来调整测量比例,直接在模拟轮廓图上标注出尺寸数据。图 6.22 所示为熔覆线横截面 AutoCAD 轮廓模拟与尺寸标准。

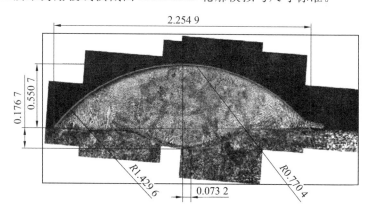

图 6.22 熔覆线横截面 AutoCAD 轮廓模拟与尺寸标注(单位:mm)

采用上述测量方法的好处:首先是测量精度较高。通常测量熔覆线宽度的方法为直接采用游标卡尺对基体表面的熔覆线宽度测量,其不足是需要测量多个值取平均值,且人为误差较大。其次是能通过尺寸标注的方法得到其截面几何特征的全部数据,利用 AutoCAD 的测量功能还可获得截面面积等数据,省略了复杂的计算步骤。

采用上述方法测量了 20 条熔覆线的宽度。熔覆线宽度的测量结果见

表 6.1。

**表 6.1　熔覆线宽度的测量结果**　　　　　　　　　　　　　　　mm

| | g/min<br>mm/s | 2.614 | 4.412 | 6.21 | 8.008 | 8.905 | 9.806 |
|---|---|---|---|---|---|---|---|
| | 5 | 2.301 9 | 2.254 9 | 2.260 1 | 2.145 0 | — | — |
| 1 000 W | 5.5 | 2.183 0 | 2.154 4 | 2.105 9 | — | 2.115 3 | — |
| | 10 | — | 2.055 1 | 2.013 8 | 1.964 3 | | 1.945 5 |
| 800 W | 6 | 1.955 1 | 1.961 0 | 1.908 5 | | 2.183 5 | — |
| 900W | 9 | — | 1.982 0 | 1.954 6 | 1.943 0 | | 1.665 5 |

在研究的工艺参数范围内,在大量的实验结果基础上,发现没有送粉时激光材料表面熔凝的熔池直径与激光焦点光斑直径相当,随着激光输出功率的增加,熔池直径增加。而有粉末输入时,熔池的直径由于粉末流对激光能量的衰减及在高度方向粉末堆积的能量吸收而变小,也会由于熔液的流淌而大于光斑直径。所以,熔池直径是单位长度内激光能量输入和粉末材料输入的函数,与光斑直径相当。在送粉量超过一定量,即粉末对激光的衰减作用非常明显时,基体仅在表层熔化,激光能量几乎全部用于熔化输入的粉末,熔池全部位于基体表面之上,此时的熔覆线宽度明显增加。大送粉量时熔覆线横截面形貌如图 6.23 所示。

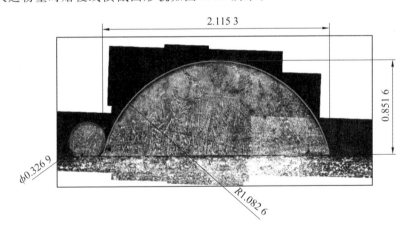

图 6.23　大送粉量时熔覆线横截面形貌(单位:mm)

由表 6.1 和其他实验发现,在保证其他参数不变的前提下,随着送粉量的增加,熔覆线宽度先减小后变大。在此假设激光能量输出足以在基体表面形成熔池,且熔池在基体表面为一圆面,其直径与焦点光斑直径相当。研究采用的特定设备系统和确定的工艺参数范围内,以单位长度内激光能量输入和粉末材料输入量及送粉量的平方作为熔池直径变化的影响因素,则可建立以下理论预测熔覆线宽度模型:

$$W = d_1 \cdot \left(1 + a\frac{\varepsilon P}{v} - b \cdot \frac{\omega F}{v} + cF^2\right) \tag{6.4}$$

式中,$P$ 为激光输出功率;$d_1$ 为焦点光斑直径;$\varepsilon$ 为材料的激光能量吸收率;$\omega$ 为粉末材料的有效利用率;$F$ 为送粉量;$a$、$b$、$c$ 为经验系数。

处理送粉量的变化对熔覆线宽度的影响时,将单位长度内粉末输入相关系数设为负值,而将送粉量的平方作为正相关项,以解决送粉量变化导致熔覆线宽度先减小后增加的问题。

式(6.4)中经验系数的取值可采用多元回归分析方法由工艺实验测量结果求得。在数据分析中,经常会看到一个变量与其他变量之间存在着一定的联系。要了解变量之间如何相互影响,就需要利用相关分析和回归分析。相关分析和回归分析都是研究变量间关系的统计学课题。在应用中,两种分析方法经常相互结合和渗透,但它们研究的侧重点和应用面不同,其区别如下:

(1)在回归分析中,变量 $Y$ 称为因变量,处于被解释的特殊地位。而在相关分析中,变量 $Y$ 与变量 $X$ 处于平等的地位,研究变量 $Y$ 与变量 $X$ 的密切程度和研究变量 $X$ 与变量 $Y$ 的密切程度是一样的。

(2)在回归分析中,因变量 $Y$ 是随机变量,自变量 $X$ 可以是随机变量,也可以是非随机的确定变量;而在相关分析中,变量 $X$ 和变量 $Y$ 都是随机变量。

(3)相关分析是测定变量之间关系的密切程度,所使用的工具是相关系数;而回归分析则是侧重于考察变量之间的数量变化规律,并通过一定的数学表达式来描述变量之间的关系,进而确定一个或者几个变量的变化对另一个特定变量的影响程度。

在实际应用中,根据多元线性回归分析的相关理论由工艺实验测量的熔覆线宽度数据求得经验系数的值,而激光能量吸收率和粉末材料利用率应根据不同的实验装置、实验条件和实际测量结果选取合适的值。

**2. 熔池粉末输入和熔覆线结构体积关系模型**

研究表明,粉末有效利用率与熔池粉末输入量密切相关。粉末利用率关注的是单位时间内参与熔覆的粉末量占粉末喷嘴输出的全部粉末量的比例,而熔池粉末输入量关注的是某一时刻一定时间内进入当前熔池的粉末数量。目前理论上检测送粉激光熔覆粉末有效利用系数的方法一般有3 种：一种是设计光、机、电一体化的自动化监控系统，直接测得选定工艺参数下的粉末有效利用系数，但这种监测设备还不完善，有待进一步发展；另一种是采用金相检测法，通过测量熔覆层几何尺寸，按一定的方法计算得出；最后一种是直接测量未参与熔覆的剩余粉末的质量，而喷嘴粉末输出量一般是已知的，其数量减去余粉数量即为粉末有效利用量，由此可以方便地求出粉末利用率。

但是，熔池的粉末输入量并不完全等同于粉末利用量。熔池的大小、形状受工艺参数和其他因素影响会发生较大变化，而粉末输入量也会改变熔池形状大小。所以，影响熔覆线形状、尺寸的并非粉末有效利用率，而是某一时刻的熔池粉末输入量。为了研究和建模的方便，本节所指的熔池粉末输入量为在稳定熔覆前提下单位时间内进入熔池参与熔覆的粉末质量。

以激光成形采用较多的侧向送粉方式为例。图 6.24 所示是侧向送粉的常用结构布局，图 6.25 所示是侧向送粉时熔池粉末输入的分析模型。建立其物理模型前，需要进行以下假设：

（1）所有粉末粒子为球形并具有相同的直径。

（2）粉末粒子流的束流中心与光束中心在基体表面重合。

（3）粉末粒子流为一圆锥状稀疏筒体，锥筒的锥顶角是送粉量和载气流量的函数。

（4）粉末粒子流的截面粒子数密度分布是关于该截面半径的函数。

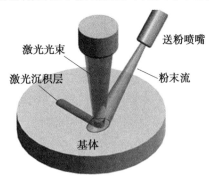

图 6.24　侧向送粉的常用结构布局

以激光焦点光斑中心为原点，建立垂直于粉末流中心线的分析截面，则粉末流在分析截面上的轮廓为圆。由图 6.25 的几何关系可知，粉末流在分析截面的轮廓直径可以表示为

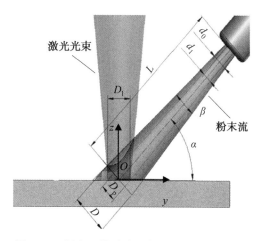

图 6.25　侧向送粉时熔池粉末输入的分析模型

$$D = d_0 + 2L \cdot \tan \frac{\beta}{2} \tag{6.5}$$

式中，$D$ 为分析截面上粉斑直径；$d_0$ 为圆形粉末喷嘴直径；$L$ 为喷嘴出口到光斑中心的距离；$\beta$ 为锥形粉末流的锥顶角。

　　进入熔池的粉末流的形状是不规则的，可以认为是一个椭圆锥体，如图 6.26 所示，其束流在分析截面上的投影为一椭圆。图 6.25 的几何模型中，熔池是一个在基体表面的圆，而实际情况是其表面为一复杂的三维曲面。在熔覆线厚度变化的情况下，熔池粉末输入量是稍有不同的。

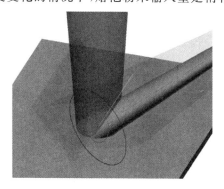

图 6.26　进入熔池的粉末流形态

　　由几何模型中的投影关系，可以建立以下近似表达式：

$$D_{\mathrm{p}} = \frac{1}{2} D_1 \cdot \left[ \sin\left(\alpha - \frac{\beta}{2}\right) + \sin\left(\alpha + \frac{\beta}{2}\right) \right] \tag{6.6}$$

式中，$D_{\mathrm{p}}$ 为椭圆的短轴长；$D_1$ 为椭圆的长轴长，即熔池的直径；$\alpha$ 为粉末流中心线与基体平面的夹角。

如果已知粉末流中粒子在分析截面上的关于其半径的粒子数密度分布,即已知圆形粉斑内距离其中心一定长度的单位面积内的粉末个数,则可以通过面积分来求得椭圆范围内粉末粒子的数量。进入熔池的粉末量计算分析截面模型如图 6.27 所示。

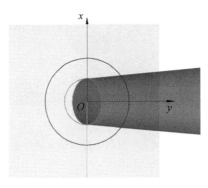

图 6.27　进入熔池的粉末量计算分析截面模型

关于粒子数密度分布的研究,多数情况下假设为高斯分布,因此本书在此基础上分析截面的粒子数密度分布,其高斯分布的表达式为

$$f(x,y) = \bar{n} \cdot e^{\left[\frac{-(x^2+y^2)}{2\sigma^2}\right]} \tag{6.7}$$

式中,$\bar{n}$ 为粉末流中心峰值粒子数密度。

熔池粉末输入量的积分表达式为

$$F_{in} = \int_{\Sigma} f(x,y) \cdot ds \tag{6.8}$$

式中,$F_{in}$ 为进入熔池的粉末粒子数量;$\Sigma$ 为椭圆区域;$f(x,y)$ 为关于粉斑半径的粉末粒子数密度函数。

**3. 熔覆线几何模型**

熔覆线的几何表征通常是在其横截面形状尺寸的基础上进行表征的。之前有学者提出了一种考虑表面张力的熔覆层截面形状表征方法,其示意图如图 6.28 所示,其几何表征参数主要有熔覆高度 $H$,熔覆宽度 $W$,熔覆深度 $D$。图 6.28 中标示了稀释区,称其为合金化区域。研究中发现稀释区域和熔覆层分界并不明显。图 6.28 中熔覆层是在基体表面以下,这一被熔覆材料占据的区域的基体材料应是以飞溅形式脱离基体的。但是在实验中没有观察到基体有明显的飞溅现象。所以,该表征方法不能很好地表征书中所得熔覆层的几何特征。一般情况下,熔覆层的截面形状尺寸可从金相照片上读出或标示,但是对熔覆线的不同位置其判断是不一样的,上述方法测得的尺寸数据存在的误差较大,这主要是因为,该种方法中整个熔覆层只截取一个横截面表征其形状尺寸,不能全面反映结构的立体形状。为了很好地解决这一问题,作者提出一种新的考虑小光斑下熔池表面张力影响为主的熔覆线截面轮廓模拟表征方法。

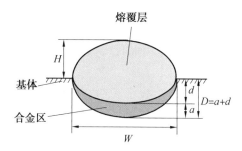

图 6.28 熔覆线截面形状表征示意图

实验过程中没有观察到明显的材料飞溅现象,假设熔覆时基体没有材料飞溅,同时假设熔覆截面上轮廓线为圆弧。基于上述假设,提出了以下熔覆层横截面形状表征示意图,如图 6.29 所示,主要参数有熔覆高度 $H$,熔覆宽度 $W$,圆柱半径 $r$,熔覆深度 $D$。熔覆层的横截面类似飞碟状,虚线以下的融合区域形状随工艺参数不同会产生多种结果,取其深度为表征参数。该模型是用 $r$ 来表征熔覆柱体半径,其中 $r$ 是表征进入熔池的粉末材料质量及吸收激光能量占激光输出总能量比例的参数。在小送粉量情况下,参数 $r$ 越大,表明进入熔池的粉末越少,或者吸收的能量越少,熔覆高度 $H$ 也会变小。

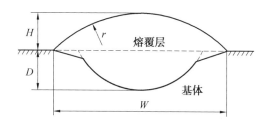

图 6.29 新的熔覆层横截面形状表征示意图

综合前述分析及实验结果,在假定所有进入熔池的粉末熔覆所得结构的体积与基体表面以上的熔覆层体积相等的基础上,建立以下熔覆线的几何模型,如图 6.30 所示。其中,$W$ 为熔覆线宽度,$H$ 为熔覆线高度。

熔覆线高度值通过截面面积与宽度计算求出。熔覆线截面面积 $A_1$ 的

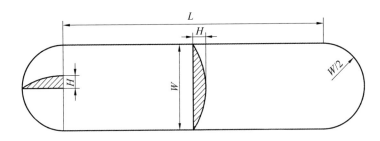

图 6.30　熔覆线几何模型

表达式为

$$A_1 = \left(\arctan\frac{W}{2R - 2H}\right) \cdot R^2 - \frac{W}{2}(R - H) \tag{6.9}$$

式中,熔覆线截面上轮廓圆弧半径 $R$ 的表达式为

$$R = \frac{W^2 + 4H^2}{8H} \tag{6.10}$$

面积 $A_1$ 也可由单位时间内熔池粉末输入量与熔覆结构质量相等这一质量守恒定理推算出。其质量守恒表达式为

$$F_{in} = \rho A_1 v \tag{6.11}$$

式中,$\rho$ 为熔覆层结构材料的密度;$v$ 为激光扫描速度。

由上述公式可以计算出选定工艺参数下所得熔覆线的几何尺寸。

## 6.2.4　模型理论预测精度分析

几何形状预测模型预测步骤:首先根据能量守恒和工艺参数与熔池宽度的关系,由式(6.4)估计熔覆层的宽度,然后由粉末输入质量守恒式(6.11)估计出熔覆层横截面面积,最后由式(6.9)和式(6.10)计算出熔覆层高度。

**1. 宽度预测**

根据式(6.4),经理论计算及实验数据处理,设定模型的经验系数分别为 $a = 0.012\ 5$,$b = 0.454\ 5$,$c = 0.000\ 5$,针对实验设备和实验条件认为:光斑直径 $d_1 = 2.0$ mm,$\varepsilon = 0.08$,$\omega = 0.44$,选定激光输出功率为 1 000 W,激光扫描速度为 10 mm/s,送粉量在 4.4~9.8 g/min 范围内取值,进行单道熔覆线成形实验。

熔覆线成形中,为了避免其他干扰因素对成形结构形状的影响,相同参数下熔覆 3~6 道,选择其中形状比较均匀一致的熔覆线作为实验测量的对象。按前述熔覆线截面轮廓 CAD 模拟的方法进行测量,并将其数据与理论计算所得熔覆线宽度做比较(图 6.31)。

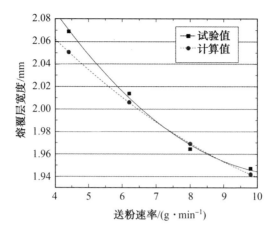

图 6.31　熔覆线宽度预测结果与实测结果比较

**2. 高度预测**

在相同的模型和参数下,测量选定熔覆线的高度,并与理论计算结果做比较,结果如图 6.32 所示。

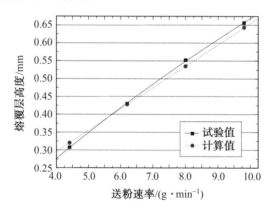

图 6.32　熔覆线高度预测结果与实测结果比较

**3. 熔深预测**

一般在选定的激光熔覆工艺参数下,激光能量输入是充足的,即一般选定激光输出功率为最大值,所以熔池的能量输入足以熔化所有进入熔池的粉末材料,还能熔化部分基体材料形成基体表面以下的熔池区域。该条件下熔深的预测按照能量守恒式计算估计,而基体熔化区域横截面 $A_2$ 的形状一般不规则且比较复杂多变,为简化模型,假设其计算表达式为

$$A_2 = k \cdot W \cdot D \tag{6.12}$$

式中,$k$ 为比例系数,一般取为 0.5;$W$ 为熔覆线宽度;$D$ 为熔覆深度。

随着熔池粉末输入的增加,或者减小输出激光功率,熔池能量吸收与熔化粉末材料所需能量相当时,基体可能基本不熔化,或是熔化很少量表层材料。在该条件下,由式(6.3)可知

$$A_1 = \frac{P_{ac}(1-\lambda) \cdot \eta}{\rho_p v \cdot (c_p \cdot \Delta T_p + \Delta H_{fp})} \tag{6.13}$$

在式(6.13)的基础上可以估计选定参数下熔覆线上截面最大面积,并估计出送粉量增加的临界值,在此临界值下,熔覆线的熔深基本为零。

例如,根据实验经验选定 $\lambda = 0.05$,$\eta = 0.055\ 4$,$c_p = 0.464 \times 10^{-3}$ J/(mg·℃),$\Delta T_p = 1\ 400$ ℃,$\Delta H_{fp} = 0.248$ J/mg,$P_{ac} = 620$ W,$v = 5.5$ mm/s,则计算所得熔覆层厚度的最大值约为 0.56 mm,对应的送粉量约为 4.8 g/min。而实验参数 $P = 1\ 000$ W,$v = 5.5$ mm/s,$F = 4.412$ g/min 下所得熔覆线截面形貌,如图 6.33 所示,可见上述模型能较好地估计熔覆线的熔深特征。

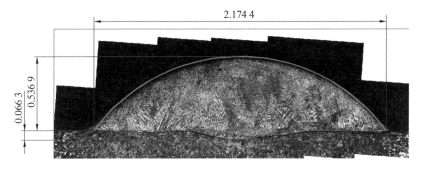

图 6.33　熔覆线截面形貌(单位:mm)

由分析可知,宽度预测模型在常用送粉范围内具有较高精度。在大送粉量范围内,模型的预测误差为 0.3% 左右;而在小送粉量范围,模型预测误差在 1% 左右。随着送粉量的增加,理论模型和实验结果误差都表现下降趋势。

理论分析认为,随着送粉量的增加,其粉末流对激光光束的衰减作用变得更加明显,到达基体的激光能量减少,故熔宽降低。而在小送粉量下,理论模型过多地考虑了粉末衰减和较少考虑熔液的流淌作用,所以理论估计的熔宽比实际要小。实际情况下,小送粉量时被粉末反射的激光能量较少,而粉末粒子自身吸收的激光能量又重新进入熔池,使熔池能量得以补偿。能量的过剩使熔池温度较高,溶液流动加剧,造成熔宽较宽。在大送粉量情况下,实验测得宽度比理论估计还是略大,其原因也是实际条件下熔液流淌出熔池范围,使熔宽增加。

在模型的实际应用中,可以根据数个简单的实验确定不同材料、不同工艺条件下的系数值,即在式(6.4)中,$a$、$b$、$c$ 的值可以重新选择,由此可以适应不同条件下熔覆线宽度的预测。

由计算分析可知,几何形状预测模型估计熔覆线的高度与实验结果具有相同的变化趋势,且其估计误差在 5% 以内。在小送粉量范围,模型估计的高度值偏大,而在大送粉量时其估计值偏小。

从理论上进行分析,在小送粉情况下,虽然估计的熔池粉末输入量是比较准确的,但是高度是由宽度和截面面积计算的,故宽度的偏小估计势必造成高度的偏大估计。在大送粉量情况下,粉末的输入可能造成熔覆线的形状发生突变,粉末材料大量输入使得基体得不到充分熔化,熔池位于基体表面以上,使熔覆线与基体的润湿角减小,甚至变为锐角,即厚度大于半个熔宽。在大送粉量情况下,熔高估计偏小是因为实际情况下熔池后沿抬起,粉末输入增加,熔高增加,而理论模型中认为熔池始终是在基体表面的圆形区域。

存在误差的另一原因是,理论上模型的建立是在系列的假设条件基础上简化而来的,而实际情况下实验的工艺参数可能会波动,带来的结果是测量数据本身存在一定误差,因此实际结果与理论模型存在一定差别。但从总体结果来看,熔覆线几何形状预测模型具有较高的预测精度,能指导工艺参数的选择和实现预期尺寸的熔覆结构成形。

# 6.3　典型结构的激光增材再制造成形形状控制

装备零部件的损伤形式大多数是表面、薄壁结构和局部三维立体结构的损伤,研究这 3 种形状类型结构的激光增材再制造成形形状控制方法十分必要。而且,零部件薄壁结构破损和局部三维立体结构缺损的修复一直是装备零部件维修保障的难题,通常的维修方法只能是换件维修,而激光增材再制造成形技术能攻克这一难题。控制激光增材再制造成形结构的形状精度,实现预期形状结构成形,对损伤装备零部件进行高精度的形状尺寸恢复,是激光增材再制造成形技术应用的基础和关键步骤。

## 6.3.1　精度控制总体原则

由几何形状预测模型分析,以及从熔池基面形状对熔覆层几何特征的影响规律得出实现预期形状成形的尺寸精度控制主要在于以下 3 个方面:控制激光扫描速度、控制送粉量、通过调整工艺和路径规划来调整立体结构成形及局部结构的形状尺寸。

**1. 控制激光扫描速度**

在其他工艺参数不变的情况下,由式(6.4)可知激光扫描速度与熔宽的函数关系。在送粉量一定的条件下,结合式(6.9)~(6.11)推导出其与熔覆层高度的函数关系。所以,可以依据激光扫描速度和熔覆层几何特征参数的函数关系,通过改变激光扫描速度来改变熔覆层的形状尺寸,实现预期形状结构的成形。

(1)控制原理。

改变激光扫描速度,单位面积内的激光能量输入和粉末材料输入都随之发生改变。由式(6.4)得

$$v = \frac{d_1(a\varepsilon P - b\omega F)}{W - d_1(1 + cF^2)} \tag{6.14}$$

可以发现,随着激光扫描速度的增加,熔覆线宽度会减小,但是二者并非线性关系,这给控制规律实际应用带来了一些不便,需要经过模型数值计算才能选定激光扫描速度。用 $k$ 表示公式中的不变量:

$$k = d_1(1 + cF^2) \tag{6.15}$$

则设定两个不同速度 $v_1$、$v_2$ 下,宽度 $W_1$、$W_2$ 的相互关系为

$$W_2 = \frac{v_1}{v_2} \cdot W_1 - k \cdot \frac{v_1 - v_2}{v_2} \tag{6.16}$$

而速度的改变对熔覆线截面积的改变规律可由式(6.11)推导为

$$v = \frac{F_{in}}{\rho A_1} \tag{6.17}$$

如果熔池的粉末输入 $F_{in}$ 是一样的,则激光扫描速度与熔覆线横截面面积是呈反比关系的。但问题是激光扫描速度改变,势必会影响熔池的大小和形状,因此熔池的粉末输入必然不同。其中,$F_{in}$ 可由前述模型和实验测量方法求得,熔覆线高度可由截面积和宽度求出,而高度与激光扫描速度的变化也不是线性的。

(2)实验验证。

采用光斑直径为 2.5 mm 的激光光束进行熔覆实验。在扫描速度为 6 mm/s、激光功率为 1 000 W、送粉量为 6.21 g/min 的条件下进行单道熔覆成形,其熔覆线横截面形貌及尺寸标注如图 6.34 所示。假设激光扫描速度为 8 mm/s,则其熔宽变化量可估计为

$$W_2 = \frac{6}{8} \cdot W_1 - 2.505 \cdot \frac{6 - 8}{8} = 2.531(mm)$$

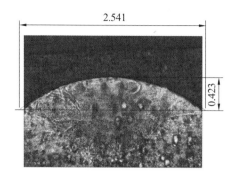

图 6. 3 扫描速度为 6 mm/s 的熔覆线横截面形貌(单位:mm)

而在其他参数不变情况下,按速度 8 mm/s 进行熔覆,其截面形貌如图 6.35 所示。由图 6.35 可知,宽度预测的结果和实验测量值非常接近。如果单位时间内熔池的粉末输入量按平面圆形区域进行计算,则熔覆宽度的稍微减小会使粉末输入量计算面积减小,因而计算值会偏大。这是因为没有考虑到激光扫描速度的增加造成粉末流进入熔池的部分和熔池后沿抬起高度降低引起粉末输入进一步减小的实际情况。所以,按粉末质量守恒估计熔覆中单位时间内熔池粉末输入总量时其值需要乘以小于 1 的比例系数进行调整。

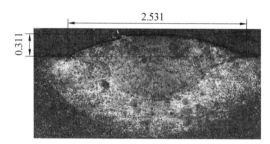

图 6.35 扫描速度为 8 mm/s 的熔覆线横截面形貌(单位:mm)

综合考虑宽度和高度减小造成的熔池粉末输入减小因素,设其比例系数为 95.5%,则由式(6.11)可推算出

$$A_{12} = \frac{0.975 \cdot v_1 \cdot A_{11}}{v_2} = 0.731A_{11} \tag{6.18}$$

而实际测量发现,扫描速度为 6 mm/s 时截面积 $A_{11}$ 为 0.532 mm$^2$,扫描速度为 8 mm/s 时截面积 $A_{12}$ 为 0.531 mm$^2$,所以其估计计算值是比较精确的。

在机器人运动程序中,可以方便地设定每一条路径的运动速度,故通过控制激光扫描速度来控制熔覆层几何特征的方法在激光增材再制造成形中普遍适用。

其典型应用为：在熔覆过程中如果按一定规律调整熔覆线的激光扫描速度，会出现熔覆层的厚度随之发生规律性变化的结果，依据此工艺方法，可以成形出不等厚熔覆层，将其应用到偏磨的零部件结构上，可以一次成形出恢复零部件原始结构尺寸的熔覆层。

**2. 控制送粉量**

从式(6.4)可以推断出，送粉量对熔覆层的几何尺寸影响是较大的。按照其函数关系，可以建立通过控制送粉量来实现预期形状结构成形的工艺方法。

虽然送粉量的变化与熔覆层宽度或高度并非线性关系，其预测也需要通过书中列出的模型进行估计计算，但由实验结果发现，在一定参数范围内，每秒送粉体积与每秒熔覆结构体积基本是呈线性关系的，其结果如图6.36 所示。

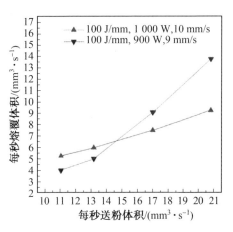

图 6.36　单位时间内送粉体积与熔覆体积的关系

但是该控制方法存在两个不足，其一是控制规律为非线性关系，其二是成形系统中采用的送粉量的控制未能实现与机器人联动，需要根据经验由送粉器进行控制，而送粉电压的调整到喷嘴出粉及进入熔池有一个延迟过程。

在熔覆线成形时其速度不能连续调整，如果需要按一定规律调整熔覆线不同位置的厚度，控制速度的方法就不太合适。可以在熔覆时调整送粉量来调整不同位置熔池的形状体积，来实现按扫描方向的熔覆高度控制。典型的应用是不等高熔覆线成形，修复那些在路径方向上损伤层厚度不均的零部件。

通过调整送粉量来控制熔覆层的几何尺寸也是一个可行方法。随着设备系统的完善,以及送粉量控制技术的提高,该方法也会得以进一步发展。

### 3. 路径规划控制

常用的熔池的基面形状控制方法是路径规划。路径不同,其熔池的基面形状变化的规律也不同。例如,熔覆层表面在一定尺度范围内一般是起伏不平的,再在其上堆积另一层熔覆层,不同的路径经过的起伏点和先后顺序是不同的。

其应用实例:熔覆线的两侧呈曲面斜坡状,在堆积成形和搭接成形时成形立体结构的侧面边缘也会出现这种曲面斜坡现象。前面的分析已经说明,其下层的熔覆结构形状误差会累积,影响继续堆积层的熔池基面形状。如果能改变这些边缘部位的曲面斜坡状况,则继续堆积层将具有良好的成形基面和形状精度。可以采用辅助熔覆线堆积的方法,即在这些边缘斜坡上辅助堆积一层熔覆层,其熔覆层的宽度约为正常熔覆线宽度的 2/3,其堆积高度能填补斜坡的尺寸缺失,使熔覆线基本呈现方条状。图 6.37所示是采用这种方法前熔覆线两侧的斜坡,而图 6.38 所示为搭接辅助熔覆线后的横截面形貌。

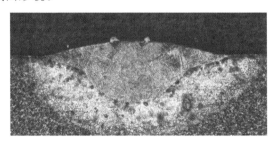

图 6.37　熔覆线两侧的斜坡

对比图 6.37 和图 6.38 可知,没有采用辅助熔覆线填补的熔覆线侧面斜坡明显,而采用辅助熔覆线填补后其截面形状发生了变化,以熔覆线截面中心线为界,左边半个熔覆宽度上的熔覆层厚度已经明显增加,如果按相同位置继续堆积一层熔覆层,其熔池基面将变得平缓,斜坡现象得到改善,形状误差得以补偿。

另一个应用例子是在立体结构成形控形上。对立体结构的边缘部位进行辅助熔覆线形状填补,可以显著改善成形质量和形状精度。采用熔池基面形状控制后的方块体成形如图 6.39 所示。由图 6.39 可见,成形的方

图 6.38 搭接辅助熔覆线后的横截面形貌

块体表面平整一致,其边缘棱线比较分明,几乎没有斜坡和结构塌陷的现象。

图 6.39 采用熔池基面形状控制后的方块体成形

总之,关于路径规划和辅助填补熔覆线的应用都可归结为改变熔覆层成形的局部熔池基面形状。在激光立体成形中适当运用该方法可以取得较好的成形效果和较高的成形结构形状精度。

### 6.3.2 表面熔覆再制造成形精度控制

#### 1. 平面熔覆

激光平面熔覆是激光熔覆技术比较简单的一种应用。由于熔覆层通常是单层,形状为规则的平面图形,故激光光束与基体只需要简单的二维相对运动。所有失效零部件的熔覆成形基面为平面的情况下,均可采用激光平面熔覆层进行再制造。

在装备零部件和机械装置中,通常会有一些平面摩擦副,以及一些具有局部平板状的零部件。典型零部件为具有平面功能面的零部件,如导轨、平面摩擦配偶件,以及表面有损伤的箱体、壳体、支撑件等。这些零部件的损伤类型一般为磨损、表面划痕、微裂纹、麻坑和点蚀等。

平面熔覆层的成形工艺参数选取应考虑冶金结合界面、稀释率、熔覆层厚度、熔覆路径和表面质量等。对平面熔覆层形状控制的关键工艺首先是控制其搭接率,以及使熔覆层平整一致,变形较小。

熔覆层的搭接率是指采用搭接方式将数条平行的熔覆线组成熔覆面时相邻两熔覆线之间重叠的宽度与单条熔覆线宽度的比值。搭接量即搭接率与熔覆线宽度的积。熔覆层搭接率的选择是获得表面平整熔覆层的关键因素之一,是成形平面熔覆层结构稳定增长的重要前提。在机器人控制激光成形系统中,经过理论计算选定后,搭接率值表现为相邻路径之间的偏移量,偏移量与搭接量的和即为单条熔覆线宽度。

当选择的搭接率过大时,由于熔池基面位置上移,搭接部分会再熔覆一定的粉末材料,因此该位置熔覆层厚度高于前一层,熔覆层整体厚度发生变化,表面不平整。图 6.40 所示是搭接率选择较大时的熔覆层截面形貌,图中显示熔覆层高度先增大后减小,到边缘部位又稍有增大。当搭接率过小时,由于熔覆线自身的几何特征,沿中心线往外其结构厚度是逐步降低的,形成斜坡结构形状,从而在搭接区前一熔覆线上方形成凹槽。搭接率越小,凹槽深度越大,导致熔覆层表面不平整。在搭接率为零时,凹槽即为两熔覆线之间没有得到熔覆材料填充的斜坡结构形状。只有当搭接率适中时,熔覆层才会具有较好的平整度。因此,优化搭接率对获得表面平整、尺寸精确的熔覆层具有重要意义。

图 6.40　搭接率选择较大时的熔覆层截面形貌

根据成形经验,熔覆搭接率一般在 $40\%\sim50\%$ 之间。理论计算模型一般认为熔覆搭接区的横截面面积与后一道熔覆线在搭接区上堆积结构的横截面面积相等,搭接率计算模型如图 6.41 所示,图 6.41 中 $H$ 为熔覆层厚度,$L$ 为搭接偏移量,$W$ 为熔覆线宽度,$S_1$ 为搭接区截面积,$S_2$ 为理论重叠区截面积,计算时设定此两面积相等。实际应用中通常根据计算的搭接率稍微减小,即乘一个小于 1 的系数,一般由经验给定其值。从理论上分析,当搭接时,熔覆线堆积的部分熔池熔液会向两边流淌,使实际成形效果比理论计算得到的熔覆层更易平整一致。结合理论计算和实验经验选定搭接率 $44\%$ 时的熔覆层截面形貌,如图 6.42 所示,可以看到熔覆层上轮廓线比较平直,说明成形层的表面形状精度较高。

对平面熔覆层形状控制的关键工艺还需要从几何形状上保证熔覆层的结构完整性,熔覆层连续铺展,不能开裂,与基体界面形成冶金结合。其次是考虑加工余量,熔覆层的厚度要合理,表面平整一致;最后需要对其进行力学性能评价。

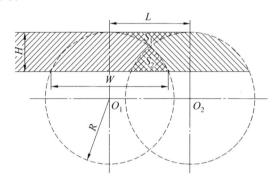

图 6.41　搭接率计算模型

图 6.42　搭接率选择合适的熔覆层截面形貌

图 6.43 所示是采用 Fe901 粉末进行平面熔覆成形的结果。由图可知,熔覆层表面平整一致,粘粉很少。采用"弓"字形路径,基本保证了基体受热均匀,散热良好。

图 6.43　采用 Fe901 粉末进行平面熔覆成形的结果

为观察此熔覆层界面结合情况,保证其为冶金结合,对其垂直于扫描方向进行截面形貌分析;为考察熔覆层的基本力学性能,对其从熔覆层表面到基体方向进行微观硬度测试。平面搭接熔覆层硬度测试结果如图 6.44所示,可见熔覆层硬度远高于基体,且热影响区和结合区没有硬度降低的现象。

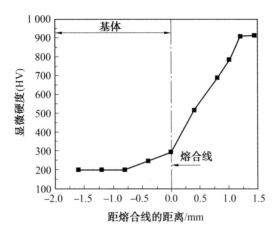

图 6.44　平面搭接熔覆层硬度测试结果

## 2. 轴面熔覆

激光表面熔覆技术已经被大量应用到轴类零部件的表面修复。轴面的磨损修复和零部件圆柱面尺寸超差的修复均可归类为轴面熔覆层的成形。对典型轴类零部件的损伤形式及其成形修复的关键工艺已进行了研究。

以再制造典型轴类零部件为某型坦克负重轮轴为例,其制造材质为18Cr2Ni4WA 钢,该部件长期工作在重载环境下,直接承受负重轮传递的来自于地面的外力,而且外力大小、承载时间、频率都是随机的,此外,该部件还必须传导车体与负重轮之间的工作力矩,跟随负重轮转动,导致在轴面常发生磨损。损伤形式为在轴面发生了由磨损导致的剥落坑、由外界环境腐蚀导致的锈蚀,使轴面发生尺寸损失缺陷,导致零部件表面失效。

轴面熔覆层的成形与平面熔覆层有一定的相似之处,不同的是熔覆表面和激光光束焦点光斑呈现圆弧相对运动,并伴随有沿轴向的平移运动。轴面熔覆层形状控制的关键工艺有路径的选择及搭接率控制两个方面。

轴面搭接熔覆的两种路径方式如图 6.45 所示。图 6.45(a)熔覆路径规划为圆周路径搭接,图 6.45(b)的路径方式一般被称为螺旋线路径。实验中发现螺旋线熔覆路径成形效果较差,表现在表面不平整,熔覆过程有时不连续,如图 6.46 所示。成形性较差的主要原因是熔覆时的轴面转速和激光加工头的平移速度不能很好地匹配,造成熔覆时实际搭接效果与理论搭接效果有一定差别。采用图 6.45(a)的圆周路径搭接方式,且编程时在首末熔覆线和每条熔覆线始末端采用不同的熔覆速度和激光照射时间,可使熔覆面更平整一致。

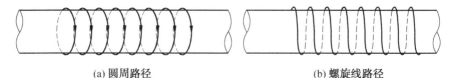

(a) 圆周路径　　　　　　　　　　(b) 螺旋线路径

图 6.45　轴面搭接熔覆的两种路径方式

图 6.46　轴面螺旋线搭接熔覆

采用轴面熔覆层对磨损层进行修复,在激光熔覆之前,用砂布、砂轮对零部件表面进行打磨、平整预处理,去除表面的油污、锈蚀、凹坑、氧化物等以降低气孔、氧化、夹杂等缺陷的发生率。利用自制的调速变位机水平夹持轴,激光加工头位置保持不变,根据设定的熔覆线扫描速度计算轴面的旋转速度,设定调速电机转速并使其顺着送粉喷嘴一侧方向旋转。激光增材再制造成形轴面熔覆层的场景如图 6.47 所示。

再制造成形后对其表面质量进行检测,观察有无裂纹及孔隙。常用的检测方法为渗透法,当有裂纹存在时,经过显色剂喷洒后渗透进裂纹的深色渗透液会清晰地显示裂纹的位置和形状。成形熔覆层的厚度也需要测量,以判断加工余量的多少。在成形前,也可以根据预留的加工余量设定熔覆层的成形厚度,以保证经过后机械加工后能恢复零部件的原始尺寸形状。激光熔覆再制造的轴面如图 6.48 所示。经测量,熔覆层厚度约为0.5 mm,能满足零部件尺寸恢复的需要。

前述平面熔覆层和轴面熔覆层通常都是在经过前加工的零部件基面上成形,或是缺损的表层厚度均一,故成形时熔覆层一般为等厚。但是,轴类零部件还会出现偏磨的磨损情况。偏磨的原因通常是受载不均,或外力破坏。采用堆焊的方法进行偏磨轴面的修复,后加工余量通常较大。采用激光熔覆成形修复偏磨轴面,需要经过前加工使其轴颈基本同轴,再进行等厚轴面熔覆层的成形。但是,对于某些零部件,前加工使得工序烦琐,修复时间长。而未磨损的轴面也需要加工去除,再堆积成形,这对熔覆材料是一种浪费。

图 6.47 激光增材再制造成形轴面熔
覆层的场景

图 6.48 激光熔覆再制造的轴面

考虑到熔覆层由多道熔覆线搭接而成,而研究结果表明可以控制每道熔覆线的工艺参数以精确控制其几何尺寸,故采用不等厚的熔覆层修复偏磨轴面是可行的,可提高修复效率,降低修复成本。

**3. 复杂曲面熔覆**

装备零部件的损伤表面除了平面和轴面,还可能是曲面或不同形状表面的组合,如坦克离合器弹子丸槽、凸轮轴的凸轮表面等。对零部件曲面进行高精度仿形修复是大多数修复技术的难题,尤其是修复层较厚,且要求零部件表面具有耐磨、防腐蚀和高强度等情形下。激光增材再制造成形技术结合机器人离线编程技术可以较好地解决该问题。

在零部件曲面表面进行激光增材再制造成形修复时,提高其成形路径的位置精确性是关键技术之一。激光光束不适宜直接观察,而在路径编程中指示光的大小变化靠肉眼是难以分辨的,所以仅靠机器人示教/再生模式手工调整熔覆路径的位置精度是不够的,可能使不同位置的激光光斑大小不一致,且熔覆层的几何形状很难控制。而在离线编程图形的编程界面中,激光光束和加工零部件数字模型的相对位置可以通过三维坐标精确设定,所以借助数字模型在虚拟环境中对其进行路径编程可以提高成形路径的位置精度。

在曲面上进行激光表面熔覆的第二项关键技术,是保证加工过程中激光光束和基体表面的角度恒定。曲面不同位置的法线方向是不同的,而激光光束相对零部件表面的角度一旦变化,就会影响辐照面积的变化,从而导致激光能量密度的变化和基体材料对激光的吸收效果,最终导致激光熔覆层几何特征变化,甚至使成形过程中断。加工中运动执行机构的自由度决定了实现曲面表面熔覆时激光光束和表面角度恒定的灵活性。采用六自由度工业机器人就能实现这一功能,而离线编程软件中加工工具相对基体表面姿态的自动调整功能为解决该问题提供了便利。

零部件曲面表面的磨损损伤等通常具有偏磨的特征,即磨损层厚度不均匀。对于这种不等厚磨损层的激光表面熔覆修复,如何控制熔覆层的形状,使之实现高精度仿形修复是其第三项关键技术。结合激光增材再制造成形精度控制方法,可较好地实现不等厚熔覆层的成形。总之,零部件表面的激光增材再制造成形修复具有应用范围广、修复精度高、对基体热影响小和能实现仿形修复的特点。

### 6.3.3 薄壁再制造成形精度控制

#### 1. 薄壁墙成形

装备零部件中有很多薄壁结构件。随着装备性能发展的需要,许多结构件均采用具有高强度和轻质的合金材料,且被加工成薄壁结构。薄壁结构的结构特点决定了其损伤修复采用常规方法难以实现。而采用高能束则显示了显著优势,表现在修复过程中,加热位置控制精确,对基体的热影响小。在薄壁零部件装备的修复及成形方面,激光增材再制造成形技术具有良好的应用前景。

薄壁件成形的常见问题为开裂,以及高度不均匀,由此造成成形过程不连续。在薄壁结构的激光增材再制造成形形状控制中,散热和应力控制是其核心问题。

通常成形薄壁墙的路径为层层叠加,下层的激光加工头抬升高度等于本层的厚度。但是,每层之间即使工艺参数相同,但每层的成形界面和环境并不一样,所以成形的高度并不相同。层间激光加工头的抬升高度因而成为一个关键问题。如果采用闭环控制系统,适时反馈每层熔覆层的高度,并精确控制工作台或激光加工头的升降,则是解决此问题的有效途径。但是,成功搭建一个反馈控制系统并用于成形高度在线控制,无疑会使系统运行成本大大增加。再考虑装备零部件快速修复的需求,反馈控制系统运行的可靠性也是问题。

如果能建立工艺参数和成形层厚度的定量对应关系,在成形一层后可以较精确地估计熔覆层的厚度,并相应地调整激光加工头的抬升,则可实现抬升高度的开环控制。这可以较好地解决前述问题,满足零部件快速修复的要求。

薄壁墙在成形中路径如果有交叉,或是拐角,都会遇到成形高度下降而宽度增加的现象。一方面主要是连续熔覆成形时在这些位置很容易造成热量累积,熔池流动性增加;另一方面,运动执行机构在这些拐角处往往需要加速和减速时间,即使是很短时间的延迟,也会在这些部位造成形状误差累积,结果是拐角处可能塌陷,或者造成结瘤,宽度增加。

在研究薄壁墙成形中,预先考虑到这些拐角和路径交叉部位,在熔覆路径经过这些点时进行特殊工艺处理。常用的方法有两个,其一是适当加快拐角处熔覆速度,其二是在路径交叉处关闭激光光闸一段时间,再偏移一定距离继续熔覆。在成形中,速度的调整量和位置的偏移量根据形状预测模型来计算。采用这些工艺措施进行"Rm"薄壁结构熔覆成形,如图6.49所示。从图中可以看出,拐角和路径交叉处其成形层高度与其他部位基本保持一致,较好地实现了堆积层的高度控制。

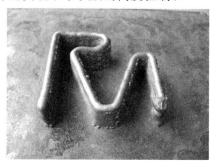

图 6.49 "Rm"薄壁结构熔覆成形

薄壁墙成形后主要观察其表面质量,与基体的结合,以及成形结构的力学性能。图 6.50 所示是 Fe901 薄壁墙的 SEM 截面组织形貌。由图可知,成形墙体的微观组织均匀致密,为其良好的力学性能提供支持。

**2. 薄壁圆筒成形**

薄壁圆筒的成形是薄壁结构成形中比较特殊的一种。其他路径的堆积成形往往要考虑路径的始末端点,而且其成形中一般是基体静止而激光加工头按一定路径进行熔覆,或是基体简单平移和激光加工头相对运动。圆筒成形则不同,理论上可以有两种方法进行堆积成形,其一是螺旋线堆积成形,激光加工头与基体做螺旋线相对运动;其二是单层圆形路径熔覆,再层层堆积成形。第一种螺旋线路径成形由于要精确控制单圈熔覆的时间和激光加工头抬升速度,一般成形效果不好。第二种圆形路径成形方式

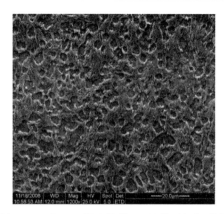

图 6.50　Fe901 薄壁墙的 SEM 截面组织形貌

简单可控,只要计算好单圈熔覆时间,以及设定好激光加工头抬升高度,即可较好地控制成形过程。

单圈熔覆的时间是一个重要参数。按圆筒的直径计算熔覆路径的长度,再除以激光扫描线速度,即可得到单圈熔覆时间。在机器人运行程序内,根据此时间来设置激光光闸的开关时间。从热量输入均匀化角度考虑,成形中每一层的熔覆路径始末端点与上一层应隔开一定距离,故该时间也是估计下层熔覆起始点位置的依据。

层间激光加工头的抬升高度是另一重要参数。每一层的熔覆工艺参数不尽相同,而在选定工艺参数和成形环境下,该熔覆层的厚度是下层熔覆层激光加工头抬升高度的重要依据。一般设置这二者的值精确相等。在特殊情况下如高度补偿等,也需要调整激光光束离焦量,其调整量也需要依据每层熔覆层的厚度进行计算。

另外,成形中首先要考虑熔覆的粉末材料和基体的热物理性能相匹配,尤其是热膨胀系数。其次是成形结构和基体的结合面的工艺参数要特别控制,尽管最大残余应力不会出现在界面处。再次是不同局部应采用不同的工艺、不同的路径,考虑可能存在的缺陷和应力集中,需从工艺上消除部分残余应力。最后是对再制造件进行合适的后热处理,尽可能地消除应力,提高结构性能。

采用侧向单送粉喷嘴进行熔覆成形时,圆筒成形加工配置方案,如图 6.51 所示。图 6.51 中,基体固定在一个转台上,调整激光焦点光斑的位置,使之位于圆筒成形路径上。实验中选用了旁轴喷嘴,送粉喷嘴的位置对成形体表面质量和成形层厚度都有较大影响,故应综合考虑成形圆筒基体和激光加工头的相对运动进行配置。

堆积熔覆成形时,基体相对送粉喷嘴进行旋转运动,送粉喷嘴位于运动轨迹前方,即相当于前送粉,以提高成形效率。由于基体为圆筒形状,在固定基体工件时需要精确夹持,以保证其轴心线与卡盘的旋转中心线重合。通过调速电机控制卡盘的旋转速度。旋转速度由设定的熔覆线速度除以圆筒基体薄壁结构中心圆弧线半径计算而得到。

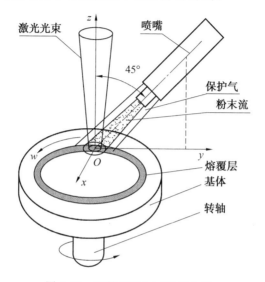

图 6.51　圆筒成形加工配置方案

单圈熔覆时间的计算按照圆周长度除以线速度进行。该时间一般按小数点后 1 位进行放大取值,并作为单圈熔覆时光闸开关时间,让单圈熔覆时其始末端点能重合。熔覆一层后,抬升激光加工头一个微小距离,该距离与作为基体的熔覆层厚度相等。然后旋转基体一定角度,让下一熔覆层的起始熔覆点与基体熔覆层始末端点隔开一定距离,避免在同一位置反复的热输入和热量累积。之后按相似的措施进行堆积成形。图 6.52 所示是采用 Fe90 粉末进行圆筒成形时的实际环境。

堆积成形一共进行了 100 层,测量其高度为 52 mm 左右。图 6.53 所示是成形后的圆筒形貌,由图可知圆筒几何形状均匀一致,很好地实现了预期形状结构的成形。采用游标卡尺测量其周向的薄壁结构高度,发现其误差范围在 0.15 mm 内。成形效果不足之处是其表面粘粉现象明显。

为改善圆筒成形的表面质量,进行了 Fe314 粉末的薄壁圆筒堆积成形改进实验。其中采取的改进措施有:

(1)选用韧性好,和基体热物性参数差别不大的粉末材料 Fe314。

（2）在熔覆成形底层时采用不同的工艺参数，进行特别的工艺处理。

图 6.52　采用 Fe90 粉末进行圆
筒成形时的实际环境

图 6.53　成形后的圆筒形貌

（3）熔覆结构成形的路径规划特别考虑材料热梯度方向与主要残余应力方向相似的特点，在周向错开熔覆始末端点，并改变熔覆方向，力图抵消部分残余应力。

（4）偏转送粉方向一个合适角度，使圆筒内表面几乎不粘粉，外表面采用激光表面熔凝，以消除粘粉。图 6.54 所示是采取改进措施成形后的薄壁圆筒。

图 6.54　采取改进措施成形后的薄壁圆筒（外圆筒面已磨光）

熔覆时相邻两层间激光加工头抬升高度的控制也是控制圆筒成形精度的重要内容。一般有两种方法来确定下一层熔覆时激光加工头的抬升高度。其一是直接测量已完成熔覆层的厚度，然后设定抬升高度等于该层熔覆层厚度。该方法精度较高,缺点是成形过程是间断进行的,每熔覆一层都需要测量其高度。其二是通过工艺参数和熔覆层厚度的函数关系来计算熔覆层的厚度,以此来设定激光加工头的抬升高度。

经过实验和研究发现,单道熔覆层堆积成形薄壁结构中,在一定工艺参数范围内,熔覆层的宽度基本与光斑直径相当,而熔覆层厚度与进入熔池的粉末量具有对应关系,其函数关系式为

$$H_s = \frac{F \cdot \omega}{d_1 \cdot v \cdot \rho} \tag{6.19}$$

式中,$H_s$ 为熔覆层的厚度;$F$ 为单位时间的粉末输送质量;$\omega$ 为粉末利用率,通过称重实验测得其值;$d_1$ 为光斑直径;$v$ 为激光光束扫描速度;$\rho$ 为熔覆层的材料密度。

值得注意的是,式(6.19)的前提是堆积成形过程可连续进行,认为熔覆层的宽度基本与光斑直径相等,而粉末利用率基本保持不变。

对成形圆筒进行质量检测,内容包括:表面质量/粗糙度、成形圆筒高度误差、筒体与基体的结合及残余应力等。对成形圆筒和基体的结合处进行金相检测,观察其组织与冶金结合情况。由图 6.55 可知,圆筒成形结构和基体形成了良好的冶金结合,结合层致密,组织结构尺寸均匀,没有裂纹和气孔等缺陷。

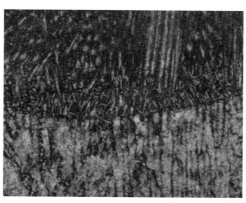

图 6.55 圆筒成形结合界面

研究表明,基于圆筒成形精度控制方法,可以成形出高精度、更复杂的薄壁结构件,如回转体等。成形过程中,其每层的路径、每层熔覆时激光加工头的姿态都可以进行调节,并非只有一个固定的位置。

### 6.3.4　立体再制造成形精度控制

装备零部件在恶劣的服役环境下或战场上受到敌方武器攻击,造成局部立体结构的破损和缺失也是其损伤形式之一。对于这种局部三维结构缺损,常规的维修方法无能为力,损伤零部件只能报废处理。激光增材再制造成形技术具有对零部件基体热影响小、能精确控制成形结构三维形状、修复结构力学性能好等诸多优点,是解决零部件局部结构缺损修复技术难题的可行方法。

激光增材再制造成形三维金属结构按照分层堆积成形的思路进行。首先建立预期形状尺寸的结构模型,然后对模型进行分层和路径规划,最后设定工艺参数,依次成形每一层,则可堆积成形出所需要的结构。但是,上述过程是参考激光快速成形的思想进行的,在理想状态下激光增材再制造成形和激光快速成形基本是一致的,而实际情况并非如此。激光增材再制造成形和快速成形的主要区别在于其需要考虑零部件基体和成形结构的相互影响,如结合界面的状况、基体的变形等。

研究发现,激光增材再制造成形技术修复零部件局部立体结构缺损的技术难题主要有 3 个方面:一是保证成形结构与基体形成良好的冶金结合,而结合界面不限于平面,也可能是多个表面的组合,甚至包含曲面;二是保证成形结构的高形状精度,以减少后加工余量和提高修复效率;三是保证成形结构的力学性能符合零部件再使用要求,如较小的内部残余应力、良好的表面质量等。

在立体缺损结构激光增材再制造成形研究中,方块体的成形是较简单的一类。方块体的激光熔覆成形是研究三维立体结构成形的基础。通过平面矩形熔覆层的层层堆积,理论上可以很方便地成形出方块体。但是,实验中发现,方块体的成形并非平面熔覆层的简单叠加。在不同熔覆层堆积过程中,会产生相互作用,引起结构和形状的变化。

对成形结构进行分区分层成形,将成形结构分为界面结合层、成形主体和结构表面层,且不同局部采用不同的工艺参数进行成形控制是关键技术之一。不同的零部件缺损部位,其表面质量可能是不同的。成形前一般需要将结合界面进行处理,如机械加工等。结合界面可能是平面,也可能是多个不同形状表面的组合。为保证成形主体和零部件基体的良好冶金结合,修复前需要先成形出界面结合层。采用界面结合层的意义在于:可以采用与成形主体不同的工艺参数和材料,获得低稀释率、小热影响区、具有过渡层作用和对基体均匀预热效果的界面熔覆层。而表面层的作用是提高成形结构的表面质量,降低结构内部残余应力,提高修复结构的表层力学性能。和界面结合层类似,表面层的成形也可采用不同的工艺参数和成形材料。

立体缺损成形的关键技术之二是对每层的熔覆层形状进行精确控制。方块体的每层熔覆层形状基本一致,但是每层一般采用不同的熔覆路径。如果采用相同的熔覆路径,会造成每层的几何尺寸误差累积,最后造成成形过程中断。如果不对每层的熔覆成形参数进行调整和控制,也会出现局部结构的几何特征不均匀,如每层边缘部位的斜坡、边角的塌陷,甚至层厚度的起伏不均等,使层堆积时产生误差累积。至于每层的路径规划,可以借鉴其他热加工和成形的结果,选择能使热量输入较均匀的路径方式。

引入离线编程软件对激光增材再制造成形路径进行编程是关键技术之三。采用示教再现方式进行成形路径编程时,局部特殊工艺处理变得不可行。成形熔覆层的形状尺寸误差,使得编程时手动示教的位置精度很难保证,进而造成下一层成形熔覆层加入了新的人为误差。如果能结合激光熔覆层形状预测模型,对每层熔覆层的形状和堆积后的结构形状变化进行预测和几何建模,将模型输入离线编程软件,则成形路径的位置精确性会得到较大提高。

激光成形方块体的外观如图 6.56 所示,成形材料为 Fe314 粉末,基体为 45 钢平板。成形结构的预期形状尺寸是 30 mm×30 mm×10 mm 的方块体。根据工艺实验所得优化的工艺参数,规划堆积 13 层,预期每层厚度0.8 mm,每层搭接 20 道熔覆线,搭接路径偏移量设定为 1.45 mm。

图 6.56　激光成形方块体的外观

成形结构第一层为界面结合层。为了降低对基体的热影响,降低稀释率,工艺参数组采用了较快的激光熔覆速度。本书第 4 章研究表明,多道搭接熔覆层的局部几何特征不均匀显著表现为第一道熔覆线高度低于后续各层,需要降低该道的激光熔覆速度以提高其结构厚度。因此在第一层熔覆第一道时降低其速度为 10 mm/s,其余各道为 15 mm/s。成形主体的激光熔覆速度为 10 mm/s,以获得厚度在 0.8 mm 左右的熔覆层,提高成形效率。

　　成形方块体的横截面形貌如图 6.57 所示。成形的路径采用每层相同的"弓"字路径,但是局部具有不同的工艺参数。从图中可以看到,熔覆层的组织致密,层间结合良好,微观组织均匀细密。

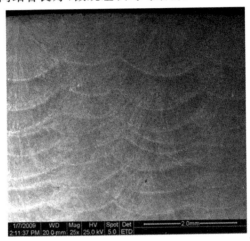

图 6.57　成形方块体的横截面形貌

　　方块体的成形效果从几何特征方面评价主要是和基体结合良好,块体没有裂纹和结构缺陷,边缘高度一致,没有尺寸塌陷处。成形方块体的截面 SEM 形貌如图 6.58 所示。其组织的主要特点是搭接带具有较明显的多次重熔现象。

# 6.4　典型零部件激光增材再制造控形实例

　　表面熔覆层、薄壁结构和立体结构的成形实验研究结果表明,加入控形措施进行成形得到的激光增材再制造成形结构几何精度较好。在实际零部件的再制造成形中,需要重点考虑零部件局部缺损部位结合界面的处理,以及成形结构和基体的相互影响。选取典型的实际装备损伤零部件进行激光增材再制造成形,其成形经验和具体工艺方法可以对类似结构的零部件和类似的损伤特征修复起到指导作用和借鉴意义。

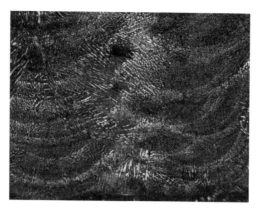

图 6.58 成形方块体的截面 SEM 形貌

## 6.4.1 磨损失效凸轮轴控形再制造

凸轮轴是汽车重要零部件之一,随着汽车行业的发展,对凸轮轴材质性能也提出了各种不同的要求,如在成本合理的前提下,要有一定的硬度来保证其耐磨性。凸轮轴激光处理表面强化技术中应用的主要是激光淬火、激光熔凝、激光表面合金化、激光熔覆等。激光熔凝凸轮轴表面是增加其耐磨性的方法之一,它是利用激光的一些特性来达到快速局部熔凝的高新技术,与传统表面强化技术相比具有一系列优点,如组织细化、硬度高、变形小。激光熔凝伴随有传热、辐射、固化、结晶等物理变化,这些过程取决于激光强度(功率密度)、持续时间(扫描速度)、光斑直径及被加工材料的性能等工艺参数。可以通过改变激光工艺参数,根据凸轮轴桃尖不同部位受力状况的不同,来获得所需熔凝部位、层深和组织结构。但表面熔凝不能修复凸轮磨损。

凸轮轴的加工原料一般分模锻件和圆棒料件两种。模锻件的加工约40 道工序,凸轮表面为感应淬火;棒料件的加工约 45 道工序,凸轮表面为渗碳处理。其中,模锻件代表零部件为 WR4 型凸轮轴,材料为精选 45 钢,其原料毛坯重 14.5 kg,而加工后零部件重 4.866 kg;圆棒料件代表零部件为 WR504 型凸轮轴,材料为 20CrMn(GB/T 3055—1999)钢,圆钢毛坯重28 kg,而加工后凸轮轴重 9 kg。由此可知,凸轮轴的制造过程比较复杂,原料利用率约为 1/3。

凸轮轴凸轮磨损的修复难度在于:在零部件的激光增材再制造成形中属于运动面的表面损伤修复,具有组合曲面磨损、不等厚磨损层、高硬度和低热输入量要求等特点。

某型坦克凸轮轴凸轮磨损的激光增材再制造成形修复过程按以下步骤进行：

预处理→尺寸测量→建立凸轮模型→选定工艺参数→路径规划→路径编程→激光表面熔覆→缺陷检测→成形后尺寸测量→后加工→加工精度测量。

### 1. 损伤情况及尺寸测量

零部件在再制造前均需要检测其损伤情况和结构尺寸，根据检测的结果判断是否适合修复，以及确定修复层或成形结构的形状尺寸。凸轮轴轴颈超差情况、表面磨损状况和桃尖升程都必须通过检测技术获得必要的尺寸数据。常规技术手段对凸轮轴进行维修的困难主要有三方面，第一是桃尖的磨损无法修复，尺寸超差后只能报废；第二是深度划伤和麻坑很难用普通技术修复；第三是动力输入端花键的偏磨不好修复，属于薄壁件高精度小热输入量修复范畴。

凸轮轴再制造前目测观察表面是否有麻坑、划伤及裂纹等，如果损伤严重，则需要对其表面进行打磨和处理，清除缺陷层与夹杂等。

轴颈磨损的测量方法：将凸轮轴放置在平板的 V 形架上，V 形架与轴的端面轴承配合面之间涂润滑油，使之转动灵活。用螺旋千分尺测量轴承配合面的轴径，转动 1/4 周再测量一次，看轴颈磨损是否超差。

轴向跳动误差测量方法：转动凸轮轴，将杠杆百分表的触头压在轴的上方，指针转动半圈为宜。然后转动轴，看各个轴承配合面处的跳动误差是否超差。

凸轮升程测量方法：凸轮轴的升程也是靠螺旋千分尺测量。将螺旋千分尺卡在凸轮的基圆处测量轴颈，然后再测量凸轮桃尖的高度，看两者之差是否大于规定的最小升程。如果不合标准，则该凸轮轴需要进行再制造成形修复。

图 6.59 所示是某型坦克凸轮轴凸轮截面图及尺寸标注。凸轮轴凸轮的原始技术指标为：其表面为高频淬火，深度 1.6～3.1 mm，桃尖处深度允许到 5.5 mm。表面硬度为 HRC 54～60。未淬火表面为 HB 163～205。对再制造前的凸轮轴进行了损伤情况观测和磨损尺寸测量。结果发现，凸轮的损伤主要是桃尖的磨损，造成升程不够。桃尖的磨损量在 0.2 mm 左右。其他损伤为凸轮表面的划伤和桃尖的麻坑。由图 6.59 可知，凸轮工作面由 3 段圆弧面组成。实际损伤观察发现，在桃尖部位的圆弧面磨损严重。

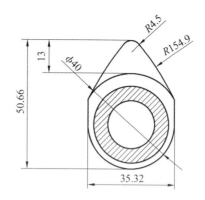

图 6.59　某型坦克凸轮轴凸轮截面图及尺寸标注(单位:mm)

## 2. 建模与分层

凸轮的表面是一个不同直径的圆柱面组合曲面,在其表面进行激光熔覆时仅靠手工调整熔覆路径的位置精度是不够的,可能使不同位置的激光光斑大小不一致,且熔覆层的几何形状很难控制。借助数字模型在虚拟环境中对其进行路径编程可以解决该问题。凸轮轴的数字模型可用 AutoCAD软件建立其截面模型,基于 SolidWorks 软件建立凸轮轴的三维模型。激光熔覆再制造凸轮轴的三维模型如图 6.60 所示。由图可知,在建模时已经将磨损层去除,凸轮表面形状与打磨后的实测尺寸形状一致。为方便后续路径规划和编程,在凸轮表面进行了熔覆路径的几何标示,以便在虚拟环境中关键点位置的捕捉和编程。

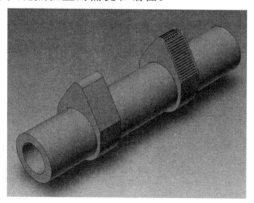

图 6.60　激光熔覆再制造凸轮轴的三维模型

由于磨损层厚度较薄,采用单层熔覆层即可进行修复,所以分层不需要在厚度方向进行。但是,在组合曲面的激光表面熔覆中,通常需要在表

253

面进行分区,也可以理解为在表面上的分层。图 6.60 中凸轮由于桃尖的柱面曲率较大,将其划分为一层,而两侧柱面的曲率较小,可采用不同的路径进行熔覆,故将其划分为其他两层。

**3. 路径规划**

借助离线编程软件进行熔覆路径编程可以提高效率和路径准确性。由于凸轮轴凸轮的表面是一复杂曲面,手动示教编程不但费时而且焦点定位不准确。如果目测进行示教编程,会在搭接率和焦距上产生误差,从而使熔覆效果变差。在利用离线编程软件的过程中,虚拟环境中的坐标和现实环境中工具、工件等的坐标一一对应是一个关键问题。软件应用的关键是凸轮轴的建模和位置标定。

应用离线编程软件编程时,机器人的模型采用第 3 章中建立的虚拟机器人系统。其中激光加工头输出的激光光束用一倒圆锥代替,其特征尺寸根据工艺实验和原始设计数据确定。

根据测量结果显示,凸轮两侧柱面的磨损量很小,磨损厚度在 0.08～0.15 mm 范围内。设定成形的熔覆层的厚度从 0.2 mm 递增到 0.3 mm。根据前期工艺实验的结果和形状预测模型,确定工艺参数如下:激光功率为 1 200 W、送粉电压为 10 V、扫描速度从 110 cm/min 递减到 80 cm/min。

激光熔覆修复凸轮的两种路径规划方案如图 6.61 所示。

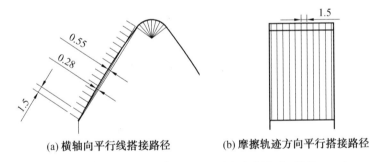

(a) 横轴向平行线搭接路径　　　　(b) 摩擦轨迹方向平行搭接路径

图 6.61　激光熔覆修复凸轮的两种路径规划方案(单位:mm)

图 6.61(a)为采用沿横轴向进行搭接熔覆的路径,搭接量设定为1.5 mm,该值是工艺参数计算和搭接率计算的综合结果。图 6.61(b)为采用凸轮摩擦轨迹方向搭接熔覆,起始熔覆轨迹为中间线,再依次往两侧进行路径规划,以保证受热均匀。最外侧两条熔覆线为辅助熔覆线,以防止熔覆层边缘塌陷。

凸轮轴建模时已经考虑了在虚拟光滑曲面上进行路径编程关键点选取的难题。离线编程软件编程的特点是捕捉路径关键点,而关键点必须是模型上具有棱角的结构拐点。如果是焊接应用，其工件模型的拐点较好捕捉，焊接路径一般是棱线，编程比较容易。在虚拟光滑的曲面上进行路径编程，解决的方法是建立辅助的几何结构，该结构按预定路径生长，具有明显的棱角，便于软件进行关键点捕捉。

离线编程软件 AX－ST 应用于凸轮轴凸轮激光增材再制造成形修复路径编程的场景，如图 6.62 所示。通过捕捉关键点，自动生成了机器人运动的路径程序。

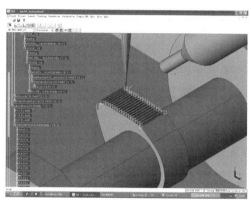

图 6.62　激光熔覆再制造凸轮编程环境

凸轮的桃尖截面轮廓为 $R4.5$ 的圆弧，既可采用圆弧仿形搭接熔覆，也可采用轴向平行线搭接熔覆。采用上述两种路径方式对凸轮桃尖进行成形路径编程，分别如图 6.63 和图 6.64 所示。图 6.63 中搭接量设定为 1.5 mm。最外侧两条熔覆线为辅助熔覆线，以防止熔覆层边缘塌陷。图 6.64 中搭接量设定为 1.25 mm，可以使成形层表面平滑过渡。

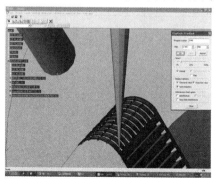

图 6.63　圆弧仿形搭接熔覆

采用图 6.63 中路径方式的好处是：搭接区平行于摩擦轨迹方向，熔覆

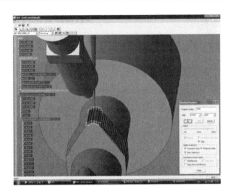

图 6.64　轴向平行线搭接熔覆

层在运动方向上性能会比较均匀。另外，激光加工头姿态变换少，修复效率高。第二层熔覆时可以调整熔覆方向使凸轮受热比较均匀。其不足之处是路径转折点会存在犬牙状结构不均匀的现象。

采用图 6.64 中路径的优点是共只需搭接 5 道，从桃尖顶部开始第一道熔覆，使凸轮受热和修复层形状都比较均匀；每道熔覆线的扫描速度可以单独调整，使熔覆层厚度按预期规律变化。其不足是激光加工头姿态变换较多，一定程度上影响修复效率。

**4. 高精度激光表面成形**

对凸轮轴的加工应当有合适的工装卡具。由于对凸轮轴进行激光增材再制造中熔覆过程较慢，且机器人手臂末端姿态调整较方便，故加工中对卡具的要求较低，能水平固定凸轮轴并可旋转即可。熔覆时对基体的要求是光束基本垂直于基体表面，且相对移动速度基本一致，所以卡具能水平托起轴，且能转动一定角度即可。本书采用作者自行研制的带调速电机的变位机水平夹持凸轮轴进行激光表面仿形熔覆。

用 CF 卡将在离线编程软件中编写好的机器人运行程序拷贝到机器人控制盒内，通过现实环境中凸轮轴的位置标定且设置好工艺参数后，即可运行程序，熔覆出所需形状和尺寸的熔覆层。图 6.65 所示为激光熔覆再制造凸轮实际环境，显示了工艺实验时熔覆截断轴凸轮的场景。

凸轮的激光增材再制造表面修复采取了分区成形的策略。凸轮的磨损主要发生在桃尖部位，而桃尖两侧圆弧面也存在少量磨损，因此修复成形共分为桃尖和两侧圆弧面 3 个区，依次进行表面熔覆成形。桃尖部位的修复层结果，如图 6.66 和图 6.67 所示。图 6.66 的成形采用了图 6.63 中的路径方式，其工艺参数为：激光功率为 1 200 W、扫描速度为 15 mm/s、送粉量为 6.5 g/min、载气流量为 150 L/h、搭接量为 1.5 mm。熔覆一层

图 6.65 激光熔覆再制造凸轮实际环境

后将凸轮轴掉头安装在卡具上,再以相同的参数和过程熔覆第二层。图 6.67 的修复层采用了图 6.64 中的路径方式,其工艺参数为:激光功率为 1 200 W、扫描速度为 12 mm/s、送粉量为 6.5 g/min、载气流量为 150 L/ h、搭接量为 1.25 mm。熔覆一层基本可以实现尺寸恢复,如不够升程的可将凸轮轴掉头安装在卡具上,再以相同的参数和过程熔覆第二层。

图 6.66 圆弧仿形搭接熔覆　　　　图 6.67 轴向平行线搭接熔覆

图 6.68 所示是采用凸轮工作轨迹方向熔覆线搭接修复的侧面圆弧面熔覆层形貌。由于在单一熔覆线方向不能连续调整激光扫描的速度,所以图 6.68 中将熔覆线进行了分段工艺参数调整的措施,在磨损量小的位置采用较高的熔覆速度,在磨损厚度大的位置采用低速以获得不同厚度的熔覆层。图 6.69 所示是采用横轴向平行线搭接熔覆面修复的凸轮表面形貌。

为保证凸轮后加工表面的加工连续性,以及假设除了桃尖部位,在凸轮其他部位可能的损伤,对凸轮的整个表面进行了完整的激光表面熔覆修复。其中,桃尖两侧的圆弧面采用沿摩擦运动方向进行搭接熔覆,在凸轮的其他部位采用沿轴向平行线搭接熔覆。

图 6.68 采用凸轮工作轨迹方向熔覆线搭接 修复的侧面圆弧面熔覆层形貌

图 6.69 采用横轴向平行线 搭接熔覆面修复的 凸轮表面形貌

全凸轮表面熔覆的凸轮轴如图 6.70 所示。两侧圆弧面的工艺参数为:激光功率为 1 200 W,扫描速度为 15 mm/s,送粉量为 6.5 g/min,载气流量为 150 L/h,搭接量为 1.25 mm。提高扫描速度是因为两侧表面的磨损很小,而为了磨削加工表面的连续,所以只需要在凸轮表面熔覆很薄一层熔覆层即可。

图 6.70 全凸轮表面熔覆的凸轮轴

对凸轮的工作过程分析发现,凸轮仅桃尖部位和两侧圆弧面参与摩擦运动,其他表面基本没有磨损。而对全表面进行激光熔覆实验中发现,编程效率和熔覆效率较低。为了提高凸轮修复的效率和减少后加工余量,同时又兼顾后加工表面的连续性,激光增材再制造成形修复凸轮磨损的方法为仅熔覆桃尖部位和两侧圆弧面。

熔覆前,对凸轮的表面进行打磨,去除氧化层和表面杂质。熔覆的路径方案和工艺参数如前所述一致,采用该方法修复的凸轮形貌如图 6.71 所示。

图 6.71　桃尖和两侧圆弧面激光熔覆修复

综合分析发现,该方法比凸轮全表面熔覆的效率提高一倍左右,而后加工方法和过程与全表面熔覆后相同。加工后发现该方法能保证加工表面的连续,圆弧面过渡处没有台阶状加工痕迹。图 6.72 所示是凸轮后加工形貌,显示了桃尖圆弧面与两侧圆弧过渡面的光滑连接。

图 6.72　凸轮后加工形貌

图 6.73 所示是整根凸轮轴 12 个凸轮进行激光表面熔覆修复后的结果。熔覆层外观平整一致,没有裂纹。尺寸测量结果显示其经过后加工能很好地恢复其原始形状尺寸,加工余量为 0.1~0.4 mm。图中凸轮两侧熔覆层采用横轴向搭接熔覆面,而桃尖采用工作轨迹方向仿形搭接熔覆面。

将修复后的凸轮轴采用专用的凸轮磨床进行精加工,按原始尺寸要求进行凸轮的形状尺寸恢复。经过凸轮靠模磨床加工后的凸轮轴整体形貌如图 6.74 所示。加工后凸轮轴可能存在的缺陷主要是微裂纹。采用渗透显影方法进行裂纹显影观察,发现熔覆层没有开裂。另一个可能的缺陷处

图 6.73　整根凸轮轴 12 个凸轮进行激光表面熔覆修复后的结果

在熔覆始末端点,即凸轮桃尖的边缘,可能由于热量累积及散热差,造成熔覆塌陷和稀释率过高。经过制样和金相检测分析,发现熔覆层与基体结合良好,没有微裂纹及夹杂。

图 6.74　后加工的凸轮轴整体形貌

## 6.4.2　气门挺柱圆筒激光增材再制造成形

气门挺柱上部是薄壁圆筒结构。采用在圆筒开口处人为加工缺口的方法模拟圆筒的损伤,并进行激光增材再制造成形修复,以研究薄壁结构件的局部结构缺损快速修复。修复过程为先对缺口的 3 个切口表面进行清洗去污,然后熔覆界面结合层,其次是堆积成形方块薄片对缺口修复,最后是成形结构表面的激光重熔,也可采用薄层激光熔覆。

**1. 界面结合层成形**

气门挺柱上部圆筒的直径为 38 mm,壁厚为 2 mm,加工缺口后的形貌如图 6.75 所示。加工缺口为 18 mm×15 mm 的矩形切口。由图 6.75 可知,圆筒缺损部位具有 3 个切口平面。激光增材再制造成形结构需要与零部件基体在缺口下部水平面冶金结合,同时还要与缺口两侧竖直平面冶金结合。为保证界面良好的结合质量,在激光成形修复前先熔覆一层界面结合层。界面结合层成形的关键技术是保持激光光束始终垂直于加工表面,并以高速扫描和小送粉量熔覆形成低稀释率的薄层熔覆层。在很小的空间内使激光光束垂直于切口表面进行熔覆,需要调整机器人的姿态,以及采用侧向送粉的方式,调整送粉方向和激光/粉末汇聚点位置。图 6.76 所示为界面不同位置的激光加工枪头的姿态。

图 6.75 带缺口的气门挺柱

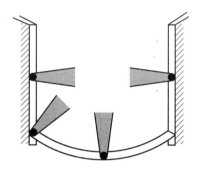

图 6.76 界面不同位置的激光加工枪头的姿态

界面结合层成形采用的材料为 Fe314 粉末。界面结合层的工艺参数如下:激光功率为 1 200 W,送粉量为 4.2 g/min,扫描速度为 15 mm/s。在图 6.76 中竖直面和水平面交汇处拐角采用局部的均匀控形措施,在此处设定激光光束与两个面的夹角为 45°左右,而扫描速度为零,设置激光辐照时间为 0.4 s,以保证拐角处能形成冶金结合,并使直角过渡为圆角,使后续的成形结构在此处不会尺寸塌陷。

**2. 缺损主体部位成形**

当圆筒的界面结合层成形后,激光增材再制造成形主体结构与零部件基体之间具有了一层过渡层,无论采用的成形材料和工艺参数是否与界面结合层相同或不同,成形主体对零部件基体的影响作用将被降低,而主体的成形参数选取可考虑较高的成形效率。

主体采用分层圆弧路径堆积而成。由于在圆弧路径的两端机器人的运动速度会有加速和减速的过程,因此在路径编程的时候,将路径的端点设定得稍微超过缺口侧面,而激光光束通过侧面时光闸被关闭,以降低端点加减速对成形结构形状的影响。同理,每层激光熔覆的始末端点位置位于圆弧路径中间,且相邻层的成形起点错开一定距离,以使成形中结构受热均匀,成形结构几何特征均匀化。

成形主体的主要工艺参数如下:激光功率为 1 200 W,扫描速度为 8 mm/s,送粉量为 9.8 g/min。堆积成形后的圆筒缺口被填补,其外观形貌如图 6.77 所示。尺寸测量结果显示,其成形结构平均厚度为 2.25 mm,预期高度为 15 mm,而实际高度在 15.10～16.22 之间。高度起伏的原因是激光加工头在缺口处姿态调整,其运动加速度引起的熔池热输入不一致,而手动调整送粉量误差较大。

由图 6.77 可知,激光熔覆修复能够恢复圆筒缺口的尺寸形状。修复结构和基体结合良好,没有宏观裂纹。而基体的变形很小。修复结构的形状尺寸精度比较高,只是表面质量不太理想。产生的原因在于修复过程中送粉量较大,导致熔池熔液流淌较明显,但是成形修复后的气门挺柱经机械后加工可以完全恢复到其设计尺寸。

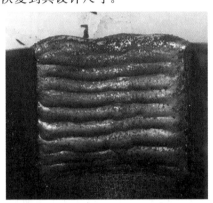

图 6.77　缺口填补成形修复结构形貌

圆筒缺口成形修复后,其修复结构内部存在残余热应力,而表面也存在少量粘粉,如果不进行适当的处理,在后机械加工中可能会导致修复结构开裂。成形后的表面处理一般采用激光表面重熔,其实质是局部热处理,也可采用薄层熔覆,其作用和表面重熔类似。在此鉴于圆筒修复结构外表面局部存在机械加工余量可能不够,采用了表面薄层熔覆的方法。表面薄层熔覆的工艺参数如下:激光功率为 1 200 W,扫描速度为 15 mm/s,送粉量为 4.2 g/min。由于是薄层熔覆,对熔覆路径的搭接不要求,因此搭接路径偏移量为 2.0 mm,以提高加工效率和降低热输入影响。修复结构经表面处理后气门挺柱形貌如图 6.78 所示。

图 6.78　修复结构经表面处理后气门挺柱形貌

由图 6.78 可知,经表面处理后的圆筒缺口修复结构表面质量得到明显改善,表面粘粉得到完全熔合,且处理后表面具有金属光泽。修复结构经渗透法检验发现没有裂纹存在,修复结构完整致密。

### 6.4.3　低载直齿轮断齿控形再制造

齿轮是装备中的重要零部件。齿轮使用环境在装备处于特殊状态或恶劣环境中时会突变,其载荷突然增大,会导致齿轮失效,如齿表面严重磨损、剥落甚至断齿。采用常规的成形修复技术如堆焊,不能很好地对断齿进行结构修复。激光增材再制造成形修复技术克服了其他技术热输入量过大,易使齿轮基体变形,成形尺寸精度不高等缺点,是修复断齿结构的理想手段。直齿轮的齿牙形状近似为一梯形体,针对某装备低载直齿轮断齿的再制造成形,采用立体成形几何特征控制结果和离线编程软件,解决梯形体的成形问题。

成形前,齿轮的断齿部位需要进行机械加工。加工的目的是去除表层缺陷层,获得平整的熔覆成形基面,便于后续的处理。图 6.79 所示是断齿加工后的基面形貌。

由图 6.79 可知,零部件基面是一个矩形平面。界面结合层只需要考虑梯形体底部与齿轮的良好结合。成形前,对基面采用快速小送粉激光薄层熔覆,形成低稀释率的界面结合层即可。

**1. 离线编程和路径规划**

对梯形体进行激光增材再制造连续成形,则需要借助离线编程软件对每层的路径位置进行精确模拟。离线编程前,首先需要建立缺损部分的梯

图 6.79　断齿加工后的基面形貌

形体三维数字加工模型。断齿成形模型如图 6.80 所示。模型中齿长
20 mm，宽 6.25 mm，高 6 mm。

图 6.80　断齿成形模型

　　然后将建立好的梯形体模型进行分层切片。借鉴成熟的熔覆层成形
工艺参数，选定功率和送粉参数等其他参数，得到单层成形层的典型厚度。
根据该典型厚度，将切片厚度设为 0.5 mm，共分 9 层。在三维绘图软件中
采用剖切功能对模型进行直接切片，然后规划每层的扫描路径。例如，断
层成形最下层模型及路径如图 6.81 所示。图 6.81 中黑点是扫描关键点，
机器人程序记录的就是这些点的三维坐标。

　　为了使每层熔覆时对基体和已成形层的热输入变得均匀，熔覆层的路
径可以采用上图中的对称弓字路径。从中间往两边熔覆可以使熔覆层形
状比较对称。

　　将 9 层的成形路径通过离线编程软件自动生成机器人的运动程序，并
检查路径执行的准确性，之后将程序复制到机器人控制器内。

**2. 梯形体激光增材再制造成形**

　　断齿成形主体是梯形体，分层后由梯形体底部往顶部的薄层面积是递
减的。根据每层路径规划的结果，自动运行机器人程序即可层层堆积成形

图 6.81　断齿成形最下层模型及路径

出梯形体。也可将每层的成形路径单独编写成 9 个小程序,经一个主程序调用,完成成形过程。调用中可以设置每层成形的时间间隔,以便观察成形效果和实现基体适当冷却。

低载齿轮成形主体的材料选用 Fe314 粉末。成形主要工艺参数为:激光功率为 1 000 W,扫描速度为 8 mm/s,送粉量为 8.08 g/min。由于每层宽度的递减,熔覆搭接道次会减少。如果需要细微调整成形层的宽度,可以控制搭接率在 40%～50% 之间变化。断齿修复成形后的毛坯体形貌如图 6.82 所示。

图 6.82　断齿修复成形后的毛坯体形貌

成形后对梯形体结构进行形状测量,其结果显示,成形齿长20.42 mm,宽6.51 mm,高 6.28 mm。成形的梯形体结构和预期的齿牙形状基本相符,说明编程的效果和形状控制的结果是比较理想的。首先,齿牙毛坯的成形实际上是将渐开线直齿牙的结构形状简化为一个梯形体,需要对成形的毛坯进行质量检测,并按齿轮的具体参数对其进行后机械加工,以实现精确的尺寸恢复。其次,轮齿表面按其使用性能要求需要达到一定的硬度和耐磨性指标,需要根据其具体要求对表面进行处理,如激光表面重熔,或选取硬质合金粉末进行激光表面熔覆等。

### 6.4.4　开裂肋板控形再制造

典型零部件为某型飞机起落架组件中某结构支撑零部件,损伤情况为其肋板出现深裂纹,打磨后看到其裂纹向肋板内部撕裂状扩展,采用普通的表面修复技术难以修复。采用焊接等技术进行修复会造成热输入量过大,易导致零部件变形,或是无法熔透深裂纹。采用局部缺陷结构切除,再利用激光增材再制造成形技术堆积出缺损的结构,可以较好地解决该问题。其再制造成形方案按照前加工、建模与分层、路径规划与编程、激光熔覆快速成形和后处理的工艺流程进行。

肋板深裂纹零部件结构及开裂部位如图 6.83 所示。测量其肋板厚度为 5 mm。开裂部位为接近支撑孔的肋板上部。按照切除结构最小和形状较规则的原则,对裂纹及周围组织进行线切割去除,切除后的零部件成形基面及切除结构如图 6.84 所示。

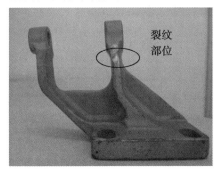

(a) 零件结构

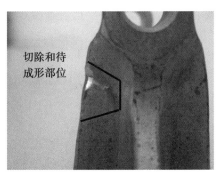

(b) 开裂部位

图 6.83　肋板深裂纹零部件结构及开裂部位

图 6.84　切除后的零部件成形基面及切除结构

待成形修复的结构为承力肋板,是一典型的小体积立体结构。从加工后缺口底部逐层熔覆,成形结构为一倒梯形体。成形的要求是要保证底部与基体冶金结合,而且两个侧面也要与基体形成良好的冶金结合,且成形结构形状实现仿形修复的目的。梯形切口的好处在于可以使成形主体避免在侧面形成竖直平面的结合,且有利于避免激光加工枪头和送粉喷嘴等在小加工空间内不与基体发生碰撞。

**1. 离线编程和路径规划**

如果采用示教/再生编程的方式进行熔覆成形路径编程,需要成形一层后即中断,再继续进行示教编程,编程时需要随时调整光斑位置和保持焦点光斑位于基体表面,这样就造成成形过程烦琐缓慢,且成形结构的几何形状不易控制。

利用离线编程软件的虚拟环境编程功能,可以使焦点光斑的位置精确可控。在现实环境中光束是不可见的,仅靠指示红光的光斑大小来估计激光焦点光斑的位置,但是没有实物表面参考情况下,无法确认焦点光斑是否位于预期的位置。而在虚拟环境中,可以将光束模拟成一个可见尖端结构,且可以建立基体熔覆层的结构面,作为路径编程的参考依据。路径规划和编程的内容与 6.4.3 中的相似,只是成形主体形状为一倒梯形体结构。

**2. 高精度激光增材再制造成形**

肋板缺损结构成形修复的难题是:结构形状不规则,编程较复杂;主要问题是成形结构的均匀性问题,即编程中要考虑不同局部采用不同的熔覆工艺参数,使成形整体形状变化比较均匀;不规则的结合界面,保证成形结构和基体的无缺陷结合。

材料选用 Fe314 粉末,因为其具有良好的抗开裂性和成形性。分区编写不同结构局部的成形程序,以满足不同局部的成形修复需要。重点考虑了以下因素:

(1)工件采用常规装卡,则成形结合面为斜面,熔覆时该面的参数控制应使熔覆层尽量薄,与基体冶金结合。

(2)为使后续成形程序可重复使用,将接下来的局部划分为楔形,以填补斜坡。

(3)对已成形结构激光重熔。

(4)后续层间采用不同的路径和熔覆始末端点,使应力方向错开。

(5)对于边缘斜坡和塌陷趋势,先堆积中间骨架,再换方向填补边角。

(6)层端面与基体斜面的结合采用先熔覆处理,消除可能的未熔处。

(7)侧面粘粉和表面结合处进行激光重熔处理。

激光增材再制造成形修复后的肋板形貌如图 6.85 所示,可见未进行机械后处理的结构没有裂纹、表面光滑,形状尺寸几乎和切除下来的结构一样,表明形状控制是成功的。由图 6.85 可见,激光增材再制造成形的结构具有较好的表面质量和均匀形状,且肋板是支撑结构,基本不需要光滑的功能表面,所以后处理工艺采用简单打磨的方式使其表面光滑即可。

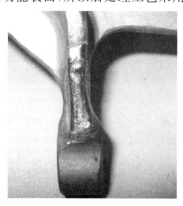 

(a) 正面　　　　　　　　　　　　　　(b) 侧面

图 6.85　激光增材再制造成形修复后的肋板形貌

# 本章参考文献

[1] 徐滨士.装备再制造工程的理论与技术[M].北京:国防工业出版社,2007:286.

[2] CAI L F, ZHANG Y Z, SHI L K. Microstructure and formation mechanism of titanium matrix composites coating on Ti－6Al－4V by laser cladding[J]. Rare Metals,2007,26(4):342-346.

[3] 张维平,刘文艳.激光熔覆陶瓷涂层综述[J].表面技术,2011,30(8):30-33.

[4] CHEN H H,XU C Y,CHEN J,et al. Microstructure and phase transformation of WC/Ni60B laser cladding coating during dry sliding wear[J]. Wear,2008,264(7):487-493.

[5] BROWN C O,BREINAN E M,KEAR B H. Method for fabricating articles by sequential layer deposition:US,4323756[P]. 1979-10-25

[6] SNOW D B,BREINAN E M,KEAR B H. Rapid solidification pro-

cessing of superalloy using high powder lasers[C]. LA：Procedding Fourth International Superalloys Symposium,1980.

[7] 张凯,刘伟,尚晓峰,等.激光直接快速成形金属材料及零件的研究进展[J].激光杂志,2005,26(4)：4-8.

[8] 黄卫东.激光立体成形－高性能致密金属零件的快速自由成形[M].西安：西北工业大学出版社,2007：56.

[9] GRIFFTH M L,SCHLIENGER M E,HARWELL L D,et al. Understanding thermal behavior in the LENS process[J]. Materials and Design,1999(20)：107-113.

[10] WANG L,FELICELI S,GOOROOCHUM Y,et al. Optimization of the LENS process for steady molten pool size[J]. Materials Science and Engineering A,2008,474(1)：148-156.

[11] CHOI J,CHANG Y. Characteristics of laser aided direct metal/material deposition process for tool steel[J]. International Journal of Machine Tools and Manufacture,2005,45(4)：597-607.

[12] DINDA G P,DASGUPTA A K,MAZUMDER J. Laser aided direct metal deposition of Incoel 625 super alloy：microstructure evolution and thermal stability[J]. Materials Science and Engineering A,2009,509(1)：98-104.

[13] HUSSEIN N I S,SEGAL I,MCCARTNEY D G,et al. Microstructure formation in Waspaloy multilayer builds following direct metal deposition with laser and wire[J]. Materials Science and Engineering A,2008,497(1)：260-269.

[14] THIVILLON L,BERYRAND PH,LAGET B,et al. Potential of direct metal deposition technology for manufacturing thick functionally graded coatings and parts for reactors components[J]. Journal of Nuclear Materials,2009,385(2)：1-6.

[15] EDSON COSTA SANTOS, MASANARI SHIOMI, KOZO OSAKADA,et al. Rapid manufacturing of metal components by laser forming [J]. International Journal of Machine Tools and Manufacture,2006,46(12)：1459-1468.

[16] LI Y M,HHAIOU YANG,LIN X,et al. The influences of processing parameters on forming characterizations during laser rapid forming[J]. Materials Science and Engineering A,2003,360(1-2)：18-25.

[17] PINKERTON A J,LI L. The behavior of water- and gas-atomised tool steel powders in coaxial laser freeform fabrication[J]. The Solid Films,2004,453-454(2)：600-605.

[18] SCHWENDNER K I,COLLINS P C,BRICE C A,et al. Direct laser deposition of alloys from elemental powder blends[J]. Scripta Materialia,2001,45(10)：1123-1129.

[19] PINKERTON A J,LI L. The effect of laser pulse width on multiple layer 316L steel clad microstructure and surface finish[J]. Applied Surface Science,2003,208(1)：411-416.

[20] 张安峰,李涤尘,卢秉恒. 激光直接金属快速成形技术的研究进展[J]. 兵器材料科学与工程,2007,30(5)：68-72.

[21] SHIN K H,NATU H,MAZUMDER J. A method for the design and fabrication of heterogeneous objects[J]. Materials and Design,2003,24(5)：339-353.

[22] GAUMANN M,HENRY S,CLETON F,et al. Epitaxial laser metal forming：analysis of microstructure formation[J]. Materials Science & Engineering A,1999,271(1-2)：232-234.

[23] WU X,SHARMAN R,MEI J,et al. Direct laser fabrication and microstructure of burn-resistanct Ti alloy[J]. Materials and Design,2002,23(3)：239-247.

[24] WU X,MEI J. Near net shape manufacturing of components using direct laser fabrication technology[J]. Journal of Materials Processing Technology,2003,135(2,3)：266-270.

[25] WU X,LIANG J G,MEI J F,et al. Microstructures of laser-deposited Ti—6Al—4V[J]. Materials and Design,2004,25(2)：137-144.

[26] WU X,SHARMAN R,MEI J,et al. Microstructure and properties of laser fabricated burn-resistant Ti alloy[J]. Materials and Design,2004,25(2)：103-109.

[27] WANG F D,MEI J,WU X H. Direct laser fabrication of Ti6Al4V/TiB[J]. Journal of Materials Processing Technology,2008,195(1-3)：321-326.

[28] WANG Fude,MEI J,WU Xinhua. Microstructure study of direct laser fabricated Ti alloys using powder and wire[J]. Applied Surface Science,2006,253：1424-1430.

［29］ 陈静,杨海鸥,杨健,等.高温合金和钛合金的激光快速成形工艺研究
［J］.航空材料学报,2003,23(10)：100-103.

［30］ 陈静,林鑫,王涛,等.316L 不锈钢激光快速成形过程中熔覆层的热
裂机理[J].稀有金属材料与工程,2003,32(3)：183-186.

［31］ LIN X,YUE T M,YANG H O,et al. Microstructure and phaser e-
volution in laser rapid forming of a functionally graded Ti-Re-
ne88DT alloy[J]. Acta Materialla,2006,54(7)：1901-1915.

［32］ LIN X,LI Y M,WANG M,et al. Columnar to equiaxed transition
during alloy solidification[J]. Science in China,2003,46(5)：475-
489.

［33］ 杨健,黄卫东,陈静,等.激光快速成形金属零件的残余应力[J].应用
激光,2004,24(1)：5-8.

［34］ LIN X,YUE T M. Phase formation and microstructure evolution in
laser rapid forming of graded SS316L/Rene88DT alloy[J]. Materials
Science and Engineering A. 2005,402(1)：294-306.

［35］ LIN X,YUE T M,YANG H O,et al. Laser rapid forming of
SS316l/Rene88DT graded material[J]. Materials Science and Engi-
neering A,2005,391(1)：325-336.

［36］ TAN H,CHEN J,LIN X,et al. Research on molten pool tempera-
ture in the process of laser rapid forming[J]. Journal of Materials
Processing Technology,2008,198(1)：454-462.

［37］ ZHANG X M,CHEN J,LIN X,et al. Study on microstructure and
mechanical properties of laser rapid forming Inconel 718[J]. Materi-
als Science and Engineering A,2008,478(1)：119-124.

［38］ ZHANG Y Z,SHI L K,CHENG J,et al. Research and Advancement
on Laser Direct Forming[J]. Journal of Advanced Materials,2003,
35(2)：36-40.

［39］ 张永忠,席明哲,石力开,等.激光快速成形 316L 不锈钢的组织及性
能[J].稀有金属材料与工程,2002,31(2)：103-105.

［40］ 张永忠,石力开,章萍芝,等.激光快速成形镍基高温合金研究[J].航
空材料学报,2002,22(1)：22-25.

［41］ 高士友,张永忠,石力开,等.激光快速成形 TC4 钛合金的力学性能
[J].稀有金属,2004,28(1)：29-33.

［42］ 席明哲,张永忠,石力开,等.工艺参数对激光快速成形 316L 不锈钢

组织性能的影响[J].中国激光,2002,36(11):105-108.

[43] ZHANG Y Z,WEI Z M,SHI L K,et al. Characterization of laser powder deposited Ti-TiC composites and functional gradient materials[J]. Journal of Materials Processing Technology,2008,26(1):438-444.

[44] 靳晓曙,杨洗陈,王云山,等.激光三维直接制造和再制造新型同轴送粉喷嘴的研究[J].应用激光,2008,28(4):266-269.

[45] 李会山,杨洗陈,王云山,等.模具的激光修复[J].金属热处理,2004,29(2):39-41.

[46] 杨洗陈,李会山,王云山,等.用于重大装备修复的激光增材再制造技术[J].激光与光电子学进展,2003,40(10):53-57.

[47] 杨洗陈,李会山,刘运武,等.激光增材再制造技术及其工业应用[J].中国表面工程,2003,4:43-46.

[48] 闫世兴,董世运,徐滨士,等.Fe314合金粉末激光快速成形组织与力学性能分析[J].中国激光,2009,36(11):3074-3078.

[49] FESSLER J. Rapid tooling die case inserts using shape deposition manufacturing[J]. Materials and Manufacturing Processe,1998,13(2):263-274.

[50] HU Y P. An analysis of powder feeding systems on the quality of laser cladding[J]. Advances in Powder Metallurgy& Particulate Materials,1997,21:17-31.

[51] LI L. In process laser power monitoring and feedback control[C]. Proceedings of the 4th International Conference of Lasers in Manufacturing,Birmingham,1987:165-176.

[52] DEROUET H. Process control applied to laser surface remelting[A]. Proceedings of ICALEO[C],Sec. C,1997:85-92.

[53] BOUHAL M A,JAFARI M A,HAN W B. Tracking control and trajectory planning in layered manufacturing applications[J]. IEEE Transaction on Industrial Electronics,1999,46(2):445-451.

[54] FANG T,JAFARI M A. Statistical feedback control architecture for layered manufacturing[J]. Journal of Materials Processing and Manufacturing Science,1999,7(4):391-404.

[55] DOUMANIDIS C,SKOREDLI E. Distributed parameter modeling for geometry control of manufacturing processes with material dep-

osition [J]. ASME Journal of Dynamic Systems, Measurement and Control, 2000, 122(1): 71-77.

[56] 宁国庆, 钟敏霖. 激光直接制造金属零件过程的闭环控制研究[J]. 应用激光, 2002, 22(2): 172-176.

[57] 陈武柱, 贾磊, 张旭东, 等. $CO_2$ 激光焊同轴视觉系统及熔透状态检测的研究[J]. 应用激光, 2004, 24(3): 130-134.

[58] 雷剑波, 杨洗陈, 陈娟, 等. 激光熔池温度场检测研究[J]. 华中科技大学学报, 2007, 35(1): 112-114.

[59] 彭登峰, 王又青, 李波. 高功率激光实时检测与控制系统的研究[J]. 激光技术, 2006, 30(5): 483-485.

[60] 谭华, 陈静, 杨海欧, 等. 激光快速成形过程的实时监测与闭环控制[J]. 应用激光, 2005, 25(2): 73-76.

[61] 宁国庆, 钟敏霖, 杨林, 等. 激光直接制造金属零件过程的闭环控制研究[J]. 应用激光, 2002, 22(2): 172-176.

[62] MAZUMDER J, DUTTA D, KIKUCHI N, et al. Closed loop direct metal deposition: art to part[J]. Optics and Lasers in Engineering, 2000, 34(4-6): 397-414.

[63] 张毅, 姚建华, 胡晓东, 等. 激光增材再制造粉末流量检测系统设计[J]. 激光技术, 2009, 33(6): 568-570.

# 第7章 激光增材再制造零部件质量无损检测与评价

对激光增材再制造零部件进行寿命预测和质量控制,是再制造过程中一个非常重要的环节,因为这直接关系到激光增材再制造零部件的可靠性是否能够达到新品的标准。对于激光增材再制造零部件而言,应力及其损伤是影响其质量的最根本原因,但零部件质量失效的直接原因还是缺陷,零部件中的危险性缺陷(如扩展性裂纹)通常会引起应力集中及损伤扩展,因此实现激光熔覆再制造零部件缺陷检测及类型判定就成为保证这类产品质量性能的关键。应用无损检测技术对再制造零部件中的缺陷进行检测和监控,可以为再制造零部件的寿命预测和质量控制提供重要依据和指导。

## 7.1 激光再制造构件成形质量无损检测技术

无损评估(Non-Destructive Evaluation,NDE)是在无损检测(Non-Destructive Testing,NDT)基础上发展而来的,它是在对检测结果进行分析的基础上进而实现材料质量的评价,其所采用的方法仍为无损检测方法。无损检测技术是一种多学科交叉技术,其应用范围几乎涉及各行各业,目前在石油化工、航空航天、核工业及机械制造等领域中均发挥重要作用。

经历多年的发展,无损检测技术逐步成为多种方法的总称,其中超声波检测、涡流检测、X 射线检测、渗透检测和磁粉检测方法被称为五大常规无损检测方法。除此之外,还有许多其他无损检测方法,如金属磁记忆技术、声发射技术和巴克豪森技术等。由于每种检测方法都有其各自的特点,因而其使用范围也不同。

激光增材再制造构件的无损检测评价目前主要集中在对其成形缺陷和应力进行检测。对于激光再制造金属构件的组织和材料力学性能包括弹性模量、硬度、屈服强度、拉伸强度、延伸率、冲击韧性及疲劳寿命,主要依靠机械的实验方法进行,采用无损检测的方法对激光增材再制造构件的组织、成分和材料力学性能的评价研究甚少。国内外研究表明,对于激光增材再制造构件缺陷和应力的无损检测方法主要集中在超声和电磁的方法,还有少量的其他检测与评价方法,再制造构件无损检测评价与表征技术体系如图 7.1 所示,其中微磁检测技术主要包括磁巴克豪森噪声、增量磁导率、切向磁场强度、金属磁记忆及多频涡流检测技术,磁滞检测技术属于强磁检测,检测参量主要包括矫顽力、剩磁、磁滞损耗及最大切向磁场强度,非线性超声检测技术可以评价材料早期力学性能退化,评价对象主要包括闭合微裂纹、疲劳—位错早期损伤、材料热老化、蠕变损伤和辐射损伤。再制造质量保障体系见表 7.1,依据再制造成形构件全寿命周期理论,不同检测评价技术贯穿于整个再制造构件寿命周期。

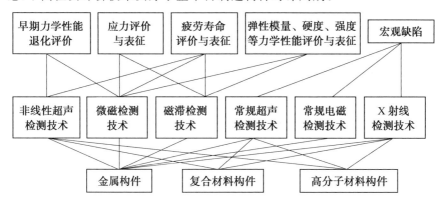

图 7.1 再制造构件无损检测评价与表征技术体系

表 7.1 再制造质量保障体系

| 质量控制环节 | 检测内容 | 检测方法 | 备注 |
|---|---|---|---|
| 再制造毛坯无损检测 | 几何尺寸 | 三维反求、卡尺测量等 | N |
| | 缺陷检测 | 超声、电磁、X 射线等常规检测方法,相控阵、CT、磁光成像方法 | N |
| | 应力检测 | X 射线检测、超声检测 | N |
| | 剩余寿命评价与预测 | 金属磁记忆、非线性超声检测技术 | N |
| 再制造成形过程监测和检测 | 再制造工艺监测 | 红外成像、激光测量、CCD 视觉传感技术 | N |
| | 构件成形质量在线检测 | 超声检测、涡流检测、声发射监测、磁滞检测、无线电射频识别 | N |

**续表 7.1**

| 质量控制环节 | 检测内容 | 检测方法 | 备注 |
|---|---|---|---|
| 再制造构件<br>无损检测 | 宏观缺陷 | 电磁、超声、渗透、X射线常规无损技术、相控阵、CT、磁光成像方法 | N |
| | 应力 | 金属磁记忆、磁滞检测技术、磁巴克豪森检测技术、超声声速法 | N |
| | 硬度、强度、疲劳寿命 | 磁滞检测技术、微磁检测技术、超声声速法、非线性超声检测技术 | N |
| | 表面粗糙度 | 手持式表面形貌仪 | N |
| 再制造装备考核 | 在役、在线装备可靠性 | 台架实验、实车考核、在线无损检测技术 | D&N |

注:N表示无损检测技术,D表示机械破坏方法

## 7.2　激光再制造构件宏观缺陷无损检测与评价

激光再制造构件宏观缺陷检测是激光增材再制造构件质量控制的重要内容之一,相对于传统制造工艺,激光熔覆层搭接界面和堆积界面对于缺陷的识别产生干扰,其组织为明显的各向异性组织,缺陷识别比传统铸件和锻件更加困难,通过采用不同无损检测方法,对激光增材制造构件表面及近表面缺陷、内部缺陷进行检测,确保构件后续服役安全可靠。

### 7.2.1　表层缺陷的超声表面波/金属磁记忆评价与表征

对薄涂层试样而言,其缺陷以表层裂纹缺陷为主,依据超声表面波和金属磁记忆检测技术特点,以 Fe314 激光熔覆修复层为例,采用超声表面波和金属磁记忆评测技术研究涂层表层裂纹的无损表征方法。

由超声表面波在介质中的传播特性可知,声波传播深度不大于 $2\lambda$,超声表面波在 Fe314 激光熔覆层的传播速度为 2 860 m/s,超声表面波探头中心频率为 5 MHz,超声表面波在熔覆层理论检测深度约为1.144 mm。采用线切割方法在熔覆层表面加工宽度相同,深度 $h$ 分别为0.2 mm、0.3 mm、0.4 mm、0.6 mm、0.8 mm、1.0 mm、1.2 mm 和 2.0 mm 的表层裂纹;宽度相同,埋藏深度 $h'$ 分别为 0.2 mm、0.3 mm、0.4 mm、0.6 mm、0.8 mm、1.0 mm、1.2 mm 和 2.0 mm 的近表层裂纹,如图 7.2 所示。

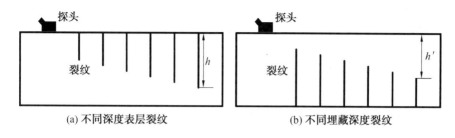

图 7.2 熔覆层表层缺陷检测示意图

采用 XZU－1 型数字超声波检测仪和中心频率为 5 MHz 的表面波探头对 Fe314 激光熔覆层的表层缺陷进行检测,固定探头与裂纹间距离为 45 mm,裂纹深度分别为 0 mm、0.2 mm、0.6 mm 和 1.2 mm 时,Fe314 激光熔覆层表层裂纹缺陷的超声表面波信号,如图 7.3 所示。

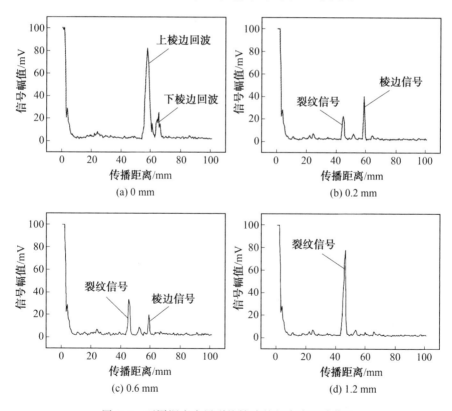

图 7.3 不同深度表层裂纹缺陷的超声表面波信号

由上述不同深度表层裂纹信号幅值可知,当表层裂纹深度为 0 mm

时,检测信号只有激光熔覆层试样的棱边信号,随着表层裂纹深度增加,裂纹信号幅值逐渐变大,棱边信号幅值逐渐减小;当表层裂纹深度达到 1.2 mm 时,棱边信号基本淹没在噪声信号中。

采用上述方法对 Fe314 激光熔覆层中不同埋藏深度 $h'$ 近表层裂纹进行检测,埋藏深度 $h'$ 分别为 0 mm、0.2 mm、0.6 mm 和 1.2 mm。不同埋深近表层裂纹缺陷超声表面波检测结果如图 7.4 所示。

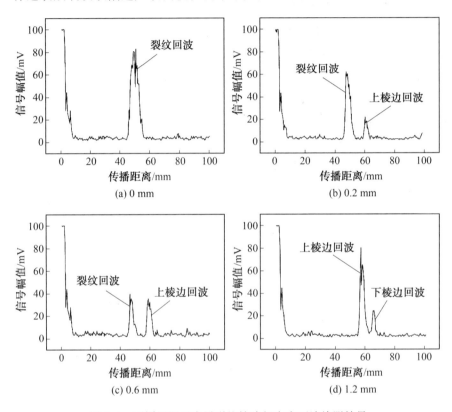

图 7.4　不同埋深近表层裂纹缺陷超声表面波检测结果

由图 7.4 不同埋深度近表层裂纹超声表面波检测结果可知,当 Fe314 激光熔覆层近表层裂纹埋深为 0 mm 时,检测信号中只有裂纹信号,随裂纹埋深 $h'$ 增加,裂纹信号幅值逐渐减小,棱边信号幅值逐渐变大;当裂纹埋深达到 1.2 mm 时,裂纹信号消失,这与超声表面波检测理论深度相符。

由上述检测结果可知,超声表面波与 Fe314 激光熔覆层组织堆积界面作用较浅,超声表面波检测深度仅限于两倍波长范围内,熔覆层界面对超声表面波缺陷检测信号影响较弱,缺陷信号明显,超声表面波检测信号信噪比高。

依据上述检测结果,为实现 Fe314 激光熔覆层近表层不同深度裂纹缺陷的定量无损评价与表征,提取 Fe314 激光熔覆层近表层裂纹信号幅值,建立裂纹信号幅值与裂纹深度/埋藏深度(埋深)的关系曲线,如图 7.5 所示。

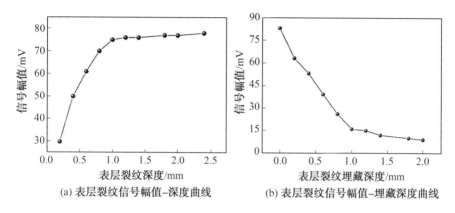

(a) 表层裂纹信号幅值–深度曲线　　　　　(b) 表层裂纹信号幅值–埋藏深度曲线

图 7.5　裂纹信号幅值与裂纹深度/埋藏深度的关系曲线

由图 7.5 可知,随着 Fe314 激光熔覆层近表层裂纹深度 $h$ 的增加,裂纹信号幅值逐渐变大,增加速率逐渐减小,当裂纹深度 $h$ 为 1.0 mm 时,随裂纹深度 $h$ 的增加,裂纹信号幅值基本恒定;随 Fe314 激光熔覆层近表层裂纹埋深 $h'$ 的增加,裂纹信号幅值急剧降低,当裂纹埋深 $h'$ 为 1.0 mm 时,随着裂纹埋深 $h'$ 的增加,裂纹信号基本消失。

为定量表征裂纹深度及埋深与超声表面波信号之间的定量关系,将图 7.5 的检测结果进行曲线拟合,拟合结果为

$$A = -2.044h^5 + 6.944\,4h^4 + 17.095h^3 - 102.938h^2 + 151.268\,8h + 3.907\,2$$

$$(7.1)$$

$$A = -6.919\,8h'^5 + 23.689\,8h'^4 - 21.627\,6h'^3 + 29.634\,1h'^2 - 88.377\,7h' + 82.251\,1$$

$$(7.2)$$

式中,$A$ 为信号幅值;$h$ 为表层裂纹深度;$h'$ 为表层裂纹埋深。

通过上述裂纹深度预测模型,就可以实现不同深度和不同埋深裂纹缺陷的超声表面波定量评价与表征。

依据金属磁记忆检测技术原理,采用线切割方法在熔覆层试样表面加工不同深度和宽度的表层裂纹,裂纹深度分别为 1.0 mm、1.5 mm、2.0 mm、2.5 mm,裂纹宽度共 4 种,分别为 0.5 mm、1.0 mm、1.5 mm、2.0 mm,采用三维电控平移台带动磁记忆检测探头以固定移动速度和提

离高度(1.0 mm)沿涂层试样表面 $a_1$、$a_2$ 和 $a_3$ 线移动,对熔覆层试样表层缺陷进行检测,线间距为 10 mm,扫描距离为 120 mm,探头提离高度为 1.0 mm,由于 3 条检测路径上漏磁信号的 $H_p(y)$ 值基本相同,因此以 $a_2$ 检测路径上的信号为对象进行分析。金属磁记忆检测试样及检测路径如图 7.6 所示。

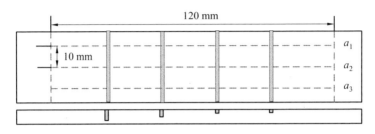

图 7.6　金属磁记忆检测试样及检测路径

为实现熔覆层近表层裂纹深度的无损定量评价与表征,定义裂纹缺陷磁记忆信号梯度变化值为

$$K' = \frac{\left| H_{p_{上}}(y) - H_{p_{下}}(y) \right|}{\Delta l} \tag{7.3}$$

式中,$H_{p_{上}}(y)$ 为裂纹缺陷位置突变磁信号最大值,A/m;$H_{p_{下}}(y)$ 为裂纹缺陷位置突变磁信号最小值,A/m;$\Delta l$ 为磁曲线突变最大值与最小值间水平距离,mm。

建立裂纹宽度为 0.5 mm、1.0 mm、1.5 mm、2.0 mm 时,不同深度裂纹磁记忆信号梯度变化值 $K'$ 与深度的关系曲线,如图 7.7 所示。

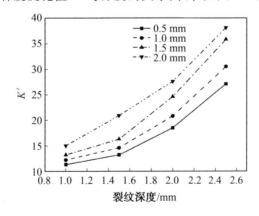

图 7.7　磁信号梯度变化值 $K'$ 与裂纹深度的关系曲线

由上述变化曲线可知,相同宽度裂纹磁记忆信号梯度变化值 $K'$ 随裂纹深度增加而变大,增加速率也逐渐变大;比较不同宽度裂纹磁记忆信号,随裂纹宽度的增加,相同深度裂纹磁信号梯度变化值 $K'$ 也逐渐变大。为实现 Fe314 激光熔覆层近表层裂纹深度的金属磁记忆定量评价与表征,采用二次多项式对不同宽度裂纹金属磁记忆信号梯度变化值 $K'$ 随裂纹深度变化曲线进行拟合(表 7.2),通过计算不同深度裂纹金属磁记忆信号梯度变化值,代入表 7.2 的标定模型,即可实现不同 Fe314 熔覆层表层不同深度裂纹缺陷的定量评价与表征。

**表 7.2 不同深度裂纹金属磁记忆信号梯度变化值 $K'$ 与裂纹深度标定模型**

| 裂纹宽度/mm | 标定模型 |
|---|---|
| 0.5 | $K' = 6.7b^2 - 12.91b + 17.505$ |
| 1.0 | $K' = 7.3b^2 - 13.33b + 18.215$ |
| 1.5 | $K' = 8.1b^2 - 13.13b + 18.115$ |
| 2.0 | $K' = 9.1b^2 - 0.9b + 11.45$ |

### 7.2.2 内部缺陷的超声纵波评价与表征

裂纹和气孔是激光熔覆层内部最常见的两种缺陷类型,采用电火花方式在 Fe314 激光熔覆层试件中加工不同孔径的圆孔缺陷,模拟激光熔覆层内部气孔,缺陷直径 $d$ 分别为 0.5 mm、0.8 mm、1.5 mm、2.0 mm、2.5 mm、3.0 mm、4.0 mm 和 5.0 mm;采用线切割方法在激光熔覆层内加工不同长度裂纹,模拟裂纹缺陷,内部缺陷示意图如图 7.8 所示。

采用 XZU-1 型数字超声波检测仪和中心频率为 5 MHz 的超声纵波探头对 Fe314 激光熔覆层中圆孔缺陷进行检测,缺陷与探头间距离为 25 mm,缺陷直径 $d$ 分别为 0.5 mm、1.5 mm、2.0 mm、4.0 mm。不同孔径圆孔缺陷超声纵波信号如图 7.9 所示。

由图 7.9 可知,随着 Fe314 激光熔覆层中缺陷直径 $d$ 的增加,缺陷信号幅值逐渐变大,底面信号幅值逐渐减小,但与锻压材质相比,激光熔覆层中缺陷信号信噪比较低,结合 Fe314 激光熔覆层微观组织分析可知,超声纵波在激光熔覆层中传播时会与熔覆层间界面发生相互作用,超声纵波传播方向与熔覆层间界面基本呈垂直关系,熔覆层界面信号对缺陷信号产生干扰,当缺陷直径 $d$ 为 0.5 mm 时,缺陷信号基本被噪声信号淹没。

为定量评价激光熔覆层气孔缺陷大小,提取不同孔径缺陷信号幅值,

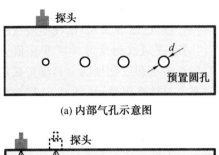

(a) 内部气孔示意图

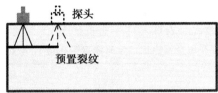

(b) 内部裂纹示意图

图 7.8　内部缺陷示意图

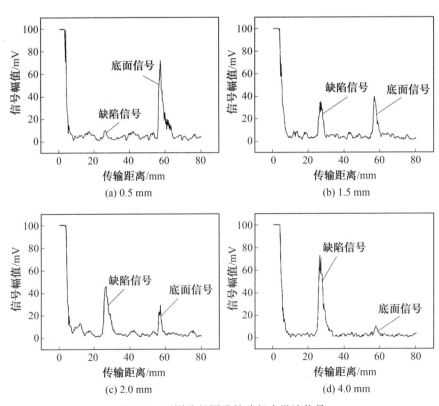

图 7.9　不同孔径圆孔缺陷超声纵波信号

建立圆孔缺陷信号幅值与曲线直径的关系曲线,结果如图 7.10 所示,随着 Fe314 激光熔覆层中缺陷直径的增加,缺陷信号幅值逐渐变大,但其增加速率逐渐减小,当直径 $d$ 达到 4.0 mm 时,随缺陷直径 $d$ 的增加,缺陷信号幅值基本保持不变。对图 7.10 标定曲线采用多项式进行拟合,标定模型为

$$A = 0.142\,5d^5 - 2.184d^4 + 11.562\,2d^3 - 27.083\,5d^2 + 48.084\,7d - 10.775\,9$$
$$(7.4)$$

式中,$A$ 为缺陷信号幅值,mV;$d$ 为缺陷直径,mm。

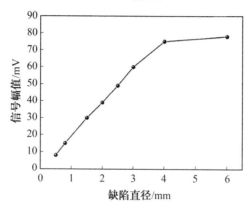

图 7.10　圆孔缺陷信号幅值与缺陷直径的关系曲线

采用相同检测设备,用超声纵波对 Fe314 激光熔覆层中裂纹缺陷进行检测,缺陷与探头间距为 35 mm,裂纹长度分别为 3.0 mm、5.0 mm、7.0 mm、10.0 mm 时,裂纹缺陷超声纵波信号如图 7.11 所示,随着 Fe314 激光熔覆层中裂纹尺寸增大,裂纹信号幅值逐渐变大,底面回波信号幅值逐渐减小,但与 Fe314 激光熔覆层中圆孔缺陷信号相比,裂纹信号波形呈较明显的"锯齿"状,抖动幅度更为明显,噪声信号幅值更高,分析认为,这主要是由 Fe314 激光熔覆层层间界面引起的。

为对 Fe314 激光熔覆层中裂纹缺陷的定量超声纵波进行无损评价与表征,建立裂纹缺陷信号幅值与长度的关系曲线,如图 7.12 所示。随着 Fe314 激光熔覆层中裂纹长度的增加,裂纹信号幅值逐渐变大,但缺陷信号幅值随裂纹长度增加的速率逐渐减小,当裂纹长度达到 10.0 mm 时,裂纹信号幅值基本保持不变。超声纵波在熔覆层中传播遇到裂纹缺陷时,一部分声波发生反射形成缺陷信号,另一部分声波将继续向前传播到达试件底面形成底面反射回波信号,当裂纹尺寸小于纵波在熔覆层中声场尺寸

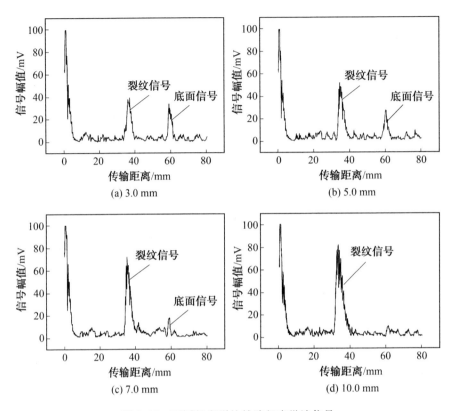

图 7.11　不同长度裂纹缺陷超声纵波信号

时,会出现裂纹和底面回波信号,且随裂纹尺寸的增加,被"遮挡"的声波能量逐渐变大,裂纹信号幅值随之增大,底面回波信号幅值减小;当裂纹尺寸达到 10.0 mm 时,裂纹信号幅值增加缓慢,直至声波能量被全部反射,裂纹回波幅值保持不变,底面回波消失。

　　对图 7.12 标定曲线采用多项式进行拟合,得到超声纵波定量评价 Fe314 熔覆层内部裂纹缺陷的标定模型,即

$$A = 0.001\ 5l^5 - 0.065\ 9l^4 + 1.099\ 5l^3 - 8.907\ 7l^2 + 41.096\ 6l - 31.934\ 5$$

$$(7.5)$$

式中,$A$ 为裂纹信号幅值,mV;$l$ 为裂纹长度,mm。

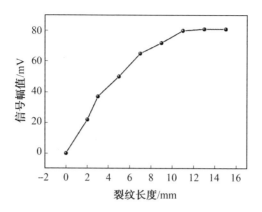

图 7.12 裂纹缺陷信号幅值与长度的关系曲线

# 7.3 激光再制造构件应力无损检测与评价

激光增材再制造构件在产生宏观裂纹之前,不同程度地存在残余应力,特别是拉伸残余应力,对构件的后续服役安全会产生严重威胁,是影响构件力学性能的重要因素之一,因此激光再制造构件的应力无损评价与表征是构件成形质量的研究内容之一。针对上述问题,采用基于弱声-弹效应的超声表面波声时检测技术和金属磁记忆检测技术对再制造试件表面应力进行评价与表征,为实际激光再制造构件表面应力的定量评价与表征提供实验基础和理论支撑。

## 7.3.1 激光再制造熔覆层应力超声表面波方法评价与表征

超声波声-弹效应理论是超声波检测弹性应力的理论依据,在应力作用影响下,超声波在固体材料中的传播速度会不同程度地发生变化,由此可以建立超声波传播速度与应力之间的关系。在各向同性材料中,假设超声表面波以速度 $v_R$ 沿着 $X_1$ 方向传播,主应力的方向如图 7.13 所示,表面超声波位移矢量位于 $X_1$、$X_2$ 方向组成的平面内,表面波沿着 $X_2$ 方向的传播深度为 $1 \sim 2$ 个波长范围内。

假定表面超声波在无应力状态下沿着预加载荷方向传播距离为 $L_0$ 所用的时间为 $t_i^0$($i=1$、$3$,代表传播方向),在不同应力状态下沿着相同方向传播相同距离所用时间为 $t_i$,则超声表面波的声弹性公式可表示为

$$\begin{cases} \dfrac{t_1 - t_1^0}{t_1} = k_1 \sigma_1 + k_2 \sigma_3 + \alpha \\ \dfrac{t_3 - t_3^0}{t_3} = k_2 \sigma_1 + k_1 \sigma_3 + \beta \end{cases} \tag{7.6}$$

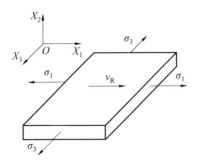

图 7.13　超声表面波传播方向与应力方向关系图

式中，$k_1$、$k_2$ 为与材料二阶、三阶声 — 弹系数相关的超声表面波声 — 弹系数；$\alpha$、$\beta$ 为材料各向异性及残余应力引起的声各向异性系数，由上式可知，采用超声表面波评价材料残余应力，需要先确定其声弹系数。

实验采用 Fe314 激光熔覆成形试件，试样尺寸如图 7.14 所示，Fe314 激光熔覆层中超声表面波的传播速度为 2 860 m/s，采用 5 MHz 超声表面波探头检测应力时，超声表面波能量集中在表层以下两个波长之内（约为 1.2 mm），因此实验结果反映的是 1.2 mm 以内激光熔覆层的应力状态。超声波声弹性理论是以初始应力为零进行推导而建立声速的相对变化与应力之间关系，所以实验前先对试件进行去应力退火，退火工艺为：加热至 $(550\pm10)$℃，保温 4 h，随炉冷却至 300 ℃，取出试样空冷。

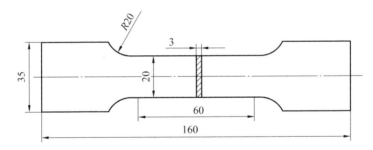

图 7.14　激光熔覆再制造拉伸试件尺寸(单位：mm)

采用万能试验机对激光熔覆拉伸试件进行静载拉伸，载荷方向与超声表面波传播方向示意图如图 7.15 所示，实验不同载荷下分别沿 $X_1$、$X_3$ 方向采集三次数据，实验时采用应变片扣除加载变形引起的传播时间变化量，对比同一载荷下 3 次采集数据，测试结果基本一致，取 3 次测量的平均值进行分析，不同应力状态下 Fe314 激光熔覆层平行于加载方向($X_1$ 方向)和垂直于加载方向($X_3$ 方向)的表面超声波信号，如图 7.16 所示。

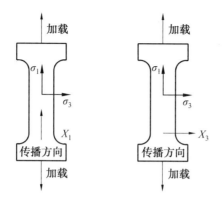

图 7.15 载荷方向与超声表面波传播方向示意图

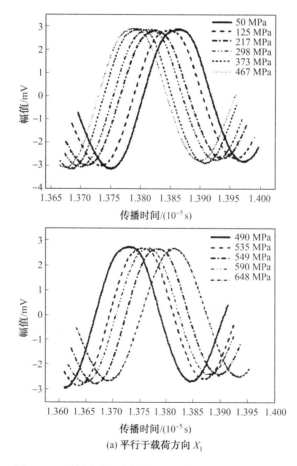

(a) 平行于载荷方向 $X_1$

图 7.16 不同方向不同载荷下超声表面波传播信号

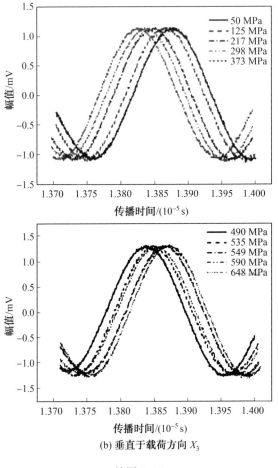

(b) 垂直于载荷方向 $X_3$

续图 7.16

　　由上述超声表面波在不同加载应力不同传播方向的传播信号声时,建立超声表面波传播声时变化与应力的关系曲线,如图 7.17 所示。从图中可以看出,当应力小于 495 MPa 时,在平行和垂直于加载方向,Fe314 激光熔覆试样中表面波传播时间相对变化量与应力之间呈线性关系,符合表面超声波声-弹性理论;当应力大于 495 MPa 时,两者之间的关系不再是线性关系。对比两个方向的关系曲线可以看出,当应力小于 250 MPa 时,两者之间线性关系良好;当应力大于 250 MPa,小于 495 MPa 时,两者之间线性关系较差。分析上述实验结果,Fe314 激光熔覆试件超声表面波传播时间相对变化量与应力曲线分为线性与非线性两部分,495 MPa 为临界值,应力小于临界值时,试样处于弹性变形阶段,表面波传播时间的相对变化量与应力之间呈线性关系,符合表面超声波声－弹性理论;应力大于临界值时,试样处于塑性变形阶段,两者之间为非线性关系,在此只定量分析弹性阶段的变化关系曲线,对弹性阶段的变化关系进行线性拟合,拟合的标定模型为

$$\begin{cases} \dfrac{t_1 - t_1^0}{t_1} = 1.505 \times 10^{-5} \sigma_1 + 2.246\ 6 \times 10^{-4} \\ \dfrac{t_3 - t_3^0}{t_3} = 9.68 \times 10^{-6} \sigma_1 - 1.112\ 4 \times 10^{-4} \end{cases} \tag{7.7}$$

由式(7.7)可知,材料二阶、三阶声－弹系数 $k_1$、$k_2$ 分别为 $1.505 \times 10^{-5}$、$9.68 \times 10^{-6}$,试件各向异性及残余应力引起的声各向异性系数分别为:$\alpha = 2.246\ 6 \times 10^{-4}$、$\beta = -1.112\ 4 \times 10^{-4}$,将上述系数代入式(7.6)得到超声表面波评价 Fe314 激光熔覆试件弹性阶段应力定量评价标定模型,即

$$\begin{cases} \dfrac{t_1 - t_1^0}{t_1} = 1.505 \times 10^{-5} \sigma_1 + 9.68 \times 10^{-6} \sigma_3 + 2.246\ 6 \times 10^{-4} \\ \dfrac{t_3 - t_3^0}{t_3} = 9.68 \times 10^{-6} \sigma_1 + 1.505 \times 10^{-5} \sigma_3 - 1.112\ 4 \times 10^{-4} \end{cases} \tag{7.8}$$

依据式(7.8),通过测量不同应力条件下超声表面波传播声时及无应力条件下超声表面波在试件的传播声时,就可以预测出 Fe314 激光熔覆再制造试件所受载荷或者存在的拉残余应力。

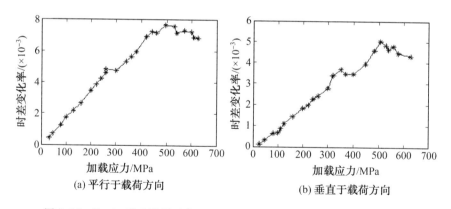

图 7.17 Fe314 激光熔覆试件超声表面波传播声时变化与应力关系曲线

## 7.3.2 激光再制造熔覆层应力金属磁记忆方法评价与表征

金属磁记忆技术是评价铁磁性材料损伤程度及寿命预测极具潜力的无损检测方法,通过对地磁场中铁磁性材料自发产生的微弱磁信号进行分

析实现构件损伤程度及应力水平的评价。目前研究主要以单一铁磁性构件材料为主,几乎没有铁磁激光再制造构件应力损伤评价相关的研究,主要原因在于,首先,静载拉伸过程中,再制造激光熔覆层的变形与基体材料变形差别较大;其次,影响激光熔覆层磁信号的因素较多,包括熔覆层厚度、激光再制造工艺、熔覆层组织等,这些因素都影响金属磁记忆检测技术评价激光再制造构件的应力损伤。针对上述问题,以厚度小于 3.0 mm 的 Fe314 激光熔覆层再制造构件为研究对象,对其熔覆层试件静载拉伸进行评价,研究静载条件下熔覆层试件金属磁记忆信号的变化规律。

激光熔覆试件在拉伸实验机上以加载速度 0.5 kN/s 缓慢加载至预定载荷,卸载取样,南北方向水平放置,磁记忆检测探头以稳定移动速度和提离高度沿试件上 3 条路径由南到北进行数据采集,提离距离为 1 mm,如图 7.18 所示,Fe314 激光熔覆层厚度为 1.5 mm。

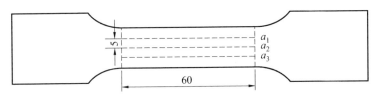

图 7.18　激光熔覆 Fe314 试件金属磁记忆检测路径

为避免外界因素对磁信号的影响,激光熔覆层试件均经过退磁处理。结果表明,3 条检测路径的磁信号随应力的变化规律基本相同,只是数值稍有差异,因此以中间检测路径 $a_2$ 金属磁记忆信号为研究对象,对试样静载应力损伤进行评价,不同载荷条件下 Fe314 激光熔覆层金属磁记忆信号变化曲线如图 7.19 所示。

试件经过退磁处理,初始金属磁记忆信号非常小,为 $-10\sim15$ A/m,基本呈一条直线,如图 7.19(a)所示,随载荷的增加,Fe314 激光熔覆层金属磁记忆信号法向分量曲线立即呈线性变化,并相交于 30 mm 附近,且每条磁记忆曲线均有唯一过零点;当轴向载荷较小时,随轴向载荷的增加,磁记忆曲线绕中心位呈逆时针转动,斜率逐渐变大,当轴向载荷达到一定值时,再随轴向载荷的增加,磁记忆信号变化非常微弱,并出现明显波动,如图 7.19(b)和(c)所示;当 Fe314 激光熔覆层试件断裂后,对正试样,采集磁信号,断裂部位磁记忆信号幅值明显变大,并出现正负极突变,如图 7.19(d)所示。

由上述不同载荷时 Fe314 激光熔覆层金属磁记忆曲线变化规律可知,

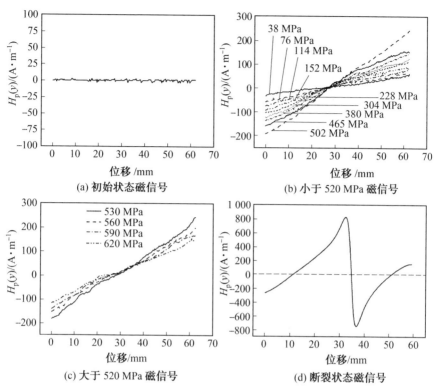

图 7.19 不同载荷条件下 Fe314 激光熔覆层金属磁记忆信号变化曲线

随载荷的增加,激光熔覆层磁记忆曲线斜率逐渐变大,斜率与载荷存在对应关系,为建立金属磁记忆信号与应力之间的映射关系,采用最小二乘拟合法,提取不同载荷磁记忆信号的线斜率,即为散射磁场强度梯度 $k$,为

$$k = |\Delta H_p(y) / \Delta S| \tag{7.9}$$

式中,$\Delta H_p(y)$ 为不同应力下一定测量距离金属磁记忆信号法向分量的变化量;$\Delta S$ 为测量间距。

根据公式(7.9),对图 7.19 中 Fe314 激光熔覆层磁记忆曲线进行最小二乘法拟合,建立散射磁场强度梯度 $k$ 与应力 $\sigma$ 的映射关系曲线,如图7.20所示,可以看出,随应力 $\sigma$ 的增加,散射磁场强度梯度 $k$ 值基本呈线性逐渐增大,当应力值达到 520 MPa 时,再随应力的增加,散射磁场强度梯度 $k$ 值呈下降趋势,这是因为当应力小于 520 MPa 时,激光熔覆层试样整体仍处于弹性变形阶段,因而磁场强度梯度 $k$ 值随应力的增加而变大,当 Fe314 激光熔覆层进入塑性变形阶段后,随激光熔覆层塑性变形程度的不断增加,磁场强度梯度 $k$ 值逐渐减小。

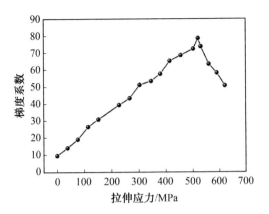

图 7.20　Fe314 激光熔覆层散射磁场强度梯度与应力的映射关系曲线

　　对 Fe314 激光熔覆层试件静载拉伸应力磁记忆定量评价与表征而言，弹性变形阶段应力的评价及确定激光熔覆层再制造试件由弹性变形阶段转变为塑性变形阶段的临界应力转折点非常重要，由于激光熔覆层再制造试件进入塑性变形阶段后已经处于危险状态，因而认为不再需要对其损伤程度进行精确定量无损评价。

　　基于上述分析，采用线性函数对弹性变形阶段的 Fe314 激光熔覆层再制造试件散射磁场强度梯度 $k$ 与拉伸应力 $\sigma$ 之间的变化曲线进行线性拟合，拟合结果如图 7.21 所示，标定模型为

$$k = 0.012\,8\sigma + 0.059\,6 \tag{7.10}$$

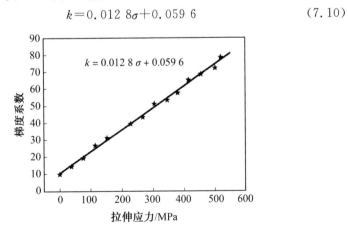

图 7.21　Fe314 激光熔覆层再制造试件磁场强度梯度与拉伸应力的拟合曲线

　　由上述拟合结果可知，拟合结果与实验数值拟合度较高，为 0.995 8，接近于 1，因此认为线性拟合结果良好。综上所述，对于采用相同工艺参

数制备得到的 Fe314 激光熔覆层再制造试件弹性阶段应力损伤定量金属磁记忆评价与表征,可以通过上述标定模型实现 Fe314 激光熔覆层再制造试件静载损伤程度金属磁记忆定量无损评价与表征。

# 7.4 激光再制造构件力学性能无损检测与评价

对于金属构件的力学性能测试,通常采取机械拉伸、冲击等破坏的方法获得,在线测试金属构件的力学性能非常困难,这就需要一种快速无损的检测方式来实现金属构件力学性能检测与表征。材料的弹性参量如杨氏模量、剪切模量、体模量及泊松比,可以通过无损检测的方法测量超声纵波和横波声速来实现无损检测,但是对于由材料微观组织、晶粒大小、晶向及其他热处理因素导致材料硬度、强度(包括屈服强度和拉伸强度)、疲劳寿命、伸长率等材料力学性能,就不能简单地通过测量声速来评价与表征,原因在于,材料的化学成分、微观组织、热处理工艺及材料成形工艺各异,同样会导致材料力学性能各异。对于采用无损检测的方法评价材料力学性能,针对每一种材料要综合考虑上述影响因素建立标定实验,得到材料力学性能与无损检测参量的映射模型,在控制检测允许误差的情况下,实现对材料力学性能的无损检测评价与表征。

上述方式针对的材料均是各向同性的均质材料,对于激光增材再制造金属构件的力学性能无损检测评价与表征,目前还没有相关报道和文献,原因在于激光增材再制造金属构件属于各向异性材质,沿激光扫描方向、熔覆层堆积方向及熔覆层搭接方向其力学性能不同,同时堆积层界面对无损检测信号存在干扰,堆积层内部晶粒尺寸各异,这就对采用无损检测方法评价激光增材再制造金属构件的力学性能提出了难度和挑战。

针对激光增材再制造构件力学性能的评价与表征,提出采用超声检测技术、微磁检测技术及磁滞检测技术,建立再制造构件材料微观组织—宏观力学性能参量—超声、电磁无损检测参数之间的定量映射关系,实现对激光增材再制造金属构件材料力学性能的无损检测评价与表征。

## 7.4.1 激光再制造构件力学性能超声检测评价与表征

对于激光增材再制造构件力学性能评价,可以从激光扫描方向、层堆积方向和单道熔覆层搭接方向建立超声检测方法评价构件力学性能标定模型,标定模型框图如图 7.22 所示。将激光增材再制造构件在不同热处理制度下进行热处理,得到不同微观组织,直接反映在构件宏观力学性能的差异性上,采用超声检测方法对不同热处理构件进行检测,反映在超声检测参数如横波声速、纵波声速、衰减系数和非线性系数等不同,基于此关系可以建立超声检测参数特征值与材料宏观力学性能指标之间的线性或者非线性映射关系,通过对映射关系的曲线拟合,选择合适的拟合数学模型,在达到误差要求的前提条件下,完成采用超声检测评价激光增材再制造构件力学性能的标定实验,构建力学性能指标的标定数学模型及数据库,并通过此模型来定量预测相同再制造构件的宏观力学性能指标的大小,同时采用微观组织成分、比例和晶粒的大小等因素变化来解释宏观力学指标大小的差异,微观组织在再制造构件力学性能指标与超声检测参数之间起着桥梁作用。

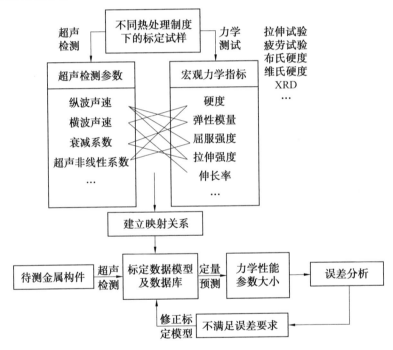

图 7.22　超声检测方法评价再制造构件力学性能标定模型框图

## 7.4.2　激光再制造构件力学性能微磁检测评价与表征

材料力学性能微磁检测原理:基于材料微观组织结构、磁学性能与材料宏观力学性能指标的内在联系,通过磁巴克豪森噪声、增量磁导率、切向磁场强度、磁滞损耗、矫顽力及多频涡流检测技术对材料宏观力学性能指标进行无损评价与表征。

　　再制造构件的微观组织决定材料的力学性能,同时,微观组织决定材料的磁学性能,通过上述关系就可以建立微磁检测参数—再制造构件微观组织—再制造构件力学性能指标之间的线性或者非线性映射关系,并通过微观组织成分、比例和晶粒大小、分布来分析解释力学性能指标大小,宏观反映在微磁检测参数特征值大小上,并建立数学模型实现微磁检测对再制造构件力学性能指标的评价与表征,对于激光增材再制造构件力学性能评价,同样从激光扫描方向、层堆积方向及单道熔覆层搭接方向分别进行力学性能指标评价,采用微磁检测方法评价材料力学性能指标,材料力学性能微磁检测与评价框图如图 7.23 所示。

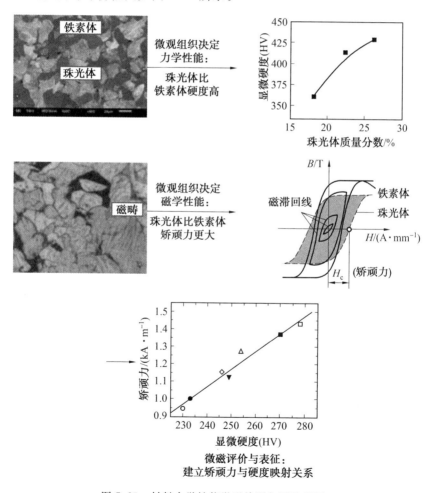

图 7.23　材料力学性能微磁检测与评价框图

采用微磁检测方法评价激光增材再制造构件材料力学性能,关键在于传感器的设计。采用单一方法如磁巴克豪森噪声只能对单一力学性能指标硬度或残余应力进行评价,如要对材料力学性能各个指标进行评价与表征,则需要综合几种电磁检测方法,如磁巴克豪森噪声、增量磁导率、切向磁场强度、磁滞损耗、矫顽力及多频涡流检测技术等,采用共源激励的方法同时激励几种电磁检测参量,实现对再制造构件的硬度、强度、疲劳寿命及伸长率进行评价与表征,并且评价误差指标达到工程应用的要求,微磁检测材料力学性能传感器如图 7.24 所示。

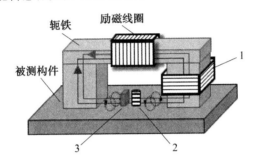

图 7.24　微磁检测材料力学性能传感器
1—磁滞回线功能模块;2—巴克豪森噪声模块;3—增
量磁导率、切向磁场强度和多频涡流功能模块

### 7.4.3　激光再制造构件力学性能磁滞检测评价与表征

由材料疲劳、蠕变、渗碳等微观损伤引起构件力学性能退化而导致构件失效是工程构件最常见的失效方式,占整个工程材料与构件早期失效的 $80\% \sim 90\%$,因此,微观损伤评估是工程材料/构件完整性不可或缺的重要组成部分,而传统的无损检测方式只能用于材料宏观缺陷的检测与评价,微观损伤目前只能通过金相、硬度及机械拉伸等有损手段检测评估,因此,当前工程材料/构件完整性评估手段存在很大的局限性。

材料力学性能磁滞检测技术原理:基于材料磁滞行为对构件微观结构损伤及应力应变态变化的敏感性,且存在一定的函数关系,可以通过测量材料磁滞参数的变化实现材料/构件微观损伤程度、完整性、强度及剩余寿命定量无损检测评价与表征。材料损伤程度与磁滞检测参数关系如图 7.25 所示。

磁滞检测技术属于强磁检测技术,检测深度可达 30 mm,检测参量包括矫顽力、剩磁、磁滞损耗和最大微分磁导率 4 种参数,并可以绘制相应被

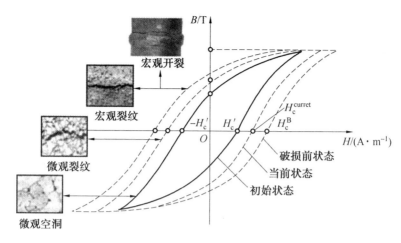

图 7.25　材料损伤程度与磁滞检测参数关系

检构件或材料的磁滞回线,其中矫顽力对材料力学性能指标变化最为敏感,通常采用矫顽力作为评价材料或构件力学性能指标的评价参数,可评价材料或构件的力学性能参数包括应力、硬度、强度、疲劳寿命、剩余疲劳寿命及塑性变形程度(伸长率),图 7.26 所示为磁滞参数矫顽力随 45 钢试件塑性变形程度的变化曲线。

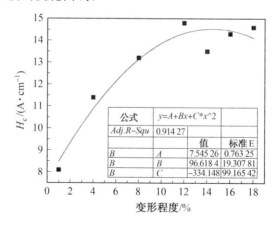

图 7.26　磁滞参数矫顽力随 45 钢试件塑性变形程度的变化曲线

采用磁滞检测技术对激光增材再制造构件力学性能进行评价与表征,由于再制造构件材料力学性能的各向异性,同样从激光扫描方向、层堆积方向及单道熔覆层搭接方向分别进行力学性能指标评价,进而建立磁滞检测参数—再制造构件微观组织—再制造构件力学性能指标之间的定量映射关系,实现激光再制造构件力学性能指标的磁滞定量评价与表征;同时针对上述 3 个不同检测面,研究探头角度变化对磁滞参数的影响,从微观组织的角度解释这种变化的原因,探究材料微观组织与磁滞检测信号之间的作用规律。

# 本章参考文献

[1] 门平,董世运,康学良,等. 材料早期损伤的非线性超声诊断[J]. 仪器仪表学报,2017,38(5):1101-1118.

[2] 闫晓玲. 激光熔覆再制造零件超声检测数值模拟与实验研究[D]. 北京:北京理工大学,2015.

[3] UKOMSKI T,STEPINSKI T. Steel hardness evaluation based on ultrasound velocity measurements [J]. Insight-Non-Destructive Testing and Condition Monitoring,2010,52(11):592-596.

[4] FREITAS V L D A,ALBUQUERQUE V H C D,SILVA E D M,et al. Nondestructive characterization of microstructures and determination of elastic properties in plain carbon steel using ultrasonic measurements[J]. Materials Science and Engineering A,2010,527(16):4431-4437.

[5] 徐滨士,董世运,门平,等. 激光增材制造成形合金钢件质量特征及其检测评价技术现状[J]. 红外与激光工程,2018,47(4):1-9.

[6] 杨瑞峰,马铁华. 声发射技术研究及应用进展[J]. 中北大学学报(自然科学版),2006,27(5):456-461.

[7] 卢诚磊,倪纯珍,陈立功. 巴克豪森效应在铁磁材料残余应力测量中的应用[J]. 无损检测,2005,27(4):176-178.

[8] 尹何迟,颜焕元,陈立功,等. 磁巴克豪森效应在残余应力无损检测中的研究现状及发展方向[J]. 无损检测,2008,30(1):34-36.

# 第8章 激光增材再制造技术应用和展望

激光增材再制造最初的工业应用是 Rolls－Royce 公司于 20 世纪 80 年代对 RB211 涡轮发动机壳体结合部件进行的硬面熔覆。伴随激光设备条件及自动化的发展,激光增材再制造在钢铁冶金、航空航天、石油、汽车、船舶制造、模具制造、国防兵器等工业领域得到广泛应用,取得了很好的经济和社会效益。本章将选择典型行业及典型零部件的激光增材再制造进行介绍,并展望在智能制造条件下激光增材再制造的发展趋势。

## 8.1 冶金轧辊的激光增材再制造

钢铁冶金行业是国家的基础行业,其设备繁杂、种类多、吨位重。由于摩擦、磨损等各种原因的存在,要维持设备的正常运转,每年将消耗大量的备品备件。因此,减少备品备件的消耗和对已使用设备的再制造修复对降低生产成本、提高企业的经济效益具有积极的促进作用。冶金行业生产设备大部分是在高(交变)应力、高热应力的恶劣环境下工作,如连铸辊、校直辊、槽型辊、半钢辊、铸管模、热(冷)轧工作辊、高炉溜槽和料钟等。在这些设备中,各种轧辊无疑是其中最关键的设备零部件,其消耗量大、价格昂贵,服役寿命周期不仅与产品成本密切相关,而且直接决定钢铁制品的质量,影响制品表面质量和板型。轧辊是轧材企业生产的主要备件消耗。2012 年,国内钢铁企业的辊材已超过 260 万吨,成为钢铁企业机械备件的一个主要耗材。

轧辊按工艺用途可分为冷轧辊和热轧辊,钢铁企业热轧工艺应用较多。例如,开坯生产、高速线棒材生产、板材生产、带钢生产等大多采用热轧工艺。一般轧辊工作时的温度在 700～800 ℃,有时轧材温度高至 1 200 ℃。在高温条件下,辊材表面要承担非常大的压力,并且由于工件高速移动,辊材表面受到非常大的摩擦,生产工艺又要求辊材不断加热和冷水降温,温度大幅波动易于造成辊材的热疲劳。热轧辊主要的失效形式包括热疲劳引起的热龟裂和剥落、辊身表面磨损、轧辊断裂、过回火和蠕变等。其中辊面剥落和磨损是热轧辊失效的主要形式。

轧辊质量的好坏直接影响轧机作业率和轧件的质量。如何提高轧辊的使用寿命及对损伤报废轧辊进行修复再制造,具有非常大的研究价值和经济效益。采用激光增材再制造方法进行轧辊的修复受到普遍关注。采用激光增材修复各种轧辊,其中以小型轧辊和局部修复更为擅长。修复后轧辊性能能达到新件标准。激光修复轧辊的现场照片修复后的轧辊如图8.1所示。

(a) 激光修复轧辊现场　　　　　　　　　　(b) 修复后的轧辊

图 8.1　激光修复轧辊现场照片及修复后的轧辊

## 8.2　齿轮类零部件的激光增材再制造

齿轮是机械系统中承载运动载荷的重要组成部分。常用来制造齿轮的材料有钢、铸铁、非金属材料及有色金属,其中钢的使用范围最为广泛,并且大多数在零部件的制造过程中采取了渗碳、渗氮、调质、淬火及正火等后续热处理工艺,从而满足高强度、强韧性、良好的抗疲劳和耐磨的服役条件。齿轮的材料是通过其确切的转速高低、工作载荷的大小还有对精度的要求及成本的预算而确定的。按照齿轮的承载能力将齿轮分为4类,分别为重载、高载、中载及低载。重载和高载齿轮由于对材料性能要求较高一般采用渗碳钢制造,并且在制造过程中会加以渗碳、淬火及回火等热处理工艺,其表面组织由高碳回火马氏体组成,有良好的耐磨性;心部是由低碳回火马氏体组成,强韧性好且疲劳性能强。中载荷齿轮则一般使用调质钢制造,而且通过了高频感应淬火和调质等热处理,在硬度及耐磨性上虽无法与渗碳钢媲美,但其耐疲劳性能为其优势所在。低载荷齿轮一般选用低碳钢或低合金中碳钢并通过调质处理制造,部分低载开式齿轮也可使用灰口铸铁制造。

在齿轮使用过程中由于齿面磨损、齿面的点蚀和剥落、裂纹和断齿等会失效(图8.2)。机械系统的正常工作将由于齿轮的失效而受到严重影响,从而造成事故。齿轮的报废会因为其高昂的制造成本而造成资源的浪费。有报道称,由齿轮失效导致的设备故障占10.3%。所以对齿轮的修复与再制造具有显著的经济效益。

(a) 齿面损伤　　　　　　　　　　　　　　　　(b) 齿体损伤

图8.2　齿轮损伤失效形式

齿轮再制造必须达到以下条件:

(1)修复后区域应满足具有良好的耐磨损性能、优异的抗接触疲劳性能和稳定抗弯曲疲劳性能。

(2)基体材料的机械性能如强韧性等不会因修复工艺而降低。

(3)基体金属材料与修复区域材料应具备较高的结合强度。

传统的化学镀及热喷涂修复工艺其修复的尺寸范围有限,对零部件实体的立体损伤修复困难,并且其修复层不能满足零部件的服役性能要求,修复后在使用过程中易发生涂层脱落,所以在工程实践中齿轮修复的应用较少,在部分特定的场合中齿轮的修复会使用堆焊修复,但堆焊过程中存在的大量热输出将导致基体材料的性能与组织发生不可预测的变化,使修复件使用寿命降低,因此,研究开发可靠的齿轮修复技术成为亟待解决的问题。

激光增材再制造技术的特点是涂层与基体为冶金结合、能量集中、热影响区小、对基体损伤小,能够实现齿面和齿体的高性能修复。吴新跃等采用激光增材熔覆技术实现了34CrNi3Mo合金调质钢齿轮磨损齿面的修复,经实验表明齿轮齿面经激光熔覆后承受接触应力性能要高于调质齿轮。鲍志军开展了45钢小模数齿轮激光修复工艺研究,系统地研究了激光增材再制造的工艺实施方案。同济大学石娟进行了齿类件表面激光表面淬火和激光熔覆裂纹控制的研究。马运哲进行了渗碳齿面损伤的激光增材再制造研究,实现了重载渗碳齿面磨损层的修复。谢沛霖等开展了船用齿轮的修复和工艺模拟研究。

可见,激光增材再制造技术以其独特的优点在齿类件修复中发挥越来越重要的作用。装备再制造国防科技实验室从激光增材再制造成形理论、技术工艺、再制造新型材料及应用等多方面对激光增材再制造技术进行系统研究,应用激光熔覆再制造技术成功再制造了重载车辆齿类件、曲轴和汽车发动机铝合金缸盖等装备的关键零部件。重载齿类件齿面承受载荷大,齿面磨损和局部剥落严重,其失效齿面一直缺乏有效的修复技术手段。装备再制造国防科技实验室采用 6 kW 横流 $CO_2$ 激光器,配合五轴联动机床,基于同步送粉激光熔覆技术成功再制造了重载车辆主动齿轮轴磨损齿面。在此过程中,解决了激光熔覆层裂纹控制、熔覆层高性能要求、熔覆材料与基体材料的工艺匹配性及基体材料热积累等技术关键问题。

## 8.3　叶轮叶片的激光增材再制造

航空发动机是飞机的心脏。航空发动机涡轮叶片与热端部件的寿命又是现代高性能发动机最低寿命周期的决定性因素。在发动机的长期运行过程中,叶片会发生弯曲变形和氧化、烧蚀等损伤。航空发动机涡轮叶片在高速运转时经常受到空气中尘埃、离子流及高速燃气流等的冲刷,可能出现高温燃气腐蚀损伤。严重的高温燃气腐蚀会使晶界分离,形成裂纹,最终导致叶片断裂。此外,叶片叶冠的端面经常由于摩擦磨损而失效,导向器叶片根部经常会出现低周疲劳裂纹,当叶片表面的防护层在发动机运行过程中产生退蚀现象时,在防护层下的基体材料也会发生类似晶界腐蚀的现象。

由于涡轮叶片所使用的数量巨大和镍基高温合金的价格昂贵,很长时间以来,国内外的研究人员就已经注意到涡轮叶片的修复技术所带来的巨大经济效益,并发展了不同的工艺来强化和修复涡轮叶片。激光增材再制造技术已广泛应用于航空发动机叶轮叶片的修复。早在 1981 年英国 Rolls－Royce 航空发动机公司已将激光熔覆技术用于涡轮发动机叶片的修复,与传统的 TIG 堆焊工艺相比,产品性能和成品率显著提高,工时缩短 50%。1990 年美国 GE 公司采用 $CO_2$ 激光器成功修复了航空发动机高压涡轮叶片的叶尖和叶冠。俄罗斯航空发动机研究所对燃气涡轮发动机钛合金和镍基合金零部件进行了激光增材修复研究。

德国弗劳恩霍夫激光技术研究所对钛基合金进行熔覆,实现了 Ti－17 整体叶盘前缘的激光快速修复。瑞士洛桑理工学院 W. Kurz 等对激光增材成形工艺及其成形形性控制进行研究，并将该技术用于单晶叶片的激光增材修复。西北工业大学林鑫等对 TC4、TC6 钛合金发动机叶片的叶身和阻尼台的缺损和磨损进行了激光成形修复，在实现修复区与基体致密冶金结合的基础上对损伤叶片的形位进行了恢复。中航工业北京航空制造工程研究所对某型号航空发动机钛合金斜流整体叶轮损伤部位进行了修复，已通过试车考核。

德国哈弗曼公司实现了对高镍合金和钛合金叶片等航空发动机易损件的激光增材再制造。哈弗曼公司激光增材修复零部件如图 8.3 所示。沈阳金属研究所采用激光增材再制造用于发动机涡轮叶片修复；清华大学进行了单晶叶片的修复，修复性能达到基体抗拉强度的 80%；孟庆武等人比较研究了激光熔覆和钨极氩弧焊堆焊两种方法修复镍基合金涡轮叶尖的微观组织和显微硬度，结果表明激光熔覆修复的效果要明显优于钨极氩弧焊堆焊修复的效果。

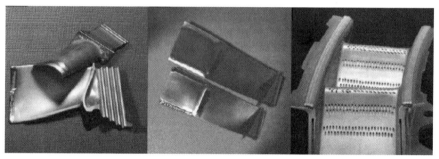

(a) 叶片顶端修复　　　　(b) 叶片边缘修复　　　　(c) 叶片喷嘴导叶修复

图 8.3　哈弗曼公司激光增材修复零部件

离心式压缩机作为一种重要的能量转换机械装置，广泛应用于能源、电力、石油、化工、天然气输送、冶金等行业，在国民经济发展及国防军事领域占有重要地位。离心式压缩机一般由叶轮、转轴、机壳和隔板等部分组成。其中叶轮是压缩机的关键部件，通常叶轮的价值占整台压缩机成本的一半。由于大流量、高转速的气体工作介质中一般含有固体颗粒及腐蚀性 $H_2S$，因此在恶劣服役环境中工作的叶轮容易出现疲劳断裂、磨损、腐蚀等损伤，压缩机叶轮典型损伤形貌如图 8.4 所示。如此昂贵的叶轮若因服役过程中出现断裂、磨损而直接报废，不但会使损伤叶轮再制造附加值完全流失，也会因新叶轮制造周期而造成巨大停机的经济损失。

针对压缩机叶轮激光增材修复的研究较少。刘中原等使用激光增材技术对 G－X5CrNi13 材料离心式压缩机叶轮裂纹进行了修复，黄薇使用

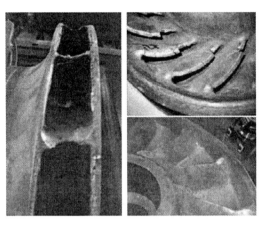

图 8.4　压缩机叶轮典型损伤形貌

激光增材技术对 17－4PH 不锈钢空压机 3 级叶轮进行了修复研究。董世运等使用激光增材技术对离心式压缩机叶轮 FV520B 钢叶片根部气蚀裂纹进行了修复再制造,获得了与基体冶金结合的修复层,且具有较好的组织结构和硬度。赵彦华和孙杰等人以典型压缩机 KMN 钢叶轮为对象,基于逆向工程获得损伤叶片数字模型,并使用其进行修复路径规划;使用具有减振性能的合金粉料进行损伤叶片激光增材修复,过程如图 8.5 所示;随后对经激光增材修复的叶片进行数控铣削加工,实现了压缩机叶片的激光增材再制造。

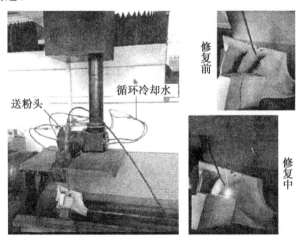

图 8.5　压缩机叶轮叶片的激光增材再制造修复

汽轮机叶片是发电设备中非常重要的一类构件。当汽轮机主轴高速旋转时,叶片边缘的线速度可达到超音速。高温高压的蒸汽以极大速率冲击到叶片表面上,在汽蚀和疲劳等因素的共同作用下,叶片容易从进汽边开始损坏,当损坏到一定程度后整个叶片报废,需及时更换。叶片的造价很高,对局部冲蚀损坏的叶片如能进行修复后再重新应用,将大大降低生产成本。对于采用激光熔覆工艺进行典型的火力发电 2Cr13 马氏体不锈钢叶片损伤修复,姚建华等进行了系统性的研究。采用激光增材制造的工艺方法在叶片尖端冲蚀区进行修复再制造,能显著提高叶片的使用寿命。

# 8.4 石化设备的激光增材再制造

在石油化工行业,由于设备处于长期的恶劣工作环境中,零部件更容易产生严重腐蚀、剧烈磨损现象,大型昂贵零部件会彻底报废,如钻铤、无磁钻铤、扶正器及震击器等大型零部件。北京工业大学激光院实现了无磁钻铤零部件的激光强化与再制造并实现了规模化应用(图 8.6)。此外,北京工业大学与中航湖南通用航空发动机有限公司等合作单位为美国哈里伯顿(HALLIBURTON)公司批量完成井下工具的增材再制造修复(图 8.7)。

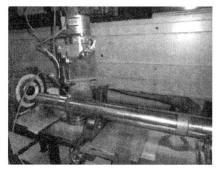

图 8.6 无磁转铤的激光增材再制造修复

卧螺离心机是化工系统中重要且易损的设备之一,尤其是螺旋叶片,由于在酸性环境和高温旋转条件下服役,磨损腐蚀极为严重。传统的解决办法是:

(1)喷焊硬质合金,但常出现与基体结合强度低,有气孔组织不致密、成分不均匀和叶片变形等问题。

(2)镶嵌陶瓷片,常出现衬片同基体结合差,在离心机高速旋转时容易脱落而造成事故。姚建华等在六轴四连动大功率 $CO_2$ 激光加工系统中,

图 8.7　石油井下工具的激光增材再制造修复

用自制合金丝,采用同步送丝的手段实现了厚度可控的激光增材沉积,叶片基材为 1Cr18Ni9Ti,激光单层熔覆厚度为 $0.7 \sim 1$ mm,平均硬度约为 HV400,比基体提高了两倍,并与基体成梯度过渡,耐磨性比基体提高了 5 倍,抗腐蚀性能也得到提高。经过装机使用,效果良好。

密封加压过滤器是电化厂烧碱制备的重要设备,用来过滤电解液中未溶解的盐,该设备在运行中,主轴磨损腐蚀最严重。过滤器主轴失效的原因如下:

(1)轴与轴瓦之间机械磨损,一旦机械密封出现局部磨损,造成轴下沉,引起轴瓦偏心磨损。

(2)盐碱的腐蚀,尤其在电化厂该轴处于强碱环境中,盐碱在一定温度下对 45 钢会加速腐蚀,造成主轴腐蚀磨损严重。

(3)碱气腐蚀,当主轴腐蚀后,造成密封面破坏,引起装置跑偏滴漏,高温度盐碱进入大气中蒸发成碱气,碱气进一步加速了轴的磨损和腐蚀。这种轴制造难度大,价值高,其失效损失较大。

姚建华等人采用激光熔覆与合金化复合的方法解决了碱过滤器主轴的失效再生和提高新品使用寿命的问题。其方案为:选用自行研制的合金粉对主轴进行激光熔覆,修复其尺寸,然后再进行激光合金化处理,提高其耐磨耐蚀性能。处理后,修复层的硬度比基体提高了 2 倍,耐磨性提高了 1.2 倍,耐碱蚀性提高了 1.5 倍。修复后的碱过滤器主轴经装机运行后观察,没有发现偏心、磨损和两侧碱跑冒滴现象,其过滤性能达到工艺指标的控制要求。

# 8.5　水中兵器典型零部件的激光增材再制造

水中兵器是能在水下毁伤目标或使敌方鱼雷、水雷失效的武器的总称,包括鱼雷、水雷、深水炸弹、反鱼雷和反水雷等武器及水下爆破器材。为了减少鱼雷壳体因海水腐蚀及使用中的损伤所造成的报废数量,同时节省维修费用,美国海军水下作战中心(Naval Undersea Warfare Center,NUWC)和宾夕法尼亚州立大学应用研究实验室(Applied Research Laboratory of the Pennsylvania State University,ARL/PSU)与海军 MANTECH 计划小组合作开发了一种铝部件的激光增材修复方法。至今已经用这种方法修复鱼雷壳体、鱼雷发动机缸体、潜艇垂直发射系统(Vertical Lauching System,VLS)导弹发射管及许多正在研究的航空结构件。由于该方法能够减少废料,适合高成本部件的修复,其投资效益已远远超预期。现已成功研制出适合现场使用的激光熔覆专用激光器及其控制系统,预计将来会有更多其他潜在的部件采用这种方法修复。

**1. AAV 推进轴的修复**

海军陆战队的两栖突击车(Amphibious Assault Vehicle,AAV)推进轴承担着将战斗人员和装备从舰上运送到海岸上的任务。它由 2 台喷水泵推进,喷水泵的喷水叶轮由 2 根推进轴驱动,前进时推进轴部分暴露在外。当突击车接近海滩时,砂粒和其他硬质颗粒被泵吸入,导致推进轴受到均匀磨蚀。推进轴的典型损坏形式是沿轴半径方向磨损金属,磨损厚度达 1.524 mm 以上。若采用镀铬修复,其过程十分缓慢(沉积 0.508 mm 的厚度需要花费 15 h),并且还会引起严重的环境污染问题($Cr^{6+}$ 有毒性),此外,这种沉积金属也不能提高基体金属的承载能力。美国海军 REPTECH 计划为研究激光熔覆技术修复 AAV 推进轴的效果,选择了与轴相同的 17－4PH 不锈钢作为修复材料,利用 3 kW 掺钕的 YAG 激光将金属粉末熔覆在轴表面上,再对激光熔覆后的部位进行局部热处理以改善抗应力腐蚀敏感性,随后对轴进行机加工,恢复到轴的原始直径尺寸,检验合格后,将轴重新安装到舰船上。

**2. 鱼雷壳体激光增材修复**

鱼雷汽缸缸体有作为发动机燃烧室作用的 5 个腔,如图 8.8 所示。在鱼雷实验过程中,每个腔的燃烧室由于高热和腐蚀燃烧产物的结合产生腐蚀坑。过去只能通过对腔的密封表面机加工使其修复,但在机加工过程中深度受限制,若在达到极限加工深度后仍有腐蚀坑存在,汽缸缸体将报废。

每个汽缸缸体的成本是 25 000 美元,这种部件的报废率会导致鱼雷的计划费用大量增加。目前已开发用激光熔覆工艺修复汽缸缸体被腐蚀的密封表面。这是一项艰巨的任务,因为激光光束、粉末管和惰性气体管必须对全部 6 in(1 in=2.54 cm)腔的底部进行精确排列,此外,为了防止看不清激光光束,必须在激光熔覆过程中对烟雾加以清除。安装的工具能够满足这些要求并产生满意的熔覆层。这种修复程序采用机器人把工具安置在汽缸缸体腔中,当进行熔覆时,缸体在伺服台装置上旋转。共进行 2 层熔覆,每层熔覆 4 道。修得好的汽缸缸体在鱼雷射程内进行顺利的实验。冶金分析结果表明,熔覆材料性能没有恶化。至今共修复了 12 个汽缸缸体,节省费用总计 30 万美元。

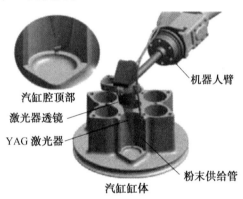

图 8.8　鱼雷发动机汽缸体的激光增材修复

**3. 潜艇 VLS 导弹发射管的激光增材修复**

美国海军 SSN-688 级潜艇 VLS 发射管的密封面往往因受到海水腐蚀而损坏,修复时常采用临时电镀装置。由于这种损坏往往只有在安装武器后实验时才产生,所以修复前必须重新拆卸武器,这需要耗费大量时间,由此影响电镀修复工作。电镀修复过程费用昂贵,还会产生有害物质,同时还可能存在影响战备的问题,尤其随着潜艇服役时间的推移,发射管的修复数量增加,这个问题也会更加突出。

新建造的潜艇 VLS 发射管损坏区采用 Inconel 625 合金埋弧焊熔覆修复方法。这种方法的缺点是,存在高度稀释基体金属成分的问题,改变了熔覆金属成分,使其海水腐蚀敏感性比没有稀释的金属更严重。但实验证明,激光增材熔覆技术稀释金属的程度还是比常规的焊接和电镀修理方法少得多,因此,激光增材熔覆技术所用的修复材料有较好的耐蚀性。实验表明,激光增材熔覆稀释金属层厚度只有 0.050 8 mm 左右。同时,发射管是需要精密机加工的,所以任何修理技术均不得使关键表面引起变形和超过允许的公差,而且激光增材修复可能产生熔体,但其线能量比任何其他熔化方法得到的要少。目前已经用 Inconel 625 合金做了许多激光增材熔覆的冶金实验。通过磨损实验证明,激光增材再制造的 Inconel 625 合金的耐磨性比锻造的合金提高了 2~3 倍。与电镀比较,采用这种方法可使每艘艇节省 25 万美元以上的维修费用,潜艇 VLS 导弹发射管的激光增材修复如图 8.9 所示。可以预料,一旦采用激光增材再制造方法,电镀将被彻底淘汰。

图 8.9　潜艇 VLS 导弹发射管的激光增材修复

激光增材再制造在水面舰艇和潜艇上的可用部位还包括:推进轴密封面,船艏平面部件,潜艇低压和高压空气瓶(现场修复),蒸汽系统阀座、阀杆、阀体和阀帽,潜艇壳体和单向阀,阀和船机密封面,通风件(薄壁结构),船机部件(涡轮叶片和壳体、泵罩等)及舱口盖等。

# 8.6　矿山机械行业中的激光增材再制造

矿山机械工程工况条件恶劣,零部件表面磨损、腐蚀、划伤严重。山东建能大族激光增材再制造技术有限公司采用大功率激光表面熔覆技术和特种耐磨自熔性合金粉末,对采煤机及掘进机截齿、综采液压支架不锈钢立柱、刮板机、齿轮传动箱中的失效零部件进行再制造,特别是在截齿端部锥面及刮板机易磨损部位,制备了冶金结合、硬质点和高韧性金属材料复合的激光强化覆层,使其使用寿命提高 2~4 倍。图 8.10 和图 8.11 为激光在矿山备件再制造中的应用。

粉煤机叶轮片使用 Mn13 高锰钢制造,受煤块冲击磨损,很容易失效报废,采用同步送粉激光熔覆镍基碳化物的办法,可以得到厚度为 1.5 mm、硬度为 HRC167 的涂层,其耐磨性能提高了 7 倍,经装机使用,效

图 8.10 激光增材再制造截齿

图 8.11 激光熔覆强化刮板机中部槽

果良好。

行车作为大型提吊设备,广泛应用于石化、冶金等行业的各个生产车间。这类行车的主要特点是:负荷很大,高达几十吨,跨度达几十米,数量也很多,在矿山、冶金等行业中广泛应用。因厂房梁变形,轨道弯曲,车轮啃道、踏面及轮缘磨损严重,大大缩短了车轮的使用寿命。姚建华等人采用 $CO_2$ 激光对 55 号调质态的铸钢车轮踏面和轮缘侧面进行相变硬化处理,其表面硬度为 HRC58~62,硬化层深度为 1.5~2 mm,经装机实验,处理后寿命达处理前的 6 倍,目前大部分行车车轮都采用激光淬火技术机型处理。

# 8.7 模具的激光增材再制造修复

模具在铸造成形和塑料成形加工中起着重要作用,其制造工艺复杂,生产周期长,加工成本高。因此,对失效模具进行修复再利用,无疑有着显著的经济效益。据统计,国内模具由于磨损、机械损伤而失效,每年的经济损失达几十亿元人民币。因此,对模具的破损部位进行修复及对模具进行表面强化以提高模具的使用寿命是模具制造业中亟待解决的关键问题。

模具使用寿命取决于抗磨损和抗机械损伤能力,一旦磨损过度或机械损伤,须经修复才能恢复使用。激光增材再制造已成为修复模具的研究热点,备受国内外学者关注。采用激光熔覆对模具表面磨损进行修复的方法可以归结为:用高功率激光光束以恒定功率 $P$ 与热粉流同时入射到模具表面上,一部分入射光被反射,一部分光被吸收,瞬时被吸收的能量超过临界值后,金属熔化产生熔池,然后快速凝固形成冶金结合的覆层。激光光束根据 CAD 二次开发的应用程序给定的路线,来回扫描逐线逐层的增材修复模具。通过合理的激光增材沉积路径设计,可以达到经过修复后的模具几乎不需再加工。

高硬压轮模具激光增材再制造修复前后的宏观结构如图 8.12 所示。从图 8.11 可以看出,高硬压轮模具与冲头相互作用后,表面存在严重的磨痕、凹坑与沟槽,最大的凹坑深 1 mm。经多道多层激光熔覆 Ni 基 WC 涂层修复后,修复区域表面较平整与光滑,经染料渗透剂检测无气孔与裂纹,激光熔覆 Ni 基 WC 涂层与高硬压轮模具交界处无明显的界面。另外,高硬压轮模具经预热后再激光熔覆 Ni 基 WC 涂层,高硬压轮没有变形、开裂与断裂的缺陷产生,显著提高了模具的使用性能和寿命。

(a) 激光熔覆修复前        (b) 激光熔覆修复后

图 8.12 高硬压轮模具激光增材再制造修复前后的宏观结构

# 8.8　车辆零部件的激光增材再制造

激光增材再制造技术已经步入了汽车再制造领域。激光增材再制造后的汽车零部件强度可以达到甚至超过新品,而其再制造的成本只是新品的 50%,节省 60% 的能量,节约了 70% 的材料,显著减少了对环境的不良影响。

美国、日本等发达国家已对汽缸、活塞等汽车发动机零部件进行了激光增材修复。最先采用激光熔覆技术的汽车零部件是发动机的排气门。Kazuhiko 等采用激光熔覆的方法对报废的汽车发动机气门进行修复,将 Stellite 合金熔覆在气门表面。测试发现激光再制造后的气门表面,其磨损量是普通修复(气焊)后磨损量的 1/3,并且表面腐蚀少,其总体性能得到了较大程度的提高。美国斯万森工业公司(Swanson Industries)采用激光增材再制造,实现了汽缸和活塞等的激光熔覆再制造,并可以根据零部件性能需要,在基体表面熔覆奥氏体不锈钢、马氏体不锈钢、镍基合金和钴基合金等涂层。美国 Gremada Industries Inc. 公司采用激光熔覆技术再制造机械设备零部件,并为美国 Caterpillar 公司修复重型机械装备零部件,代替原来高成本的换件维修。

对于各类汽车阀门座的激光修复也开展了相关研究并得到应用。华中科技大学的王爱华等采用激光熔覆技术熔覆 NiCrBSi 和 CoCrW 合金粉末于发动机排气阀的阀门座表面,得到了高性能的晶粒组织,使得阀门座表面的耐磨性和耐蚀性提高到了原来的 3～4 倍。针对汽车发动机缸体、缸套等垂直表面的激光强化要求,何金江等研了垂直面送粉喷嘴和垂直面送粉激光强化系统,实现了在垂直放置的灰铸铁表面进行送粉激光熔覆的表面处理。

在徐滨士院士带领下,再制造技术重点实验室在汽车零部件再制造技术方面取得了重要研究成果,成功地再制造了汽车发动机铝合金缸盖、重载车辆齿类件、曲轴等关键汽车零部件。采用同步送丝激光增材技术实现了路虎汽车发动机铝合金缸盖的再制造,再制造铝合金缸盖表面的尺寸和表面平面度均符合图纸设计要求,达到了新品缸盖的性能要求。铝合金零部件产生裂纹及发生磨损等尺寸缺损后,其维修比较困难,采用传统的堆焊方法难以实现高性能维修。激光光束增材再制造为铝合金零部件提供了先进可行的技术手段。

# 8.9 激光增材再制造技术展望

激光增材再制造技术是一种全新概念的先进修复技术,它集先进的激光熔覆加工工艺技术、激光熔覆材料技术和其他多种技术于一体,不仅可以使损伤的零部件恢复外形尺寸,还可以使其使用性能达到甚至超过新品的水平,为重大工程装备修复提供技术路径。

激光增材再制造技术在中国正快速发展,相关的技术设备系统、技术理论和工艺、技术应用等方面的研究都已经展开,其应用领域不断扩大。从事激光增材再制造研究的高校和科研院所越来越多,研究队伍不断壮大;同时,从事激光增材再制造技术研发和推广应用的公司也不断出现。有许多激光增材再制造技术成功应用的实例,如石化行业的烟气轮机、风机和电机,电力行业的汽轮机和电机,冶金行业的热卷板连轧线、棒材连轧线、高速线材连轧线,铁路行业的货车车轮、道岔、铁路机车曲轴、航空发动机热端部件和大型船舶内燃发动机热端部件等。

激光增材再制造技术已经应用于冶金、石化、交通(飞机、舰船、火车和汽车)、纺织等各工业领域装备的再制造中,解决了诸多维修难题,创造了巨大的经济效益和社会效益。尽管相对于常用的热喷涂和电镀电刷镀等表面维修技术,激光增材再制造技术的成本存在设备系统的一次性投资较昂贵等问题。但是,设备系统投入之后,在不考虑设备投入成本的前提下,运行成本较低。由于重大设备中的轧辊、轴类零部件、叶片及齿类件等都是高附加值的零部件,激光增材再制造的费用均在原值的 25% 以下;而且激光增材再制造的周期短,可以大大节约维修的时间,并且性能达到甚至超过新件,因此,激光增材再制造技术具有显著的性价比优势,随着激光器技术的发展,激光器及其运行价格正迅速降低,激光增材再制造的优势将更加明显。

激光增材再制造技术因其技术的先进性和再制造产品质量和性能的优越性,在重要装备再制造中具有不可替代的作用。随着激光器、先进材料、计算机、机械制造等相关领域的发展,激光增材再制造技术正在快速发展。随着工业生产不断重视节能减排要求,激光加工设备和加工技术的发展,以及人们对再制造认识的提高,激光增材再制造技术研究应用的深度与广度将越来越深入而广泛,将为建设节约型社会做出重要贡献。

与激光增材制造一样,金属零部件的激光增材再制造具有广泛的应用潜力和显著的技术优势。要充分实现激光增材再制造的非接触、柔性化、

自动化的特征,使其能够在更为广泛的工业领域得到推广应用,实现产业化和规模化,还需要在下面几个方面加强研究:

(1)工艺技术的系统化和集成化发展。

现阶段,激光增材成形金属零部件的尺寸和形状精度等无法满足精密成形的要求,这直接导致对于增材后处理的迫切要求,增加增材再制造的工艺链条。将激光增材再制造技术与机器人、精密切削等集成研究,构建一个大的制造体系,将对激光增材再制造技术的推广应用起到推动作用。

(2)提高激光增材再制造工艺技术的适应性。

一方面需要针对大面积激光增材的工艺问题及质量控制,结合大功率激光器的研制和激光光学系统的设计,并进一步提高激光熔覆层质量及制造效率。另一方面,针对日益广泛的小型化、原位修复对激光增材再制造的要求,未来激光器将向高功率、小型化、便携式方向发展,并与其他工艺装备系统集成。

(3)激光增材再制造的智能化和自适应性。

考虑到激光增材再制造的优点及其应用广泛性,以及需要修复零部件结构的复杂多样,增材再制造需要对待修复的缺陷类型进行判定并提出修复方案,包括激光增材过程中层道排布及各层成形的工艺稳定性的反馈控制。需要增材制造的软硬件系统具备智能化和自适应性的功能。

(4)粉体材料的专用化及集约化。

激光增材再制造现阶段应用最为广泛的是粉体材料。传统制粉方法工艺过程复杂,要获得满足增材再制造需要的粉体还存在技术瓶颈。现阶段激光增材再制造主要还是沿用热喷涂用自熔性合金粉末。值得指出的是,激光增材再制造与热喷涂对所用合金粉末的性能要求存在较大差距,导致采用现有的热喷涂粉末进行激光增材再制造易于产生裂纹等缺陷。可见,突破制粉技术的瓶颈、研制激光增材制造及再制造专用的粉末是急需解决的关键问题。

对量大面广的增材零部件材料体系,以及对于增材再制造修复后性能的不同需求指标,需要相应粉体材料类型具有多样性和专用化的特征。与之并行的是,针对常见的不同的零部件材料类型,如钢铁材料、钛合金材料、铝合金材料、镍基合金等,以及增材再制造后主要预期的性能要求,如耐磨性、耐蚀性、抗疲劳和抗断裂等,有必要研究具有一定通用性的待用粉体材料,以根据需要合理选择。这样既可以减少粉体材料单独研发的复杂工艺流程,也有利于激光增材再制造得到更广泛的推广应用。

（5）增材再制造零部件的检测和评价技术。

金属增材再制造制件的特殊性,决定了需要开展专门的检测方法及验收标准研究,不能照搬传统制件检测方法,这是金属增材再制造制件质量控制面临的一大难点。具体来说,需要开展下面几方面的研究:

①随着增材再制造制件向大型化、精细化和复杂化方向发展,传统的无损检测手段已难以满足要求,需开展激光超声、高分辨率工业 CT 等无损检测新技术的应用研究。

②增材制造制件的在线检测是未来重点发展方向之一。目前国内外已经开展了增材再制造制件在线检测技术探索性研究,但距离实际应用仍有一定差距,还需对在线检测手段方面进行深入研究。

③内应力及变形一直是困扰大型制件增材再制造成形技术的一大问题,如能采用无损检测手段进行内应力的有效测试与表征,将为改进成形工艺、保证制件质量提供重要支持。

④无损检测方法标准的建立和完善。目前尚未形成金属增材再制造制件无损检测标准体系,这严重制约增材再制造制件的广泛应用,因此无损检测方法标准的建立和完善也将是未来重点发展方向之一。

# 本章参考文献

[1] 李嘉宁.激光熔覆技术及应用[M].北京:化学工业出版社,2016.

[2] 赵彦华.KMN 钢压缩机叶片激光熔覆修复及后续加工特性研究[D].济南:山东大学,2015.

[3] 陈维闯,宋丹路.快速原型制造软件系统关键技术研究[J].浙江工业大学学报,2008,36(3):316-320.

[4] 吴晓瑜,林鑫,吕晓卫,等.激光立体成形 17-4PH 不锈钢组织性能研究[J].中国激光,2011,38(2):1-7.

[5] 闫世兴,董世运,徐滨士,等.Fe314 合金激光熔覆工艺优化与表征研究[J].红外与激光工程,2011,40(2):235-240.

[6] 黄卫东.激光立体成形[M].西安:西北工业大学出版社,2007.

[7] 陈全义,胡芳友,卢长亮.激光再制造在航空维修中的应用[J].工程技术,2011,S1:141-144

[8] 刘其斌.激光加工技术及应用[M].北京:冶金工业出版社,2007.

[9] 岳灿甫,吴始栋.激光熔覆及其在水中兵器修复上的应用[J].鱼雷技术,2007,15(1):1-5.

[10] 姚建华. 激光表面改性技术及应用[M]. 北京：国防工业出版社，2011.

[11] 张松,康煌平,朱荆璞. 鼓风机叶片激光熔覆的应用研究[J]. 中国激光,1995,22(5)：395-400.

[12] 石世宏,王新林. 激光熔覆化工阀门密封面的实验研究[J]. 激光技术,1998,22(6)：333-335.

[13] 叶和清,王忠柯,许德胜,等. 碳钢件表面裂纹缺陷激光修复研究[J]. 中国激光,2001,28(11)：1045-1048.

[14] 朱蓓蒂,曾晓雁,胡项,等. 汽轮机末级叶片的激光熔覆研究[J]. 中国激光,1994,21(6)：526-529.

[15] 徐滨士,马世宁,刘世参,等. 21 世纪的再制造工程[J]. 中国机械工程,2000,11(1-2)：36-38.

[16] 徐滨士,马世宁,刘世参,等. 21 世纪设备维修工程的新进展——再制造工程[J]. 装甲兵工程学院学报,2000,14(1)：8-12.

[17] 杨健. 激光快速成形金属零件力学行为研究[D]. 西安：西北工业大学,2004.

[18] 王秀峰,罗宏杰. 快速原型制造技术[M]. 北京：中国轻工业出版社,2001：212.

[19] 董世运,徐滨士,王志坚,等. 激光再制造齿类零件的关键问题研究[J]. 中国激光,2009,36(1)：134-138.

[20] 史玉升,鲁中良,章文献,等. 选择性激光熔化快速成形技术与装备[J]. 中国表面工程,2006,19(5)：150-153.

[21] HUANGG L. Research on microstructure and properties of 17-4PH stainless steel[J]. Iron and Steel,1998,33(4)：44-46.

[22] WANG J,SHEN B L,SUN Z P,et al. Aging kinetics of 17-4 PH stainless steel[J]. Sichuan Metallurgy,2004,1：28-30.

[23] 杨胶溪,靳延鹏,张宁. 激光熔覆技术的应用现状与未来发展[J]. 金属加工,2016,4：13-16.

[24] 杨平华,高祥熙,梁菁,等. 金属增材制造技术发展动向及无损检测研究进展[J]. 材料工程,2017,45(9)：13-21.

# 名词索引